计算机

科学与技术丛书

Go语言入门经典

周家安 ◎ 编著

Zhou Jia'an

GETTING STARTED WITH GO

PROGRAMMING LANGUAGE

清华大学出版社

北京

内 容 简 介

Go(Golang)语言在语法上与 C、C++语言相似,是一门开源的编程语言,可用于编写简单的、实用的应用程序。Go 语言支持内存管理和垃圾回收(GC)机制,使用 Go 协程可以轻松实现并发计算。本书通过通俗易懂的文字,着重讲解 Go 语言编程的基础知识,同时配有丰富的示例。

本书主要内容包括开发环境配置及语法基础,代码包(Package),内置运算符与数据类型,代码流程控制,函数式、接口与结构体,数组、切片与映射类型,反射技术,管理命令行参数,I/O、数据压缩及文件操作,加密与解密,网络编程,Go 协程。

作为入门教程,本书适合对编程感兴趣并且希望通过自学来掌握 Go 语言基础知识的读者使用,或者有其他编程语言基础的读者阅读参考。同时,本书也可作为高等院校计算机及相关专业的教材。

图书在版编目(CIP)数据

Go 语言入门经典/周家安编著.—北京:清华大学出版社,2021.3
(计算机科学与技术丛书)
ISBN 978-7-302-56849-0

Ⅰ.①G… Ⅱ.①周… Ⅲ.①程序语言—程序设计 Ⅳ.①TP312

中国版本图书馆 CIP 数据核字(2020)第 225299 号

责任编辑:盛东亮 钟志芳
封面设计:吴 刚
责任校对:徐俊伟
责任印制:宋 林

出版发行:清华大学出版社
    网 址:http://www.tup.com.cn,http://www.wqbook.com
    地 址:北京清华大学学研大厦 A 座   邮 编:100084
    社 总 机:010-62770175   邮 购:010-83470235
    投稿与读者服务:010-62776969,c-service@tup.tsinghua.edu.cn
    质量反馈:010-62772015,zhiliang@tup.tsinghua.edu.cn
    课件下载:http://www.tup.com.cn,010-83470236
印 装 者:小森印刷霸州有限公司
经 销:全国新华书店
开 本:186mm×240mm 印 张:26.5   字 数:612 千字
版 次:2021 年 3 月第 1 版   印 次:2021 年 3 月第 1 次印刷
印 数:1~2500
定 价:99.00 元

产品编号:087053-01

前言
FOREWORD

经过十多年的发展,Go 语言日渐完善,它是一门开源的且支持跨平台的编程语言。与 C、C++语言类似,Go 语言也属于强类型语言,源代码需要编译后才能运行,因此拥有较优的性能。从小工具到 Web 服务器的开发,Go 语言都能胜任。

Go 语言有以下特点:

(1) 代码以包(Package)为单元,同一层目录下只能定义一个包名。

(2) 一个可执行程序有且只能有一个命名为 main 的包,main 包中必须存在 main 函数。当程序运行时,会查找 main 函数,并从该函数开始执行;当 main 函数执行完毕(或跳出该函数)后,可执行程序退出。

(3) 代码语句可以以“;”结尾,也可以省略。

(4) 左大括号(“{”)不能另起一行输入,必须与前面的内容同处一行。例如:

```
func test() {
    ......
}
```

(5) if、for 等关键字之后不需要小括号(C、C++等语言需要小括号)。

(6) 字符串常量可以使用“”来避免转义,例如:

```
`some content`
```

(7) 在函数(或方法)的调用语句中使用 go 关键字可以轻松完成异步编程。例如:

```
go test()
```

本书内容涵盖了 Go 语言的各个知识点。从语法基础、数据类型到较为复杂的反射技术、网络编程,均有阐述。每个知识点都配有丰富的代码示例,方便理解;每一章的末尾附带思考题,可帮助读者回忆所学内容,加深印象。

编者希望通过本书帮助初学者快速了解 Go 语言,掌握最基本的编程方法和技术要点。阅读本书后,读者应该能够运用 Go 语言编写出一些像样的程序。

由于编者水平有限,书中难免出现不完善的地方,欢迎广大读者及同仁不吝赐教,共同进步。

编　者

2020 年 6 月

目 录
CONTENTS

第1章　准备工作 ·· 1

1.1　安装 Go 语言编译器 ··· 1

1.2　配置环境变量 ·· 2

1.3　验证 Go 语言编译器的工作状态 ··································· 4

第2章　语法基础 ·· 6

2.1　代码结构 ·· 6

2.2　main 包与 main 函数 ·· 7

2.3　Go 语句 ·· 8

2.4　代码块 ·· 8

2.5　注释 ··· 9

2.6　使用 Go 语言编译器 ·· 10

第3章　运算符 ·· 13

3.1　操作数 ·· 13

3.2　算术运算符 ·· 14

3.2.1　四则运算符 ··· 14

3.2.2　取余运算符 ··· 16

3.2.3　如何实现指数运算 ·· 17

3.2.4　自增与自减运算符 ·· 18

3.3　比较运算符 ·· 20

3.4　逻辑运算符 ·· 23

3.5　位运算符 ·· 24

3.5.1　按位与 ·· 24

3.5.2　按位或 ·· 24

3.5.3　取反 ·· 25

3.5.4　位移 ·· 27

　　　　3.5.5　按位异或 ⋯⋯⋯⋯⋯⋯⋯⋯⋯⋯⋯⋯⋯⋯⋯⋯⋯⋯⋯⋯⋯⋯⋯⋯⋯ 28

　　　　3.5.6　清除标志位 ⋯⋯⋯⋯⋯⋯⋯⋯⋯⋯⋯⋯⋯⋯⋯⋯⋯⋯⋯⋯⋯⋯⋯⋯ 29

　　3.6　成员运算符 ⋯⋯⋯⋯⋯⋯⋯⋯⋯⋯⋯⋯⋯⋯⋯⋯⋯⋯⋯⋯⋯⋯⋯⋯⋯⋯⋯⋯ 30

　　3.7　取地址运算符 ⋯⋯⋯⋯⋯⋯⋯⋯⋯⋯⋯⋯⋯⋯⋯⋯⋯⋯⋯⋯⋯⋯⋯⋯⋯⋯ 31

　　3.8　复合运算符 ⋯⋯⋯⋯⋯⋯⋯⋯⋯⋯⋯⋯⋯⋯⋯⋯⋯⋯⋯⋯⋯⋯⋯⋯⋯⋯⋯⋯ 32

　　3.9　运算符的优先级 ⋯⋯⋯⋯⋯⋯⋯⋯⋯⋯⋯⋯⋯⋯⋯⋯⋯⋯⋯⋯⋯⋯⋯⋯⋯ 33

第 4 章　程序包管理 ⋯⋯⋯⋯⋯⋯⋯⋯⋯⋯⋯⋯⋯⋯⋯⋯⋯⋯⋯⋯⋯⋯⋯⋯⋯⋯⋯ 35

　　4.1　package 语句 ⋯⋯⋯⋯⋯⋯⋯⋯⋯⋯⋯⋯⋯⋯⋯⋯⋯⋯⋯⋯⋯⋯⋯⋯⋯⋯ 35

　　4.2　程序包的目录结构 ⋯⋯⋯⋯⋯⋯⋯⋯⋯⋯⋯⋯⋯⋯⋯⋯⋯⋯⋯⋯⋯⋯⋯ 36

　　4.3　导入语句 ⋯⋯⋯⋯⋯⋯⋯⋯⋯⋯⋯⋯⋯⋯⋯⋯⋯⋯⋯⋯⋯⋯⋯⋯⋯⋯⋯⋯⋯ 38

　　4.4　初始化函数 ⋯⋯⋯⋯⋯⋯⋯⋯⋯⋯⋯⋯⋯⋯⋯⋯⋯⋯⋯⋯⋯⋯⋯⋯⋯⋯⋯⋯ 41

　　4.5　模块 ⋯⋯⋯⋯⋯⋯⋯⋯⋯⋯⋯⋯⋯⋯⋯⋯⋯⋯⋯⋯⋯⋯⋯⋯⋯⋯⋯⋯⋯⋯⋯⋯ 42

　　　　4.5.1　go.mod 文件的基本结构 ⋯⋯⋯⋯⋯⋯⋯⋯⋯⋯⋯⋯⋯⋯⋯⋯ 42

　　　　4.5.2　创建 go.mod 文件 ⋯⋯⋯⋯⋯⋯⋯⋯⋯⋯⋯⋯⋯⋯⋯⋯⋯⋯⋯ 44

　　　　4.5.3　编辑 go.mod 文件 ⋯⋯⋯⋯⋯⋯⋯⋯⋯⋯⋯⋯⋯⋯⋯⋯⋯⋯⋯ 44

　　　　4.5.4　使用本地模块 ⋯⋯⋯⋯⋯⋯⋯⋯⋯⋯⋯⋯⋯⋯⋯⋯⋯⋯⋯⋯⋯ 46

　　4.6　成员的可访问性 ⋯⋯⋯⋯⋯⋯⋯⋯⋯⋯⋯⋯⋯⋯⋯⋯⋯⋯⋯⋯⋯⋯⋯⋯⋯ 48

第 5 章　变量与常量 ⋯⋯⋯⋯⋯⋯⋯⋯⋯⋯⋯⋯⋯⋯⋯⋯⋯⋯⋯⋯⋯⋯⋯⋯⋯⋯⋯ 50

　　5.1　变量的初始化 ⋯⋯⋯⋯⋯⋯⋯⋯⋯⋯⋯⋯⋯⋯⋯⋯⋯⋯⋯⋯⋯⋯⋯⋯⋯⋯ 50

　　5.2　组合赋值 ⋯⋯⋯⋯⋯⋯⋯⋯⋯⋯⋯⋯⋯⋯⋯⋯⋯⋯⋯⋯⋯⋯⋯⋯⋯⋯⋯⋯⋯ 51

　　5.3　匿名变量 ⋯⋯⋯⋯⋯⋯⋯⋯⋯⋯⋯⋯⋯⋯⋯⋯⋯⋯⋯⋯⋯⋯⋯⋯⋯⋯⋯⋯⋯ 53

　　5.4　常量 ⋯⋯⋯⋯⋯⋯⋯⋯⋯⋯⋯⋯⋯⋯⋯⋯⋯⋯⋯⋯⋯⋯⋯⋯⋯⋯⋯⋯⋯⋯⋯⋯ 53

　　5.5　批量声明 ⋯⋯⋯⋯⋯⋯⋯⋯⋯⋯⋯⋯⋯⋯⋯⋯⋯⋯⋯⋯⋯⋯⋯⋯⋯⋯⋯⋯⋯ 54

　　5.6　变量的作用域 ⋯⋯⋯⋯⋯⋯⋯⋯⋯⋯⋯⋯⋯⋯⋯⋯⋯⋯⋯⋯⋯⋯⋯⋯⋯⋯ 54

　　5.7　变量的默认值 ⋯⋯⋯⋯⋯⋯⋯⋯⋯⋯⋯⋯⋯⋯⋯⋯⋯⋯⋯⋯⋯⋯⋯⋯⋯⋯ 56

第 6 章　基础类型 ⋯⋯⋯⋯⋯⋯⋯⋯⋯⋯⋯⋯⋯⋯⋯⋯⋯⋯⋯⋯⋯⋯⋯⋯⋯⋯⋯⋯ 58

　　6.1　字符与字符串 ⋯⋯⋯⋯⋯⋯⋯⋯⋯⋯⋯⋯⋯⋯⋯⋯⋯⋯⋯⋯⋯⋯⋯⋯⋯⋯ 58

　　　　6.1.1　rune 类型 ⋯⋯⋯⋯⋯⋯⋯⋯⋯⋯⋯⋯⋯⋯⋯⋯⋯⋯⋯⋯⋯⋯⋯⋯ 58

　　　　6.1.2　string 类型 ⋯⋯⋯⋯⋯⋯⋯⋯⋯⋯⋯⋯⋯⋯⋯⋯⋯⋯⋯⋯⋯⋯⋯ 59

　　6.2　数值类型 ⋯⋯⋯⋯⋯⋯⋯⋯⋯⋯⋯⋯⋯⋯⋯⋯⋯⋯⋯⋯⋯⋯⋯⋯⋯⋯⋯⋯⋯ 60

　　　　6.2.1　示例：获取数值类型占用的内存大小 ⋯⋯⋯⋯⋯⋯⋯⋯ 61

　　　　6.2.2　整数常量的表示方式 ⋯⋯⋯⋯⋯⋯⋯⋯⋯⋯⋯⋯⋯⋯⋯⋯⋯ 63

　　　　6.2.3　科学记数法 ⋯⋯⋯⋯⋯⋯⋯⋯⋯⋯⋯⋯⋯⋯⋯⋯⋯⋯⋯⋯⋯⋯ 64

　　　　6.2.4　复数 ·· 65

　6.3　日期与时间 ··· 66

　　　　6.3.1　Month 类型 ··· 66

　　　　6.3.2　Weekday 类型 ·· 67

　　　　6.3.3　Duration 类型 ·· 68

　　　　6.3.4　Time 类型 ·· 70

　　　　6.3.5　Sleep 函数 ··· 71

　　　　6.3.6　Timer 类型 ··· 72

　6.4　指针 ·· 73

　　　　6.4.1　何时使用指针类型 ·· 74

　　　　6.4.2　new 函数 ··· 76

　6.5　iota 常量 ·· 77

第 7 章　函数 ·· 79

　7.1　函数的定义 ·· 79

　7.2　调用函数 ··· 80

　7.3　return 语句 ·· 81

　7.4　多个返回值 ·· 82

　7.5　可变个数的参数 ··· 83

　7.6　匿名函数 ··· 84

　7.7　将函数作为参数传递 ··· 86

第 8 章　流程控制 ·· 88

　8.1　顺序执行 ··· 88

　8.2　if 语句 ·· 88

　8.3　switch 语句 ·· 91

　　　　8.3.1　基于表达式构建的 switch 语句 ·· 91

　　　　8.3.2　基于类型构建的 switch 语句 ·· 92

　　　　8.3.3　fallthrough 语句 ··· 95

　8.4　for 语句 ·· 96

　　　　8.4.1　仅带条件子句的 for 语句 ·· 96

　　　　8.4.2　带三个子句的 for 语句 ··· 97

　　　　8.4.3　枚举集合元素语句 ·· 99

　　　　8.4.4　continue 与 break 语句 ·· 101

　8.5　代码跳转 ·· 103

　　　　8.5.1　代码标签与 goto 语句 ··· 103

8.5.2　break、continue 语句与代码跳转 ·············· 104

第 9 章　接口与结构体 ·············· 108

9.1　自定义类型 ·············· 108

9.2　结构体 ·············· 109

9.2.1　结构体的定义 ·············· 110

9.2.2　结构体的实例化 ·············· 111

9.2.3　方法 ·············· 113

9.3　接口 ·············· 115

9.3.1　接口的定义 ·············· 115

9.3.2　接口的实现 ·············· 116

9.3.3　空接口——interface{} ·············· 118

9.3.4　接口与函数 ·············· 119

9.4　类型嵌套 ·············· 122

9.5　类型断言 ·············· 124

第 10 章　数组与切片 ·············· 128

10.1　数组 ·············· 128

10.1.1　数组的初始化 ·············· 128

10.1.2　访问数组元素 ·············· 130

10.1.3　*[n]T 与[n]*T 的区别 ·············· 131

10.1.4　多维数组 ·············· 132

10.2　切片 ·············· 134

10.2.1　创建切片实例 ·············· 135

10.2.2　添加和删除元素 ·············· 137

第 11 章　映射与链表 ·············· 140

11.1　映射 ·············· 140

11.1.1　映射对象的初始化 ·············· 140

11.1.2　访问映射对象的元素 ·············· 141

11.1.3　检查 key 的存在性 ·············· 143

11.2　双向链表 ·············· 143

11.2.1　与双向链表有关的 API ·············· 143

11.2.2　创建链表实例 ·············· 145

11.2.3　添加和删除元素 ·············· 146

11.2.4　移动元素 ·············· 149

11.2.5　枚举链表元素 ································· 151

11.3　环形链表 ··· 152

11.3.1　与环形链表有关的 API ····················· 152

11.3.2　使用环形链表 ····························· 153

11.3.3　滚动环形链表 ····························· 154

11.3.4　链接两个环形链表 ························· 156

第 12 章　反射 ·· 158

12.1　关键 API ··· 158

12.2　获取类型信息 ····································· 161

12.2.1　类型分辨 ································· 161

12.2.2　枚举结构体类型的方法列表 ··············· 164

12.2.3　枚举结构体类型的字段列表 ··············· 166

12.2.4　查找嵌套结构体的字段成员 ··············· 168

12.2.5　获取函数的参数信息 ····················· 170

12.2.6　获取通道类型的信息 ····················· 171

12.2.7　判断类型是否实现了某个接口 ············· 173

12.3　Value 与对象的值 ································· 175

12.3.1　修改对象的值 ····························· 175

12.3.2　读写结构体实例的字段 ··················· 177

12.3.3　更新数组/切片的元素 ····················· 179

12.3.4　调用函数 ································· 180

12.3.5　调用方法 ································· 181

12.3.6　读写映射类型的元素 ····················· 183

12.4　动态构建类型 ····································· 184

12.4.1　New 函数 ································· 185

12.4.2　创建数组类型 ····························· 185

12.4.3　创建结构体类型 ··························· 186

12.4.4　动态创建和调用函数 ····················· 188

12.4.5　生成通用函数体 ··························· 190

12.5　结构体的 Tag ····································· 192

第 13 章　字符串处理 ····································· 195

13.1　打印文本 ··· 195

13.2　格式化输出 ······································· 197

13.2.1　格式化整数值 ····························· 198

13.2.2　格式化浮点数值 ··· 199

13.2.3　格式化字符串 ··· 199

13.2.4　格式化布尔类型的值 ·· 200

13.2.5　％T 与％v 格式控制符 ·· 201

13.2.6　输出包含前缀的整数值 ·· 202

13.2.7　设置输出内容的宽度 ·· 203

13.2.8　控制浮点数的精度 ·· 205

13.2.9　参数索引 ·· 206

13.2.10　通过参数来控制文本的宽度和精度 ································ 206

13.3　读取输入文本 ·· 207

13.3.1　读取键盘输入的内容 ·· 208

13.3.2　从文件中读入文本 ·· 209

13.3.3　以特定的格式读取文本 ·· 210

13.4　实现 Stringer 接口 ·· 212

13.5　连接字符串 ·· 213

13.6　替换字符串 ·· 214

13.7　拆分字符串 ·· 214

13.8　查找子字符串 ·· 216

13.8.1　查找前缀与后缀 ·· 216

13.8.2　查找子字符串的位置 ·· 217

13.9　修剪字符串 ·· 218

13.9.1　去除前缀和后缀 ·· 218

13.9.2　去除字符串首尾的空格 ·· 220

13.9.3　修剪指定的字符 ·· 220

13.10　重复字符串 ··· 221

13.11　字符串与数值之间的转换 ·· 222

13.12　切换大小写 ··· 223

13.13　使用 Builder 构建字符串 ··· 224

第 14 章　常用数学函数 ·· 226

14.1　求绝对值 ·· 226

14.2　最大值与最小值 ·· 227

14.3　三角函数与反三角函数 ·· 228

14.4　幂运算 ·· 230

14.5　开平方/立方根 ··· 230

14.6　大型数值 ·· 231

14.6.1　大型整数值之间的运算 ·················· 231

14.6.2　阶乘运算 ·················· 232

14.6.3　使用大型浮点数值 ·················· 233

14.7　随机数 ·················· 235

14.7.1　生成随机浮点数 ·················· 235

14.7.2　生成随机整数 ·················· 236

14.7.3　设置随机数种子 ·················· 237

14.7.4　生成随机全排列 ·················· 239

14.7.5　"洗牌"程序 ·················· 240

14.7.6　生成随机字节序列 ·················· 241

第 15 章　排序 ·················· 244

15.1　基本排序函数 ·················· 244

15.2　实现递减排序 ·················· 245

15.3　按字符串的长度排序 ·················· 246

15.4　Interface 接口 ·················· 247

第 16 章　输入与输出 ·················· 251

16.1　简单的内存缓冲区 ·················· 251

16.2　与输入/输出有关的接口类型 ·················· 252

16.2.1　实现读写功能 ·················· 252

16.2.2　嵌套封装 ·················· 256

16.3　Buffer 类型 ·················· 258

16.4　Copy 函数 ·················· 259

16.5　MultiReader 函数和 MultiWriter 函数 ·················· 260

16.6　SectionReader ·················· 262

第 17 章　文件与目录 ·················· 264

17.1　文件操作 ·················· 264

17.1.1　Create 函数与 Open 函数 ·················· 265

17.1.2　重命名文件 ·················· 266

17.1.3　获取文件信息 ·················· 267

17.1.4　OpenFile 函数 ·················· 268

17.2　创建和删除目录 ·················· 271

17.3　硬链接与符号链接 ·················· 273

17.3.1　硬链接 ·················· 273

17.3.2 符号链接 ·· 275

17.4 WriteFile 函数与 ReadFile 函数 ································ 275

17.5 临时文件 ·· 276

17.6 更改程序的工作目录 ·· 277

第 18 章 加密与解密 ·· 279

18.1 Base64 的编码与解码 ·· 279

18.1.1 内置 Base64 编码方案 ································· 279

18.1.2 基于流的编码与解码 ································· 282

18.1.3 自定义字符映射表 ····································· 283

18.2 DES 与 AES 算法 ··· 284

18.2.1 Block 接口 ··· 284

18.2.2 BlockMode 模式 ·· 287

18.2.3 基于流的加密与解密 ································· 288

18.3 哈希算法 ·· 292

18.3.1 hash. Hash 接口 ·· 292

18.3.2 使用 crypto 子包中的哈希 API ················ 294

18.3.3 HMAC 算法 ··· 296

18.4 RSA 算法 ·· 299

18.4.1 生成密钥 ··· 299

18.4.2 加密和解密 ··· 300

18.4.3 存储密钥 ··· 301

18.5 PEM 编码 ··· 303

18.5.1 编码与解码 ··· 304

18.5.2 解码后的保留数据 ····································· 305

18.5.3 消息头 ··· 305

第 19 章 命令行参数 ·· 307

19.1 os. Args 变量 ·· 307

19.2 命令行参数分析 API——flag 包 ······························· 309

19.2.1 命令行参数与变量的绑定 ·························· 310

19.2.2 Value 接口 ··· 313

第 20 章 数据压缩 ·· 315

20.1 标准库对压缩算法的支持 ·· 315

20.2 Gzip 压缩算法 ··· 315

20.2.1　Gzip 基本用法 ·· 316

20.2.2　压缩多个文件 ·· 317

20.2.3　解压多个文件 ·· 319

20.3　DEFLATE 算法 ·· 320

20.4　自定义的索引字典 ·· 321

20.5　Zip 文档 ·· 323

20.5.1　从 Zip 文档中读取文件 ·· 323

20.5.2　在内存中读写 Zip 文档 ·· 325

20.5.3　注册压缩算法 ·· 326

20.6　Tar 文档 ·· 328

第 21 章　协程 ·· 331

21.1　启动 Go 协程 ·· 331

21.2　通道 ·· 334

21.2.1　实例化通道 ·· 334

21.2.2　数据缓冲 ·· 335

21.2.3　单向通道 ·· 337

21.2.4　通道与 select 语句 ·· 339

21.3　互斥锁 ·· 342

21.4　WaitGroup 类型 ··· 344

第 22 章　网络编程 ·· 346

22.1　枚举本地计算机上的网络接口 ·· 346

22.2　Socket 通信 ·· 349

22.2.1　TCP 示例：文件传输 ·· 351

22.2.2　UDP 示例：文本传输 ·· 356

22.3　HTTP 客户端 ·· 359

22.3.1　发送 GET 与 POST 请求 ··· 359

22.3.2　发送自定义 HTTP 头 ·· 361

22.4　HTTP 服务器 ·· 362

22.4.1　创建 HTTP 服务器 ·· 362

22.4.2　实现 Handler 接口 ·· 363

22.4.3　ServeMux 类型 ·· 367

22.4.4　封装函数 ·· 369

22.4.5　读取 URL 参数 ·· 369

22.4.6　获取客户端提交的表单数据 ·· 372

      22.4.7　读取客户端上传的文件 ⋯⋯⋯⋯⋯⋯⋯⋯⋯⋯⋯⋯⋯⋯ 375

  22.5　CGI 编程 ⋯⋯⋯⋯⋯⋯⋯⋯⋯⋯⋯⋯⋯⋯⋯⋯⋯⋯⋯⋯⋯⋯⋯⋯ 379

      22.5.1　准备工作 ⋯⋯⋯⋯⋯⋯⋯⋯⋯⋯⋯⋯⋯⋯⋯⋯⋯⋯⋯⋯⋯ 380

      22.5.2　示例：一个简单的 CGI 程序 ⋯⋯⋯⋯⋯⋯⋯⋯⋯⋯⋯⋯ 385

      22.5.3　使用 cgi 包 ⋯⋯⋯⋯⋯⋯⋯⋯⋯⋯⋯⋯⋯⋯⋯⋯⋯⋯⋯ 387

      22.5.4　在子进程中获取 Request 对象 ⋯⋯⋯⋯⋯⋯⋯⋯⋯⋯ 390

附录 A　常用 API 与程序包对照表 ⋯⋯⋯⋯⋯⋯⋯⋯⋯⋯⋯⋯⋯⋯⋯ 394

附录 B　Go 语言代码编辑工具使用说明 ⋯⋯⋯⋯⋯⋯⋯⋯⋯⋯⋯⋯ 404

第 1 章

准 备 工 作

本章主要内容如下：

- 安装 Go 语言编译器；
- 配置环境变量；
- 验证 Go 语言编译器的工作状态。

微课视频

1.1 安装 Go 语言编译器

读者可以前往下面网址下载 Go 语言编译器。

```
https://golang.google.cn
```

Go 语言编译器有两种安装方式：第一种是使用专门的安装程序来完成，比如 Windows 系统的 MSI 文件，或者 Linux 系统中的 yum、apt 等命令；第二种是直接下载压缩包，解压后即可使用。

本书推荐使用第二种安装方式，因为此种方式比较灵活，可以将文件解压到自己喜欢的目录下使用，也不会向操作系统写入额外的数据。Windows 操作系统上的安装比较简单，下载对应的 .zip 文件，然后将压缩包中的 go 目录解压到喜欢的路径下即可。Linux 操作系统可以使用 tar 命令来解压缩。下面以 Debian 为例，演示一下 Linux 操作系统上的安装过程。

首先，使用 wget 命令下载压缩包。

```
wget https://dl.google.com/go/go1.13.4.linux-amd64.tar.gz
```

不同版本的文件名有差异，此处下载的是 go 1.13.4 版本且基于 x64 处理器架构的压缩包。下载完成后，使用 tar 命令将其解压缩，并存放到 /usr/local 目录下，执行的命令为：

```
sudo tar -zxf go1.13.4.linux-amd64.tar.gz -C /usr/local
```

以上命令需要加上 sudo 以请求更高的执行权限，否则解压缩后的文件无法写入指定的路径；zxf 是三个参数的组合：z 表示使用 GZip 算法，x 表示解压缩操作，f 表示要使用的

.tar.gz文件。参数C（必须是大写字母）用于指定解压缩操作的工作路径，此处为/usr/local目录，即把解压后的文件存放于该目录下。

至此，Go语言编译器安装完成。

1.2　配置环境变量

Go语言编译器解压出来即可直接使用，不过，每次运行的时候都要先定位到其所在的路径，这样使用起来不够方便。因此，配置环境变量是很有必要的。

一般来说，需要以下三个环境变量：

（1）GOROOT：表示Go语言编译器、文档以及相关工具所在的路径，即1.1节中解压缩出来的go目录所在的路径。假设把文件解压到D:\tools目录下，那么，GOROOT环境变量应设置为D:\tools\go。

（2）GOPATH：表示Go语言编译器的工作目录。此目录下面要求包含三个子目录——src、bin、pkg。在编译代码时，Go语言编译器会在src目录中查找代码文件，编译后生成的可执行程序将输出到bin目录中。程序包（Package）会输出到pkg目录中。

（3）path：把编译器的可执行文件所在的目录路径追加到path变量末尾。当执行go命令进行编译时，就不需要手动去定位编译器所在的路径，系统会自动查找到该程序。

Windows操作系统可以通过图形化界面来配置环境变量。在桌面上任意空白位置右击，从弹出的快捷菜单中选择【属性】命令，打开"系统属性"对话框。然后在左侧导航栏中单击"高级系统设置"选项。在打开"高级"选项卡中单击"环境变量"按钮，如图1-1所示。

在"环境变量"对话框中找到"系统变量"分组，单击该分组下方的【新建】按钮，在弹出的"新建系统变量"对话框中输入环境变量的名称与对应的值，如图1-2所示。

依照此法设置GOROOT和GOPATH两个环境变量。对于path变量要注意，不要删除path原有的条目，而是在其末尾追加相关的可执行文件所在的目录路径。可以参考图1-3进行配置。

％GOROOT％与％GOPATH％表示引用上面已配置的GOROOT与GOPATH两个环境变量的值。一般可执行文件都会放在bin子目录下，所以，只需要将GOROOT和GOPATH两个路径中的bin子目录追加到path变量中即可。

在Linux系统中则可以通过export命令来设置环境变量。输入以下命令，使用vi工具打开用户目录下的.profile文件。

```
vi ~/.profile
```

通过键盘上的方向键将光标移到文档的最后（光标位于最后一个字符处），按下键盘上的a键（必须是小写字母），切换到编辑模式并以追加形式写入文本。

按下回车键另起一行，依次输入以下内容（每条export语句占一行）。

图 1-1 "系统属性"对话框

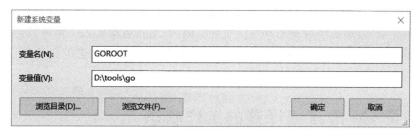

图 1-2 新建环境变量

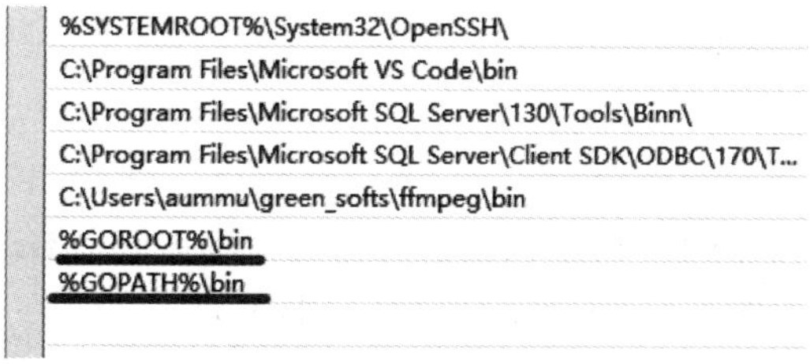

%SYSTEMROOT%\System32\OpenSSH\
C:\Program Files\Microsoft VS Code\bin
C:\Program Files\Microsoft SQL Server\130\Tools\Binn\
C:\Program Files\Microsoft SQL Server\Client SDK\ODBC\170\T...
C:\Users\aummu\green_softs\ffmpeg\bin
%GOROOT%\bin
%GOPATH%\bin

图 1-3 配置 path 变量

```
export GOROOT = /usr/local/go
export GOPATH = $ HOME/go
```

然后将$GOROOT/bin和$GOPATH/bin两个路径追加到PATH环境变量中。

```
export PATH = $ PATH: $ GOROOT/bin: $ GOPATH/bin
```

PATH变量的值可以包含多个路径,每个路径用英文的冒号分隔。输入此命令时要谨慎,不要漏掉对PATH变量自身的引用,即:

```
PATH = $ PATH:/usr/local/go/bin:/other:……
```

引用PATH变量自身是为了让PATH变量原有的值与新指定的路径合并。下面是错误的写法。

```
PATH = /usr/local/go/bin:/other:……
```

这样写会把PATH变量原有的值替换掉,从而造成一个严重问题——许多内置的系统命令无法执行(原有路径丢失,系统找不到相关的可执行文件)。

最后按Esc键回到命令模式,输入":wq"(不包括双引号,冒号为英文符号),按回车键保存并退出vi工具。

Linux操作系统是严格区分大小写的,因此,在输入命令时要细心,大写字母与小写字母不能通用。例如,PATH与path是两个不同的值。

上述方法是将设置环境变量的命令写到当前用户的配置文件中,用户每次登录系统时都会执行该文件。这样可以确保所设置的环境变量能够永久生效,如果直接在终端中执行这三条export语句,那么所设置的环境变量是临时的,重新启动Linux系统后会丢失。

另外,执行source ~/.profile命令可以使修改马上生效,而不必等待注销或重启操作系统。

1.3 验证Go语言编译器的工作状态

Go语言编译器安装妥当,并且已经设置好环境变量后,可以在任意路径下输入以下命令来验证编译器是否正常工作。

```
go
```

执行命令后,若看到如图1-4所示的输出内容,说明Go语言编译器已正常工作。

还可以通过以下命令来查看Go语言编译器的版本号。

```
go version
```

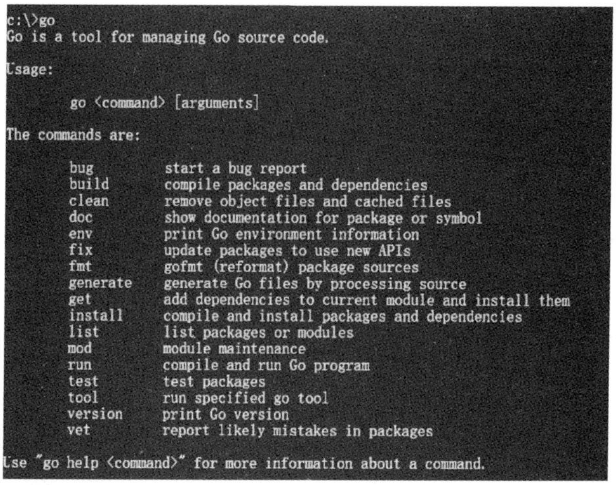

```
c:\>go
Go is a tool for managing Go source code.

Usage:

        go <command> [arguments]

The commands are:

        bug         start a bug report
        build       compile packages and dependencies
        clean       remove object files and cached files
        doc         show documentation for package or symbol
        env         print Go environment information
        fix         update packages to use new APIs
        fmt         gofmt (reformat) package sources
        generate    generate Go files by processing source
        get         add dependencies to current module and install them
        install     compile and install packages and dependencies
        list        list packages or modules
        mod         module maintenance
        run         compile and run Go program
        test        test packages
        tool        run specified go tool
        version     print Go version
        vet         report likely mistakes in packages

Use "go help <command>" for more information about a command.
```

图 1-4 检查 Go 语言编译器是否能正常访问

执行后会得到以下信息。

```
go version go1.13.4 windows/amd64
```

【思考】

1. 已安装 Go 语言编译器，但在命令控制台中执行 go 命令时，却提示找不到该命令，为什么呢？

2. GOROOT 与 GOPATH 两个环境变量各自的用途是什么？

第 2 章 语 法 基 础

本章主内容如下：

- 代码结构；
- main 包与 main 函数；
- Go 语句；
- 代码块；
- 注释；
- 使用 Go 语言编译器。

微课视频

2.1 代码结构

Go 语言的代码文件的扩展名为 .go，本质上是一个文本文件，因此任何文本编辑器（如记事本程序）都可以用来编写 Go 代码。当然，为了提高代码的编写效率，许多开发人员会选择一款自己喜欢的专用编辑器（如 GoLand、LiteIDE、Visual Studio Code 等）。

先看一个简单的 Go 应用程序。

```
package main

import "fmt"

func main() {
    fmt.Print("我的应用程序")
}
```

第一行使用 package 语句声明此代码文件所属的包名，所有 Go 代码文件都要写上这一行。上述例子中，为代码分配了名为 main 的包名（Package Name）。

接下来是一条 import（导入）语句，它告诉编译器该文件中的代码将用到哪个包里面的 API。在上述例子中，导入了 fmt 包。

package 语句是必需的，而 import 语句是可选的，只有当需要使用到其他包时才会进行导入。

然后使用 func 关键字定义了一个函数，名为 main。在 main 函数内部，调用了 fmt 包

中的 Print 函数。Print 函数的作用是向屏幕输出（打印）一条文本消息，上述例子运行后会
输出文本"我的应用程序"。

2.2　main 包与 main 函数

读者会发现，在 2.1 节的示例中，存在名为 main 的包和函数。在 Go 程序中，此命名是
有特殊用途的。

命名为 main 的包在编译时会生成可执行文件，可以直接运行。在 Windows 操作系统
中，可执行文件的扩展名为 .exe，而 Linux 中的可执行文件无扩展名。main 包中必须存在
一个名为 main 的函数，作为程序的入口点。入口点是应用程序运行时的起点，代码指令会进
入 main 函数；当程序指令跳出 main 函数后，整个应用程序就结束了，进而退出当前进程。

由于 Go 语言允许将一个包的代码分散在多个代码文件中（前提是这些文件必须处于
同一级目录下），在编写代码时就有可能出现 main 函数重复定义的问题。举个例子，假设
有 a.go 和 b.go 两个代码文件，它们均属于 main 包，其代码如下：

```
// 文件:a.go
package main

func main() {
    // ...
}

/* ---------------------------------------- */

// 文件:b.go
package main

func main() {
    // ...
}
```

当对此 main 包进行编译时，就会报以下错误：

```
b.go:3:6: main redeclared in this block
        previous declaration at .\a.go:3:6
```

错误信息明确指出：main 函数被重复定义。显然，在一个应用程序中，main 函数只允
许出现一次。在同一个代码文件中一般不容易出现此错误，但当多个代码文件同属一个包
时，就容易出现此错误（开发人员忘记前面已定义过 main 函数）。本书推荐两种避免错误
的做法：

（1）在编写 main 包时，先写一个空的 main 函数，然后再去完成其他的代码，最后回过
头来完成 main 函数的代码。空白 main 函数就是函数体内部不包含任何代码。就像这样

```
func main() {

}
```

（2）先完成 main 包中的其他代码，把 main 函数的代码放到最后来写。

2.3 Go 语句

一条代码语句如同人类语言中的"一句话"。在程序中，一句代码会"转译"为一条指令来告诉计算机该做什么。比如把变量 x 加上 1，或者调用 max 函数。

Go 语言使用英文的分号来表示语句的结束，不过在实际使用中，分号可以省略。因此，下面两段代码是等效的。

```
// 第一段代码
var i int;
i = 300;
fmt.Print(i);

// 第二段代码
var i int
i = 300
fmt.Print(i)
```

不过，如果把多条语句写到一行代码中，就不能省略分号了。例如：

```
var y int16; y = 1 + 5; fmt.Print(y)
```

2.4 代码块

在复杂的程序逻辑中，有时候需要若干条代码语句来完成特定的功能。将这些语句组织起来，形成一个整体，就成了代码块。代码块起始于左大括号({)，结束于右大括号(})。

代码块一般出现在函数、结构体、接口等类型的实现代码，以及分支、循环等复杂语句中。在 Go 语言中，左大括号必须紧跟前面的内容，不能另起一行输入，即其前面不能出现换行符，但可以出现空格。

以 main 函数为例，这样输入代码块是正确的：

```
func main() {
    //
}
```

这样写是错误的：

```
func main()
{
    ......
}
```

if…else…（分支）语句有些特殊，它必须写成：

```
if a > 0 {
    ......
} else {
    ......
}
```

不能这样写：

```
if a > 0 {
    ......
}
else
{
    ......
}
```

if 代码块的右大括号与 else 关键字之间，以及 else 关键字后的左大括号，三者必须写在同一行，以表明 else 子句与前面的 if 子句是连在一起的，而不是相互独立。

2.5　注释

注释不参与编译，它的作用是对代码进行说明，增强代码的可读性。Go 语言的注释格式与 C++ 相同，分为单行注释与多行注释。

单行注释以两个"/"字符开头，例如：

```
// 注释 1
// 注释 2
// 注释 3
```

单行注释只在一行内有效，下面例子中，只有第一行才会被识别为注释。

```
// 第一行
    第二行
```

多行注释以"/ * "开始，以" * /"结束，在"/ * "与" * /"之间的任何内容都会被识别为注释。请看例子。

```
/* 写在一行内的注释 */

/*
    注释内容
    可以写成多行
*/
```

多行注释的内容不受换行符的影响,因此,不管是写成一行还是多行,都能被识别。

当然,单行注释与多行注释是可以同时使用的,例如:

```
/*
    一些话
*/
// 一句话
```

另外,单行注释也可以写在代码语句之后,就像下面这样:

```
// 定义新的结构体
type data struct {
    ID int32                              // 记录号
    Len int64                             // 数据长度
    Bit int8                              // 数据位宽
    Tag string                            // 附加信息
}

func main() {
    var k data                            // 声明变量
    k = data{                             // 初始化
        ID: 50013,
        Len: 607214,
        Bit: 16,
        Tag: "back up",
    }
}
```

本书建议读者要养成写注释的好习惯,既方便自己将来阅读,也方便他人阅读。

2.6 使用 Go 语言编译器

执行 go 命令时,可以使用 build 参数来编译代码。如果 build 参数后面没有附加任何参数,那么 go 程序会编译当前目录下的所有代码文件。

假设某项目位于 MyProject 目录下,有 x.go 和 y.go 两个代码文件。

```
MyProject\
        x.go
        y.go
```

以 MyProject 为当前目录,执行以下命令:

```
go build
```

命令执行后生成名为 MyProject. exe(Windows)或 MyProject(Linux)的可执行文件。

如果只希望编译特定文件,可以在 build 参数后面指定代码文件列表。例如:

```
go build mk.go me.go
```

这样一来,只有 mk. go 和 me. go 两个文件被编译。

通过以上例子,读者会发现:

(1) 如果 build 参数后不指定代码文件,那么编译后所生成的可执行文件将以代码文件所在的目录名称来命名。

(2) 如果 build 参数后面指定了代码文件,那么所生成的可执行文件将用第一个代码文件的名称来命名。比如上述例子中,编译了 mk. go 和 me. go 两个代码文件,最后输出的可执行文件名为 mk. exe 或 mk。

在 build 参数之后使用-o 选项可以替代默认行为,自定义可执行文件的名称。例如:

```
go build − o app.exe mk.go me.go
```

执行完以上命令后,生成的可执行文件名变为 app. exe,而不是默认的 mk. exe。Linux 操作系统不需要. exe 扩展名,即:

```
go build − o app mk.go me.go
```

许多时候,开发人员希望编译后马上运行应用程序。这种情况可以改用 run 参数,使用方法如下:

```
go run <代码文件列表>
```

由于 run 参数要求在编译之后运行程序,所以指定的代码文件必须声明为 main 包。

接下来,将通过一个例子来演示 run 参数的用法。

步骤 1:在工作目录(GOPATH 环境变量所设置的路径)的 src 目录下新建一个目录,命名为 cat。

步骤 2:在 cat 目录下创建新的代码文件,命名为 cat. go。

步骤 3:在 cat. go 文件中输入以下代码。

```
package cat

import (
    "fmt"
)
```

```
func Work(){
    fmt.Print("抓老鼠")
}
```

上述代码定义为 cat 包,并公开一个名为 Work 的函数。Work 函数的实现代码也比较简单,调用 Print 函数输出文本"抓老鼠"。

步骤 4:回到 src 目录,新建一个代码文件,命名为 app.go,其中代码如下。

```
package main
// 导入 cat 包
import "cat"

func main() {
    cat.Work()                          //调用 cat 包中的函数
}
```

步骤 5:进入 src 目录。

```
cd ./src
```

步骤 6:执行 go run 命令。

```
go run app.go
```

步骤 7:若看到屏幕输出"抓老鼠",则表明程序已成功运行。

【思考】

1. 以下 Go 代码正确吗?

```
func something()
{
    writeText()
}
```

2. 命名为 main 的包有什么用途?

第3章

运 算 符

本章主要内容如下:

- 操作数;
- 算术运算符;
- 比较运算符;
- 逻辑运算符;
- 位运算符;
- 成员运算符;
- 取地址运算符;
- 复合运算符;
- 运算符的优先级。

3.1 操作数

若某个对象与运算符一起出现并参与运算,便可称这个对象为操作数。操作数与运算符一起,组成了表达式。运算符自身是无法产生计算结果的,它需要操作数提供计算的基础数据。

下面表达式中,变量 a、b 是操作数,+是运算符。

```
a + b
```

当然,操作数也可以是一个固定值,例如常量(本书在后面的章节中会介绍变量与常量):

```
20 / 5
```

上面表达式中,20、5 为操作数,/是运算符。

调用函数返回的结果也可以充当操作数,例如:

```
fun1() * fun2()
```

假设 fun1 与 fun2 是两个函数对象,上述表达式会把两个函数所返回的结果相乘。

在上面所给出的示例中,运算符通常需要两个操作数,但这不是绝对的,有些运算符只需要一个操作数即可完成计算。例如自增(＋＋)、自减(－－)、按位取反(^)等运算符。请看下面示例:

```
n++      (两个加号)
n--      (两个减号)
```

假设变量n的值为3,那么执行n＋＋后的结果为4,执行n－－后的结果为2。也就是说:

(1) n＋＋:将 n 的值加上 1,然后把结果存回到 n 中,相当于 n+=1;

(2) n－－:将 n 的值减去 1,然后把结果存回到 n 中,相当于 n－=1。

3.2　算术运算符

算术运算符用于完成简单的数学计算,本节将依次介绍四则运算符及取余、自增、自减等运算符。

3.2.1　四则运算符

四则运算,即人们常说的"和、差、积、商"。详细说明可参见表 3-1。

表 3-1　四则运算符及说明

计 算 方 式	运 算 符	结 果
加法	＋	和
减法	－	差
乘法	*	积
除法	/	商

注意:乘法的运算符是＊(星号),不是×;除法的运算符是/(正斜线),不是÷。

假设左操作数为 50,右操作数为 10,四则运算符的运用示例如下:

```
50 + 10                          // 加法
50 - 10                          // 减法
50 * 10                          // 乘法
50 / 10                          // 除法
```

操作数与运算符之间可以有空格,也可以没有空格,即下面两行代码是等效的。

```
50 + 10
50 + 10
```

本书建议至少输入一个空格符,以提高代码表达式的可读性。

接下来将通过一个简单的示例来演示四则运算符的用法。

步骤 1：新建代码文件,命名为 test.go。

步骤 2：在代码文件的首行定义包名为 main(用于生成可执行文件)。

```
package main
```

步骤 3：使用 import 语句导入 fmt 包(后面要调用此包中的函数)。

```
import (
    "fmt"
)
```

步骤 4：定义 main 函数。

```
func main() {

}
```

步骤 5：声明两个变量 m、n,类型为 int,用于存放操作数。

```
var m, n int
```

步骤 6：读取用户输入的操作数。

```
fmt.Print("请输入第一个操作数:")
fmt.Scan(&m)
fmt.Print("请输入第二个操作数:")
fmt.Scan(&n)
```

Scan 函数会从标准输入流中读取数据,然后存放在 m、n 变量中。此处需要按引用来传递参数(加上 & 符号,获取变量的内存地址),以保证在 Scan 函数调用后 m、n 变量能引用到所读入的内容。

步骤 7：执行四则运算,计算结果依次存放到变量 r1、r2、r3、r4 中。

```
r1 := m + n
r2 := m - n
r3 := m * n
r4 := m / n
```

使用:=(英文的冒号和等号组合而成)运算符可以直接向新变量赋值,不需要用 var 关键字来声明。

步骤 8：输出计算结果。

```
fmt.Printf("%d + %d = %d\n", m, n, r1)
fmt.Printf("%d - %d = %d\n", m, n, r2)
fmt.Printf("%d * %d = %d\n", m, n, r3)
fmt.Printf("%d / %d = %d", m, n, r4)
```

步骤9：执行 go run 命令，运行示例代码。

```
go run test.go
```

步骤10：分别输入两个操作数，并按下回车键，屏幕输出的结果如下：

```
请输入第一个操作数:200
请输入第二个操作数:50

计算结果:
200 + 50 = 250
200 - 50 = 150
200 * 50 = 10000
200 / 50 = 4
```

注意：0 不能作除数，即在进行除法运算时，第二个操作数不能为 0。

3.2.2 取余运算符

取余运算符就是一个百分号字符(%)，将两个操作数进行除法运算，并得到其余数。例如：

```
5 % 3
```

得到余数为 2。

当出现负值操作数时，余数的符号(正值或负值)并不是固定的，请看下面的例子。

```
-5 % -3                              // 结果:-2
11 % -4                              // 结果:3
23 % -5                              // 结果:3
```

可以使用以下公式来确定余数的符号。

$$被除数＝商×除数＋余数$$

以 23 % −5 为例，相除后得到的商为 −4，代入以上公式后(设 m 为余数)

$$23＝(-4)×(-5)+m$$

计算后得到 m = 3。

再以 −5 % −3 为例，相除后商为 1，代入公式后得到

$$-5＝1×(-3)+m$$

计算后得到 m = −2。

接下来读者可以通过完成一个示例来掌握取余运算符的用法。

步骤1：新建代码文件，命名为 demo.go。

步骤2：使用 package 语句将包名声明为 main。

```
package main
```

步骤 3：导入 fmt 包。

```
import (
    "fmt"
)
```

步骤 4：定义 main 函数。

```
func main() {

}
```

步骤 5：声明两个变量，分别命名为 x、y。

```
var x, y int
```

步骤 6：为变量 x 和 y 赋值，并计算 x % y 的结果。共进行三次。

```
// 第一次
x = 121
y = 16
fmt.Printf("%d %% %d = %d\n", x, y, x % y)

// 第二次
x = -90
y = -18
fmt.Printf("%d %% %d = %d\n", x, y, x % y)

// 第三次
x = 175
y = -29
fmt.Printf("%d %% %d = %d", x, y, x % y)
```

步骤 7：执行以下命令，运行示例代码。

```
go run demo.go
```

步骤 8：运行结果如下：

```
121 % 16 = 9
-90 % -18 = 0
175 % -29 = 1
```

3.2.3 如何实现指数运算

Go 语言并没有提供指数运算符，但标准库提供了相关的函数。math 包中有两个函数可用于指数运算。

Pow 函数的声明如下：

```
func Pow(x, y float64) float64
```

其中，参数 x 为底数，y 为指数，即 x^y。此外，还有一个 Pow10 函数：

```
func Pow10(n int) float64
```

参数 n 为指数，Pow10 函数在计算时总是以 10 为底数，即 10^n。

下面示例将演示 Pow 与 Pow10 函数的用法。

步骤 1：计算 5 的立方。

```
result : = math.Pow(5, 3)
fmt.Printf("5 的 3 次方:%d\n", int(result))
```

步骤 2：计算 8 的平方。

```
result = math.Pow(8, 2)
fmt.Printf("8 的 2 次方:%d\n", int(result))
```

步骤 3：调用 Pow10 函数计算 10^4。

```
result = math.Pow10(4)
fmt.Printf("10 的 4 次方:%d\n", int(result))
```

步骤 4：对 81 开平方根。

```
result = math.Pow(81, 0.5)
fmt.Printf("81 开平方根:%d", int(result))
```

$\sqrt{81}$ 可以写成 $81^{\frac{1}{2}}$，即指数为 0.5。

步骤 5：运行以上代码，输出结果如下：

```
5 的 3 次方:125
8 的 2 次方:64
10 的 4 次方:10000
81 开平方根:9
```

注意：Pow 与 Pow10 函数的返回值为 float64 类型，调用 Printf 函数输出格式化字符串时，如果使用%d 格式控制符，则需要先把计算结果转换为 int 类型，再传递给 Printf 函数；如果使用%f 格式控制符，则不需要类型转换。

3.2.4　自增与自减运算符

自增与自减运算符都属于单目运算符，即它们只有一个操作数。使用方法如下：

```
n++                                    // 连续两个加号
n--                                    // 连续两个减号
```

自增运算符将 n 的值加上 1,再把结果存回到 n 中;同理,自减运算符先将 n 的值减去 1,再把结果存回到 n 中。

请思考以下示例:

```
var a = 100
a++
fmt.Printf("a++ -> % d\n", a)

var b = 100
b--
fmt.Printf("b-- -> % d", b)
```

变量 a 的初始值为 100,执行 a++语句后,a 的值会增加 1,并重新赋值给变量 a,使它的值变为 101;变量 b 的初始值也是 100,执行 b--后就变成 99 了。因此,上面代码运行后会输出以下结果:

```
a++ -> 101
b-- -> 99
```

自增、自减运算符一般与 for 循环一同使用。下面示例将自增运算符与循环语句结合,输出 1~9 的整数值。

```
package main

import (
    "fmt"
)

func main(){
    var x int                     // 声明变量
    for x = 1; x < 10; x++{
        // 打印 x 的值
        fmt.Println(x)
    }
}
```

进入 for 循环时,设置变量 x 的值为 1,执行循环的条件是 x<10。在循环代码内部调用 Println 函数向屏幕输出 x 的值,每一轮循环之后,都会执行 x++使 x 的值增加 1,直到 x<10 不成立时才会退出循环。

示例运行后,屏幕输出内容为:

```
1
2
3
4
5
6
7
8
9
```

3.3　比较运算符

当需要将两个对象进行比较时，可以使用如表 3-2 所示的比较运算符。

表 3-2　常用的比较运算符

运　算　符	说　　明	举　　例
＝＝	两者相等	a＝＝b
！＝	两者不相等	a！＝b
＞	大于	a＞b
＜	小于	a＜b
＞＝	大于或等于	a＞＝b
＜＝	小于或等于	a＜＝b

所有比较运算符的运算结果都是布尔值(true 或 false)，而且能应用于多种数据类型。

（1）比较两个整数值。

```
var a, b = 85, 87
result = a > b
fmt.Printf("%d 大于 %d 吗? %t\n", a, b, result)
```

变量 a 的值是 85，b 的值是 87，可见，a＞b 是不成立的，所以运算结果为 false。

（2）比较两个浮点数值。

```
var e, f = 0.77, 2.565
result = e < f
fmt.Printf("%.3f 小于 %.3f 吗? %t\n", e, f, result)
```

变量 e 的值是 0.77，f 的值是 2.565，可见 e＜f 是成立的，所以运算结果为 true。

（3）比较两个字符串对象。

```
var str1 = "yes"
var str2 = "Yes"
result = str1 == str2
fmt.Printf(""%s"与"%s"是否相等? %t\n", str1, str2, result)
```

由于 Go 语言是区分大小写的,所以"yes"与"Yes"是不相同的字符串。

(4) 指针类型变量也是可以比较的。如果两个指针变量引用了同一个对象,那么它们是相等的,否则不相等。

```
var num = 30000
var p1 * int = &num
var p2 * int = &num
result = p1 == p2
fmt.Printf("p1 与 p2 是否相等? % t\n", result)
```

p1 和 p2 都是指针类型的变量,它们都引用了变量 num 的值,因此 p1 和 p2 是相等的。但是,不同类型的指针变量是不可以进行比较的。

```
var p3 * string = new(string)
var p4 * float32 = new(float32)
result = p3 == p4
```

变量 p3 是指向字符串类型的指针,而变量 p4 则是指向 32 位浮点类型的指针,虽然同为指针,但所属的类型不同,p3 == p4 无法比较。

(5) 如果两个变量声明为空接口(interface{})类型,并且它们所包含的值相同,那么也可以认为两者是相等的。

```
var k1, k2 interface{}
k1 = 50
k2 = 50
result = k1 == k2
fmt.Printf("k1 与 k2 是否相等? % t\n", result)
```

变量 k1、k2 在声明时指定为空接口类型,而在赋值的时候,都使用了相同的整数值 50,故 k1==k2 的结果为 true。

(6) 对于自定义结构体,如果两个实例的各个字段的值皆相等,那么这两个结构体实例也相等。

```
// 定义新的结构体
type test struct {
    fd01 int8
    fd02 float64
    fd03 int16
}
// 声明变量并赋值
var obj1, obj2 test
obj1 = test {
    fd01: 2,
    fd02: 0.00075,
    fd03: 809,
```

```
}
obj2 = test {
    fd01: 2,
    fd02: 0.00075,
    fd03: 809,
}
result = obj1 == obj2
fmt.Printf("obj1 与 obj2 是否相等？%t\n", result)
```

test 结构体中定义了三个字段——fd01、fd02、fd03。变量 obj1、obj2 分别引用 test 结构体的实例。由于三个字段的值都相等，因此，obj1==obj2 成立。

（7）若两个变量被声明为接口类型 T，且给它们所赋的值的类型实现了 T 接口，那么这两个变量也可以进行比较。下面代码首先定义一个名为 pet 的接口，然后定义两个结构体 cat 和 dog，并且 cat 和 dog 结构体皆实现了 pet 接口。

```
type pet interface {
    GetName() string
}

type cat struct {
    name string
}

func (c cat) GetName() string {
    return c.name
}

type dog struct {
    name string
}

func (d dog) GetName() string {
    return d.name
}
```

pet 接口定义了名为 GetName 的方法，结构体 cat 和 dog 都定义了 GetName 方法，所以结构体 cat 和 dog 可以认定为实现了接口 pet。

用 pet 接口类型声明两个变量，赋值时分别使用 cat 和 dog 结构体的实例。

```
var (
    pet1 pet = cat{name: "Jack"}
    pet2 pet = dog{name: "Tim"}
    pet3 pet = pet2
)
result = pet1 == pet2
fmt.Printf("pet1 与 pet2 是否相等？%t\n", result)
result = pet2 == pet3
fmt.Printf("pet2 与 pet3 是否相等？%t", result)
```

变量 pet1 的值为 cat 结构体的实例,变量 pet2 的值为 dog 结构体的实例,而变量 pet3 直接用 pet2 来赋值。因此,pet1==pet2 不成立,因为它们的值不是同一个对象;pet2==pet3 成立,因为它们的值相同(同一个 dog 对象)。

3.4 逻辑运算符

逻辑运算符,用于描述两个操作数(或表达式)之间的关系。逻辑运算符要求参与运算的操作数都返回布尔(bool)类型的结果,而且其自身的运算结果也是布尔类型。

逻辑运算符可以简单地总结为:与(and)、或(or)、非(not),详见表 3-3。

表 3-3 逻辑运算符

运算符	说　　明	举例
&&	"与"运算,只有当所有操作数都返回 true 时,其运算结果才会为 true,否则为 false	a && b
||	"或"运算,只要其中一个操作数返回 true,其运算结果就为 true;只有当所有操作数都返回 false,其运算结果才会为 false	a || b
!	"非"运算,即返回 true 的变成 false,返回 false 变成 true	! a

接下来看一下与逻辑运算符相关的一些示例。

(1) 两个条件之间的逻辑"与"运算。

```
5 > 7 && 3 < 6
```

5>7 不成立,此时不管后面的 3<6 是否成立,整个语句的运算结果都是 false。

(2) 逻辑运算符可以使用多个条件参与运算,例如下面代码由三个条件组成逻辑"与"运算。

```
var (
    x = 18
    y = 5
    z = x % y
)
b = x <= 20 && y == 5 && z > 5
```

变量 x 的值是 18,故 x<=20 返回 true;y==5 也返回 true;z 的值是 18/5 的余数,即 3,所以 z>5 不成立,返回 false。前两个条件都为 true,但第三个条件为 false,因此整个语句的运算结果为 false。

(3) 逻辑"或"运算。

```
strings.Contains("abcd", "ab") || 50 < 90 || 10 > 15
```

上述代码由三个条件表达式组成:第一个表达式调用了 strings 包中的 Contains 函数,检测字符串"abcd"中是否包含"ab",结果返回 true;第二个条件 50<90 成立,也返回 true;

第三个条件 10>15 不成立,返回 false。上述代码中已有两个条件的结果为 true,因此整个语句的结果为 true。

（4）逻辑"非"运算。

```
!(1 == 1)
```

1==1 成立,返回结果为 true,进行"非"运算后,得到结果 false。

3.5　位运算符

位运算符仅作用于整数值,运算目标为二进制位,包括按位与(&)、按位或(|)、按位异或(^)、左移(<<)、右移(>>)、清除标志位(&^)、按位取反(^)。

3.5.1　按位与

操作数对应的二进制位上的值,当两者同时为 1 时,运算结果中该位的值就为 1,否则该位的值为 0。

以 8 位整数(一个字节)为例,声明两个变量 m、n,并分别赋值。

```
var (
    m int8 = 12
    n int8 = 6
)
```

将变量 m、n 进行按位与运算。

```
result := m & n
```

十进制整数 12 转为二进制后的值为 1100,十进制整数 6 转换为二进制后的值为 0110,按位与的运算过程如下:

```
1 1 0 0      // 12
0 1 1 0      // 6
---------------------
0 1 0 0      // 4
```

两个操作数中,只有左起第二位的值同时为 1,因此运算结果中只有此位为 1,其他位都为 0,即 0100,转为十进制数值是 4。

3.5.2　按位或

操作数中对应的二进制位上的值,只要其中任意一个为 1,那么结果就为 1;如果对应二进制位上的值全部为 0,那么结果就为 0。

以 8 位整数为例,下面代码演示了 220、89 的按位或运算。

```
var a uint8 = 220
var b uint8 = 89
var c = a | b
```

其运算过程如下:

```
11011100                    // 220
01011001                    // 89
------------------------------------
11011101                    // 221
```

左起第一位,220 的是 1,89 的是 0,进行或运算后为 1;左起第二位,220 的是 1,89 的也是
1,或运算的结果为 1……以此类推,最终得到的二进制数值为 11011101,即十进制的 221。

按位或运算还经常被用于标志位的组合。整数值的一个二进制位代表一个功能,当值
为 0 时,功能关闭;为 1 时,功能开启。以文件权限为例,假设 001 表示可以读取文件内容,
010 表示可以写入文件内容,100 表示可以重命名文件,此处三个二进制位各代表一项权限。
如果文件只读,那么就使用权限 001;要是希望文件可读可写,那就用权限 011;如果希望文
件既可读可写,又可以重命名,那就使用权限 111;如果希望文件可以重命名和读取内容,但
不允许写入内容,则应使用权限 101。

总的来说,就是想要开启哪个功能,就把该功能对应的二进制位设置为 1。

下面例子演示了二进制位的组合模式:

```
var (
    h = 0b_001
    i = 0b_010
    j = 0b_100
)
// 组合运算
fmt.Printf("i 与 h 组合:%03b\n", i | h)
fmt.Printf("i 与 j 组合:%03b\n", i | j)
fmt.Printf("h、i、j 三者组合:%03b", h | i | j)
```

在常数值前加上 0b 前缀,表明此值是二进制整数值。若 h 与 i 组合,就是将右起第一
位与第二位设置为 1,即 011;若 i 与 j 组合,就是将左起两位都设为 1,即 110;如果是 111,
说明 h、i、j 三个值被组合。

3.5.3 取反

取反运算符(^)可反转二进制位的值,即 0 变为 1,1 变为 0。例如:

```
100101
```

按位取反后就会变成:

```
011010
```

^属于单目运算符,即只有一个操作数。

对于无符号整数来说,按位取反比较简单。下面代码以 8 位无符号整数为例,进行按位取反操作。

```
var n uint8 = 27
var r = ^n
```

27 转换为二进制后,得到:

```
00011011
```

按位取反后,得到:

```
11100100
```

转换为十进制数值为 228。

再看一个以 16 位无符号整数为例的取反运算。

```
var g uint16 = 150
var q = ^g
```

150 转换为二进制后的值为:

```
0000000010010110
```

按位取反后,得到:

```
1111111101101001
```

转换为十进制数值为 65385。

通过上述两个例子,可以总结出一条规律:无符号整数值与取反后的值之和,等于其类型的最大值。例如上述例子中,8 位无符号整数 27 取反后的值是 228,于是 27+228=255,255 即 uint8 数据类型的最大值。再如,16 位无符号整数 150,取反后的值为 65385,于是 150+65385=65535,即 uint16 数据类型的最大值。

有符号整数的按位取反方法与无符号整数相同,只是要考虑负值的存储方式。例如:

```
var a, b, c int8
var res int8

a = 7
res = ^a                      // 结果: -8

b = -6
```

```
res = ^b                  // 结果:5

c = -13
res = ^c                  // 结果:12
```

7 转换为二进制表示方式后,得到:

```
00000111
```

按位取反后,得到:

```
11111000
```

在有符号整数值中,最高位为符号位,正值为 0,负值为 1。此时会看到,7 取反后,其最高位为 1,说明它是负值。然后求它的补码,方法是除符号位以外各数位取反,再加上 1。

```
原码:1 1111000
反码:1 0000111
补码:1 0001000
```

由于 10001000 的最高位是符号位,因此在表示时可以把最高位替换为负号(一),即 -0001000,转换为十进制数值后,得到-8。

再来看-6,即-0000110,将负号(一)替换为 1 后是 10000110。由于它是负值,需要先求出它的原码,方法与补码的求法一样——除符号位以外按位取反,再加 1。

```
数值:1 0000110
取反:1 1111001
原码:1 1111010
```

接着,把 11111010 按位取反,得到 00000101,转换为十进制数值后为 5。

-13 的取反过程与-6 一样,此处不再赘述。

从以上例子,可以总结出有符号整数按位取反的通用公式:

$$c=-(n+1)$$

其中,n 表示被取反的有符号整数,c 表示运算结果。例如,上面例子中的 7,代入公式后:

```
-(7+1)
```

结果为-8。同理,将-6 代入公式:

```
-(-6+1)
```

结果为 5。

3.5.4 位移

位移运算符的功能是将整数值的二进制位向左或者向右移动指定的位数。例如:

```
10011101 >> 3
```

表示将二进制位向右移动 3 位,结果为 00010011,后面的 101 被去掉,最左边(最高位)用三个 0 填补空缺。

再如,将 10101001 向左移动两位。

```
10101001 << 2
```

得到结果 10100100,左边两位被去掉,并且在最右边(最低位)用两个 0 填充。

从上述例子可知,位移运算符有两个操作数。左操作数是被处理的整数值,右操作数是移动的位数。右操作数为无符号整数,因为它无须使用负值。

有符号整数在位移之后,可能会出现正值变成负值,负值变成正值的情况。原因在于最高位是符号位。如果位移之后最高位为 0,则为正值;如果为 1,则为负值。例如:

```
var a int16 = 29156
var r = a << 7
fmt.Printf("%[1]d(%016[1]b) << 5: %[2]d(%016[2]b)", a, r)
```

29156 是 16 位有符号整数,将其二进制位左移 7 位后,结果为 −3584。屏幕输出内容为:

```
29156(0111000111100100) << 5: −3584(−000111000000000)
```

小括号中的是整数值对应的二进制格式。左移 7 位后,使得最高位为 1,所以运算结果是负值。

3.5.5 按位异或

异或运算符与取反运算符相同——都是^。不过,两者不会冲突,因为取反运算只有一个操作数,而异或运算则需要两个操作数。就像下面这样:

```
^5                          // 取反
8 ^12                       // 异或
```

所谓异或,即两操作数对应的二进制位中,只有两者不相等时才返回 1。若两者相等,则返回 0。例如:

```
var x uint8 = 0b_1011_1101
var y uint8 = 0b_1110_0001
r = x ^ y
```

变量 x 与 y 进行异或运算的过程如下:

```
10111101
11100001
```

```
-----------------------------
0 1 0 1 1 1 0 0
```

再举一例。

```
x = 0b_11110000
y = 0b_00001111
r = x ^ y
```

其运算过程如下：

```
1 1 1 1 0 0 0 0
0 0 0 0 1 1 1 1
 -----------------------------
1 1 1 1 1 1 1 1
```

3.5.6　清除标志位

清除标志位，就是将特定二进制位的值变为 0。其运算符是 &^（& 与 ^ 的组合）。

例如，要将 11011111 最右边三位变为 0，代码可以这样写：

```
var k uint8 = 0b_11011111
var r = k &^ 0b_00000111
```

得到的结果是 11011000。

下面看一个更为具体的例子。假设用四个二进制位分别代表香蕉、葡萄、杧果、秋梨四种水果。

```
var (
    f1 uint8 = 0b_0000_0001                        // 香蕉
    f2 uint8 = 0b_0000_0010                        // 葡萄
    f3 uint8 = 0b_0000_0100                        // 杧果
    f4 uint8 = 0b_0000_1000                        // 秋梨
)
```

四种水果各用一个整数值表示，注意其中为 1 的二进制位不能重复。例如，香蕉使用了右起第一位（0001），那么葡萄就不能使用该标志位了，应选用右起第二位或者其他未被使用的数位。

将四种水果组合，可以使用按位或运算。

```
var all = f1 | f2 | f3 | f4
```

然后运用清除标志位运算符，从变量 all 中去掉部分组合。

```
fmt.Printf("去掉香蕉:%04b\n", all &^ f1)
fmt.Printf("去掉杜果:%04b\n", all &^ f3)
fmt.Printf("去掉杜果和秋梨:%04b", all &^(f3 | f4))
```

代码执行后,会输出以下内容:

```
四种水果组合:1111
去掉香蕉:1110
去掉杜果:1011
去掉杜果和秋梨:0011
```

在上述结果中可以看到,四种水果组合的二进制数值为 1111,如果想从组合中去掉香蕉,那么可以用香蕉所代表的值(0001)来清除标志,得到结果 1110。如果同时去掉杜果和秋梨,得到的值就是 0011,即最左边的两个二进制位被清除(变为 0)。

3.6　成员运算符

成员运算符就是一个英文的句点符号(.),也称"筛选"运算符(Selector),它用于访问某个对象的成员。例如,前文许多示例代码中经常用的 fmt.Printf,其含义就是调用 fmt 包里面的 Printf 函数。

成员运算符可以用于访问各种类型对象的成员,但要注意以下情况:

(1) 如果对象是指针类型或者接口类型,并且它的值是空引用(nil),那么对此成员的访问会引发错误。

(2) 如果该对象不存在指定的成员(或者此成员对外部隐藏),那么对此成员的访问也会引发错误。

假设定义一个新的结构体,命名为 test,它包含 xn、xt 两个字段。

```
type test struct {
    xn int16
    xt float32
}
```

声明变量 v,并指定它是 test 类型,之后就可以使用成员运算符来为 xn、xt 字段赋值。

```
var v test
v.xn = 900
v.xt = 17.00061
```

如果对象存在多层嵌套的成员,可以依据嵌套深度使用多个成员运算符。例如,下面代码定义了新的结构体 test2,其中 t2 字段为 test 类型。

```
type test2 struct {
```

```
    t2 test
}
```

声明 test2 类型的变量后,可以通过成员运算符为字段 xn、xt 赋值。

```
var v2 test2
v2.t2.xn = 450
v2.t2.xt = 0.33
```

3.7 取地址运算符

使用取地址运算符,可以获取某个对象实例的内存地址。假定变量 a 的类型是 T,那么,&a 所返回的结果类型为 * T(T 类型的指针)。写成 Go 代码后就是:

```
var p * T = &a
```

其中,变量 p 保存了 a 的内存地址。

取地址运算符常用于函数的参数传递,下面示例可以说明按引用传递参数的作用。

步骤 1:定义新的结构体,命名为 point,包含字段 x、y。

```
type point struct {
    x float32
    y float32
}
```

步骤 2:定义 clean 函数,接收 point 类型的参数。在函数体中将 x、y 字段的值改为 0。

```
func clean(p point) {
    p.x = 0.0
    p.y = 0.0
}
```

步骤 3:声明 point 类型的变量,给 x、y 字段赋值。

```
var pt point
pt.x = 10.5
pt.y = 32.35
```

步骤 4:调用 clean 函数,将传递 pt 变量给参数 p。

```
fmt.Printf("调用前:% + v\n", pt)
clean(pt)
fmt.Printf("调用后:% + v\n", pt)
```

在调用 clean 函数前后各打印一次屏幕输出,方便对比。

步骤 5：运行示例代码，得到以下输出。

```
调用前:{x:10.5 y:32.35}
调用后:{x:10.5 y:32.35}
```

从以上输出可以发现，x、y 字段的值在调用 clean 函数之后并没有变为 0，原因在于，当将 pt 变量传递给 p 参数时，会进行自我复制。也就是说，在 clean 函数内部所修改的不是 pt 变量本身，而是被复制后的 point 对象，因此，在调用完 clean 函数后，pt 变量中的内容并未做任何修改。

步骤 6：解决上述问题的方法是在定义 clean 函数时，参数的类型改为 point 结构体的指针。

```go
func clean(p * point) {
    p.x = 0.0
    p.y = 0.0
}
```

步骤 7：在调用 clean 函数时，使用取地址运算符来传递参数。

```go
......
clean(&pt)
fmt.Printf("调用后:% + v\n", pt)
```

通过引用传参数，只是将 pt 变量的内存地址复制给 p 参数，在 clean 函数内部所修改的对象与 pt 是同一个对象。所以，在 clean 函数调用后，pt 中的字段会变成 0。

步骤 8：再次执行示例代码，就能看到正确的输出了。

```
调用前:{x:10.5 y:32.35}
调用后:{x:0 y:0}
```

3.8 复合运算符

复合运算符由算术运算符与赋值运算符组成。运算过程为变量与另一操作数进行运算，再将计算结果赋值给变量，替换原来的值，具体可参考表 3-4。

表 3-4　复合运算符

运　算　符	示　　例	等　效　于
＋＝	x＋＝5	x＝x＋5
－＝	x－＝5	x＝x－5
＊＝	x＊＝3	x＝x＊3
/＝	x/＝3	x＝x/3

续表

运　算　符	示　　例	等　效　于
%=	x%=6	x=x%6
&=	x&=b	x=x&b
|=	x|=b	x=x|b
^=	x^=b	x=x^b
<<=	x<<=3	x=x<<3
>>=	x>>=3	x=x>>3
&^=	x&^=0b_011	x=x&^0b_011

下面两段代码所产生的结果是相同的。

```
// 第一段代码
var z = 0.01
z = z + 0.02

// 第二段代码
var z = 0.01
z += 0.02
```

同理,z=z−0.5 可以写成 z−=0.5,z=z*0.5 可以写成 z*=0.5,z=z/0.5 可以写成 z/=0.5。

3.9　运算符的优先级

当代码语句中同时使用多种运算符时,就会涉及计算顺序的问题,这便是运算符的优先级。优先级高的运算符先进行计算,优先级低的运算符后进行计算。Go 语言的官方文档提供了如表 3-5 所示的运算符优先级说明。

表 3-5　运算符优先级

数　值	运　算　符	数　值	运　算　符
5	*、/、%、<<、>>、&、&^	2	&&
4	+、−、|、^	1	||
3	==、!=、<、<=、>、>=		

其中,数值越大,表示其优先级更高。例如,*、/的优先级高于+、−。

下面代码的计算结果为 13,而不是 16。

```
3 + 5 * 2
```

这是因为*运算的优先级高于+运算符,因此会先计算 5*2,得到结果 10,然后计算 3+10,最后结果为 13。如果希望先计算 3+5,则需要使用括号来改变运算的优先级。

```
(3 + 5) * 2
```

多个条件组成的逻辑运算中,要注意运算符 && 的优先级高于运算符||。

```
3 > 5 || 8 >= 3 && 6 == 0 || 10 <= 0
```

上面语句中,先计算8>=3&&6==0。8>=3成立但6==0不成立,"与"运算的结果为false。剩下的两个条件表达式都是"或"运算,它们的优先级相同,于是从左往右依次运算,即3>5||false||10<=0,最终的结果是false。

还有一个"非"运算符(!)没有出现在优先级列表中,! 属于单目运算符,即它只需要一个操作数,其运算结果是 true 的变成 false,false 的变成 true。当运算符! 与 &&、||运算符同时使用时,! 运算符会优先计算紧跟其后的操作数。例如:

```
!false || 4 % 2 == 0
```

! false 会优先计算,变成true,然后再与 4 % 2 == 0 进行逻辑"或"运算,最终结果是true。

如果想让 ! 运算符把后面的整个语句都"否定",那么! 之后的表达式都要写在括号中,就像下面这样:

```
!(1 < 0 || 4 > 3)
```

1<0||4>3 会先计算,结果为 true,然后再做"非"运算,最后结果为 false。

【思考】

1. 下面表达式的计算结果是什么?

```
17 % 8
```

2. 100^111 的结果是 011,为什么(说说^运算符的功能)?

3. x－z/y,按照运算符优先级,哪一部分会先进行计算?

4. 下面表达式的计算结果是 true 还是 false?

```
!(!(3 > 0) && 2 == 2)
```

5. 下面表达式的计算结果是什么?

```
3 <= 5 && 10 == 10
```

6. 如何求 25^4?

7. 表达式 &a 是什么含义(a 为某个变量名)?

第 4 章

程序包管理

本章主要内容如下：

- package 语句；
- 程序包的目录结构；
- 导入语句；
- 初始化函数；
- 模块；
- 成员的可访问性。

4.1　package 语句

每一个代码文件的首行，都必须使用 package 语句来声明有效的包名。此处所说的"首行"指的是有效的代码行，不包括空行和注释。

例如，在 package 语句所在的行之前可以写注释。

```
// 豆腐
package Doufu
```

但是，在 package 语句之前出现了有效代码是不被允许的。下面代码在编译时会报错。

```
var Number int32
package Doufu
```

正确的写法是：

```
package Doufu
var Number int32
```

包的名称为一般标识符，由英文字母、阿拉伯数字、下画线或其他有效的 Unicode 字符组成。不过不能用阿拉伯数字开头（即名称中第一个字符不能是数字），下面的声明方式会导致编译失败。

```
package 6demo
```

使用下画线是允许的,只是一些代码检查工具(如 go-lint)会发出警告。

```
package __ id_host
```

用中文字符来命名程序包也没有问题,因为 Go 语言默认使用的是 utf-8 字符编码。

```
package 面包
```

另外,包名称中不能出现句点(.),因为它是成员运算符,用在包名中会引起混淆。

```
package demo.abc                      // 句点为无效符号
```

一些特殊字符也不允许使用,例如:

```
package demo/abc                      // "/"无效
package demo\abc                      // "\"无效
package demo # abc                    // "#"无效
package % % cde                       // "%"无效
package a&c                           // "&"无效
package !cool                         // "!"无效
```

4.2　程序包的目录结构

Go 语言是以目录为单位来界定程序包的,因此,在同一级目录下只允许使用一个包名。一个包则可以分布在多个代码文件中。假设 foo 目录下有 a.go、b.go 两个文件,其代码如下:

```
// 文件:foo/a.go
package bar
……

// 文件:foo/b.go
package bar
……
```

这样的文件结构是可行的,因为两个代码文件都声明了相同的包名——bar,即 foo 目录下只有一个 bar 包。下面的写法是不允许的。

```
// 文件:foo/a.go
package bar1
……

// 文件:foo/b.go
package bar2
……
```

这是因为 foo 目录下出现了 bar1、bar2 两个包名。

一般情况下,可以让目录的名称与包名相同,这样做能使代码的结构更清楚,其他开发人员查看起来也方便。

接下来看一个示例。

步骤 1:在 GOPATH 环境变量所指定目录的 src 子目录下,新建一个目录,命名为 calculator。

步骤 2:在 calculator 目录下新建代码文件,命名为 x. go,并输入代码。

```
package calculator

func Add(m,n int) int {
    return m + n
}
```

步骤 3:同样,在 calculator 目录下新建代码文件,命名为 y. go,并输入代码。

```
package calculator

func Sub(m,n int) int {
    return m - n
}
```

步骤 4:在 calculator 目录下再新建代码文件,命名为 z. go,其代码如下:

```
package calculator

func Mult(m,n int) int {
    return m * n
}
```

Add、Sub、Mult 三个函数分别位于 x. go、y. go、z. go 三个文件中,但三个文件的 package 语句都声明了相同的包名——calculator。

步骤 5:在 src 目录下新建代码文件,命名为 app. go,包名声明为 main。

```
package main
```

步骤 6:使用 import 语句导入刚刚完成的 calculator 包以及标准库中的 fmt 包。

```
import (
    "fmt"
    "calculator"
)
```

步骤 7:定义 main 函数,调用 calculator 包中 Add、Sub、Mult 三个函数。

```
func main() {
    var num1, num2 = 15, 20
```

```
// 依次调用 Add、Sub、Mult 函数
var (
    r1 = calculator.Add(num1, num2)
    r2 = calculator.Sub(num1, num2)
    r3 = calculator.Mult(num1, num2)
)
// 打印结果
fmt.Printf("%d + %d = %d\n", num1, num2, r1)
fmt.Printf("%d - %d = %d\n", num1, num2, r2)
fmt.Printf("%d * %d = %d\n", num1, num2, r3)
}
```

步骤 8：执行 app.go 文件，屏幕输出结果如下：

```
15 + 20 = 35
15 - 20 = -5
15 * 20 = 300
```

实际上，应用程序是通过代码文件首行的 package 语句来确定包的名称的，与目录或文件的名称无关。本示例将目录命名为 calculator 只是一种推荐方案，而不是硬性要求，目录与代码文件均可以使用任何有效的名称。例如，可以这样命名：

```
mycal(目录)
    ├── c1.go(代码文件)
    ├── c2.go(代码文件)
    └── c3.go(代码文件)
```

4.3 导入语句

在访问某个包的成员之前，必须使用 import 语句将其导入。import 语句一般有以下两种用法：

```
import <包所在的路径>
或者
import (
    <路径 1>
    <路径 2>
    ......
)
```

应用程序默认在 GOPATH 环境变量所指定的工作目录下查找要导入的包。对于 Go 标准库中的包，一般会在 GOROOT 环境变量所指定的目录中查找。

将程序包相关的源代码放到工作目录的 src 子目录下，其他程序代码就可以通过相对路径来导入(相对于 src 目录)。

下面看示例。

步骤 1：在 src 目录下新建一个名为 demo 的目录,然后在 demo 目录下新建两个目录,分别命名为 test1 和 test2。

步骤 2：在 test1 目录下建一个代码文件,命名为 vt_a.go;在 test2 目录下建一个代码文件,命名为 vt_b.go。

此时,目录结构如下:

```
demo
├─test1
│        vt_a.go
│
└─test2
         vt_b.go
```

步骤 3：在 vt_a.go 文件中输入以下代码:

```
package photoplayer

func StartPlay() {

}

func StopPlay() {

}
```

将程序包命名为 photoplayer,然后定义了 StartPlay、StopPlay 函数。这两个函数都没有实现代码,本例中仅用于演示。

步骤 4：在 vt_b.go 文件中输入以下代码:

```
package musicplayer

func Play() {

}

func Pause() {

}
```

包名为 musicplayer,随后定义了 Play、Pause 函数。这两个函数也没有实现代码。

步骤 5：在 src 目录下创建代码文件,命名为 app.go。

步骤 6：在 app.go 文件首行,用 package 语句将包名定义为 main。

```
package main
```

步骤 7：使用 import 语句导入刚刚完成的两个包——photoplayer 和 musicplayer。

```
import "demo/test1"
import "demo/test2"
```

上面的写法是一条 import 语句只导入一个路径，也可以合并为单条 import 语句。

```
import (
    "demo/test1"
    "demo/test2"
)
```

注意：import 语句只指定包所在的目录路径，包的名称将通过代码文件中的 package 语句来识别。

步骤 8：在 app.go 中定义 main 函数（入口点）。

```
func main() {

}
```

步骤 9：在 main 函数中依次调用 photoplayer 包和 musicplayer 包中的函数。

```
photoplayer.StartPlay()
photoplayer.StopPlay()

musicplayer.Play()
musicplayer.Pause()
```

如果觉得包的名称太长，输入时不方便，可以在 import 语句中为对应的包分配一个别名。

```
import (
    ph "demo/test1"
    mu "demo/test2"
)
```

此时，photoplayer 包有了别名 ph，musicplayer 包有了别名 mu。在调用函数时就应当使用别名，而不是原来的包名。

```
ph.StartPlay()
ph.StopPlay()
mu.Play()
mu.Pause()
```

如果被导入的包内的成员不会与当前代码中的成员名称冲突，还可以直接把某包中的成员名称合并到当前文件中。实现方法是用句点（.）作为被导入包的别名。

```
import (
    . "demo/test1"
    . "demo/test2"
)
```

合并后,访问包中的成员时不需要引用包名,而是直接使用成员名称。

```
StartPlay()
StopPlay()
Play()
Pause()
```

4.4　初始化函数

在程序包代码中,可以定义一个名为 init 的函数,当此包被其他代码导入时,init 函数会被调用。

init 函数的功能仅限于初始化工作,例如给变量赋默认值。因此,不应该在 init 函数中编写过于复杂的代码,尤其是一些非常消耗时间的代码。这些代码会给应用程序的性能造成负面影响。该函数运行时自动调用,不要在代码中引用此函数。

属于同一个包的每个代码文件都可以定义 init 函数,其调用顺序取决于代码文件的执行顺序。例如,代码文件 123.go 和 456.go 中都定义了 init 函数,按照默认的文件名排序方案,先调用 123.go 中的 init 函数,接着调用 456.go 文件中的 init 函数。

下面来看一个示例。

步骤 1:在工作目录的 src 子目录下新建一个目录,命名为 test。

步骤 2:在 test 目录下新建代码文件,命名为 x.go,并输入以下代码:

```
// 声明包名
package test
// 导入 fmt 包
import "fmt"
// 初始化函数
func init() {
    fmt.Println("part1 - 初始化")
}
```

步骤 3:在 test 目录下新建代码文件,命名为 y.go,然后输入以下代码:

```
// 声明包名
package test
// 导入 fmt 包
import "fmt"
// 初始化函数
func init() {
```

```
        fmt.Println("part2 - 初始化")
}
```

步骤 4：在 src 目录下新建代码文件,命名为 main.go。

```
package main

import _ "test"

func main() {

}
```

使用 import 语句导入 test 包时,为其分配一个由下画线作为别名。此做法的作用是：test 包仅仅执行初始化代码,而不会导入其成员。此方案会使 init 函数被调用。

步骤 5：运行 main.go 代码,输出结果如下：

```
part1 - 初始化
part2 - 初始化
```

依据默认排序,x.go 文件中的代码先执行,其中的 init 函数被调用,输出"part1-初始化"；接着才输出"part2-初始化"。

4.5 模块

若将项目代码放在 GOPATH 目录(源代码位于 src 子目录)之外,在使用 import 语句导入包时,可以用相对路径。例如：

```
import ../test          // 父级目录下的 test 目录
import ../../test       // 父级的父级目录下的 test 目录
import ./test           // 当前目录下的 test 目录
```

但是,这种引用方法不便于管理。一旦项目结构被改变,所有代码文件中的 import 语句可能都需要手动修改,文件甚至会失效。

于是,Go 语言的开发团队引入了模块(Module)的概念。模块信息将通过一个名为 go.mod 的文件来描述,程序源代码并不需要额外修改。

4.5.1 go.mod 文件的基本结构

go.mod 文件由一组简单的指令构成,下面是一个示例文件。

```
module example.com/app

go 1.1.13
```

```
require (
    abc.com v0.0.0
    kitty.net/myprj v0.0.0
)

replace abc.com => ./myabc

replace kitty.net/myprj => ./project
```

module 指令设置当前模块的名称(或路径)。从目前的版本来看,模块名称要求至少存在一个句点字符(.)。也就是说,模块名称中要包含一个有效的域名,此规则是为了方便 Go 程序在编译时能够通过代码仓库实时下载模块。例如,模块名称为 github.com/something,在编译时,就会通过 http:// github.com/something 来查找并下载源代码。

go 指令设定所使用的 Go 语言版本。格式为 a.b.c,如 1.1.12、1.2.3。

require 指令用于列出当前应用程序中需要引用的模块。格式为:

```
<模块名称> <版本>
```

当需要引用多个模块时,可以使用多条 require 指令。

```
require abc.org/test1 v1.0.0
require xyz.net/test2 v1.0.1
require demo.com v1.2.0
```

也可以把多条 require 指令合并。

```
require (
    require abc.org/test1 v1.0.0
    require xyz.net/test2 v1.0.1
    require demo.com v1.2.0
)
```

当 Go 语言编译器无法从网络下载 require 指令所指定的模块时,可以使用 replace 指令来设置一个本地路径,以替换在线路径。其格式为:

```
<原模块> => <新的本地路径>
```

例如:

```
replace abc.org/test1 => ./mysrc
```

当编译器无法下载 abc.org/test1 模块时,就会到 mysrc 目录中查找。mysrc 目录中要求存在 go.mod 文件,否则编译器无法将其识别为模块。

4.5.2　创建 go. mod 文件

描述模块信息的文件必须命名为 go. mod,并将它放置于模块的根目录下。可通过以下两种方法创建 go. mod 文件。

(1) 新建文件,重命名为 go. mod,然后手动输入 module、go 等指令。

(2) 使用 go mod init 命令。例如,执行以下命令,创建 go. mod 文件,模块名称为 example. com/pub。

```
go mod init example.com/pub
```

产生的 go. mod 文件内容如下:

```
module example.com/pub
go 1.13
```

4.5.3　编辑 go. mod 文件

go. mod 文件本质上属于文本文件,因此,最简单的编辑方法是直接修改。不过,在输入内容时容易出现错误,因此最好通过 go mod 命令来编辑 go. mod 文件,其命令格式为:

```
go mod edit <编辑标志> [go.mod 文件所在目录]
```

如果 go. mod 文件位于当前目录下,执行 go mod edit 命令时不需要指明 go. mod 文件所在的目录。

常用的编辑标志有:

(1) -module 标志:修改 go. mod 文件中的 module 指令,即修改模块名称。例如:

```
go mod edit - module = demo.cn/db           // 将模块名称改为 demo.cn/db
```

(2) -go 标志:修改 go. mod 文件的 go 指令。例如:

```
go mod edit - go 1.13                        // 使用 v1.13 版本的 Go 语言
```

(3) -require 标志:添加 require 指令,格式为:

```
go mod edit - require = <模块名>@<版本>
```

例如:

```
go mod edit - require = abc.com/prj@v0.0.0
```

在 go. mod 文件中产生的指令如下:

```
require abc.com/prj v0.0.0
```

-require 标志在同一条命令中可以多次使用。

```
go mod edit - require = demo.com/tree1@v0.0.0 - require = demo.com/tree2@v0.0.0 - require = demo.com/tree3@v0.0.0
```

上述命令执行后,go.mod 文件中会生成一个 require 指令,其中包含命令中所指定的模块路径。

```
require (
    demo.com/tree1 v0.0.0
    demo.com/tree2 v0.0.0
    demo.com/tree3 v0.0.0
)
```

(4) -droprequire 标志:删除 require 指令所列出的模块。例如,将上面示例中的 demo. com/tree3 模块删除,go mod 命令可以这样写:

```
go mod edit - droprequire = demo.com/tree3
```

执行命令后,go.mod 文件中的 require 指令如下:

```
require (
    demo.com/tree1 v0.0.0
    demo.com/tree2 v0.0.0
)
```

(5) -replace 标志:当 require 指令所列出的模块路径无法访问时,可以使用 replace 指令来指定替代方案。如果替代的模块位于代码仓库服务器上,那么除了要指定有效的域名与路径外,还要写上版本号;如果替代的模块位于本地路径中,可以忽略版本号。

-replace 标志的格式如下:

```
- replace = <原模块名>@[版本] = <替代模块>@<版本>
```

依次执行下面命令。

```
go mod edit - require = github.com/kelailib@v0.0.0          // 请按回车键
go mod edit - replace = github.com/kelailib = mysv.com/lib@v1.0.0    // 请按回车键
```

go.mod 文件将生成以下指令。

```
require github.com/kelailib v0.0.0

replace github.com/kelailib => mysv.com/lib v1.0.0
```

使用了 replace 指令后,当访问 github.com/kelailib 模块时就会从 mysv.com/lib 获取资源。

在开发测试阶段,被引用的模块代码都位于本地硬盘中,此时可以用本地路径替代模块的在线路径。

```
go mod edit - replace = github.com/kelailib = ./project/app/lib
```

生成的 replace 指令如下:

```
replace github.com/kelailib => ./project/app/lib
```

由于每个模块的根目录中都有一个 go.mod 文件,所以本地路径只要指定目标模块的根目录即可。编译器只要找到 go.mod 文件,就能够分析出模块的相关信息。

（6）-dropreplace 标志:删除指定的 replace 指令,用法与-droprequire 标志相似。

4.5.4　使用本地模块

在开发测试阶段,一般会将需要引用的模块代码存放在本地计算机中,因此在 go.mod 文件中应当使用 replace 指令将需要的模块路径替换为本地路径。本节将通过一个示例来演示本地模块的使用方法。

步骤 1:新建目录,命名为 demo_mod。

步骤 2:在 demo_mod 目录下新建代码文件,命名为 test.go。

步骤 3:test.go 文件中的代码如下:

```go
package hellolib

// 导入标准库中的包
import "fmt"

func SayHello(who string) {
    fmt.Printf("你好,% s\n", who)
}

func SayMorning(who string) {
    fmt.Printf("早上好,% s\n", who)
}
```

hellolib 包定义了 SayHello 和 SayMorning 两个函数。

步骤 4:在 demo_mod 目录下执行 go mod init 命令,生成 go.mod 文件。

```
go mod init example.com/demo
```

生成的 go.mod 文件内容如下:

```
module example.com/demo                          // 模块路径
go 1.13
```

步骤 5：创建目录 my_app。

步骤 6：在 my_app 目录下创建代码文件 main. go，然后输入以下代码。

```
package main

// 导入 hellolib 包所在的路径
import "example.com/demo"

func main() {
    hellolib.SayHello("小明")
    hellolib.SayMorning("小雷")
}
```

由于 hellolib 包的代码文件与 go. mod 文件处于同级目录下，所以 import 语句只需指定模块的根路径。

步骤 7：在 my_app 目录中执行 go mod init 命令，创建 go. mod 文件。

```
go mod init myproject.cn
```

生成的 go. mod 文件如下：

```
module myproject.cn
go 1.13
```

步骤 8：执行 go mod edit 命令，添加 require 指令，引用 example. com/demo 模块。

```
go mod edit – require = example.com/demo@v0.0.0
```

go. mod 文件中生成的 require 指令如下：

```
require example.com/demo v0.0.0
```

步骤 9：因为源代码位于本地目录中，所以上述 require 指令在编译时并不能找到 example. com/demo 模块。再执行 go mod edit 命令将模块路径替换为本地路径。

```
go mod edit – replace = example.com/demo = ../demo_mod
```

生成的 replace 指令如下：

```
replace example.com/demo =>../demo_mod
```

步骤 10：在 my_app 目录下执行 go run 命令，尝试运行 main 模块。

```
go run main.go
```

步骤 11：若看到以下输出信息，说明程序已经正确运行。

```
你好,小明
早上好,小雷
```

4.6 成员的可访问性

Go 语言通过成员名称的首字母来决定其可访问性。只有当成员名称的首字母为大写时，其他包中的代码才能访问该成员。

例如，以下代码：

```
package abc

func Min(a, b int) int {
    ......
}

func min_it(a, b int) int {
    ......
}
```

Min 函数可以被 abc 包以外的代码访问，min_it 函数只能在 abc 包内部访问。

以下两个结构体也是一样的规则。

```
type person struct {
    ......
}

type Person struct {
    ......
}
```

person 结构体只能在当前包内部访问，Person 结构体可以被当前包以外的代码访问。

接下来可以通过示例来更直观地验证成员可访问性规则。

步骤 1：定义两个结构体。

```
type student struct {
    ID int
    Name string
    Age int
}

type Employee struct {
    ID int
    Name string
```

```
        Age int
        Phone int64
}
```

步骤 2：在另一个包的代码中创建以上两个结构体的实例。

```
var x = test.Employee { ID: 11, Name: "小杜", Age: 35, Phone: 13002525123 }

// 错误：无法访问非公开成员
var y = test.student { ID: 12, Name: "小刘", Age: 21 }
```

在实例化 student 结构体时会失败，因为其名称以小写字母开头，外部代码无法识别。

步骤 3：对于结构体的字段成员，首字母决定可访问性的规则同样适用。例如：

```
type Printer struct {
        current int16
        totalpage int64
        sn string
}
```

Printer 结构体的所有成员的名称皆以小写字母开头，但是结构体自身是对外公开的。这种情况产生的结果是：外部代码能访问 Printer 结构体，但不能访问其字段。下面代码将无法正常运行。

```
var z = Printer { current: 0, totalpage: 5, sn: "TD－01" }
```

步骤 4：将 Printer 结构体的字段做以下修改（将字段名称的首字母改为大写），外部代码就能访问了。

```
type Printer struct {
        Current int16
        Totalpage int64
        Sn string
}
```

【思考】

1. package 语句应当写在代码文件的什么位置？

2. 同一个包里面可以定义两个名为 main 的函数吗？

3. 假设代码包 A 中定义了 getTime 函数，那么，在代码包 B 中能调用 getTime 函数吗？

4. 定义 init 函数有什么用途？

第 5 章

变量与常量

本章主要内容如下:

- 变量的初始化;
- 组合赋值;
- 匿名变量;
- 常量;
- 变量的作用域;
- 变量的默认值。

5.1　变量的初始化

变量的初始化过程可分为两个阶段:

(1) 声明阶段。指定变量名称和所属类型。变量名称是一个标识符,应用程序代码通过此标识符来定位要访问的数据。变量名称类似于手机号,虽然只是一串数字,但通过拨打此号码可以联系到要找的人。

(2) 赋值阶段。为变量分配一个有效的值,该值将成为变量的默认值。变量之所以可"变",是因为在变量的生命周期内,它的值可以被修改(即可多次赋值)。

声明变量需要使用 var 关键字,格式如下:

```
var <变量名> <变量类型>
```

例如,声明变量 s,其数据类型为字符串(string)。

```
var s string
```

变量声明后,应用程序会自动为其分配一个 0 值。对字符串类型而言,它的默认值为 nil。变量声明后就可以在后续代码中进行赋值(修改它的值)。例如把变量 s 的值改为"你好"。

```
s = "你好"
```

可以对变量 s 的值进行不限次数的修改,只有最后一个值被保留。

```
s = "早上好"
s = "中午好"
s = "下午好"
s = "晚上好"
```

变量 s 被赋值了四次:第一次赋值后,值变为“早上好”;第二次赋值后,旧值被丢弃,变量 s 存储最新值“中午好”;第三次赋值后,“中午好”被丢弃,新值变为“下午好”;第四次赋值后,s 的值变为“晚上好”。

也可以在声明变量的同时进行赋值。

```
var b int16 = 680
```

此时,变量 b 的值为 16 位整数值 680。

也可以省略变量类型,由赋值的内容自动推断变量类型。

```
var c = 3.14159
```

程序将自动分析出变量 c 的类型为 float64。若担心自动推断出来的类型有误,可以在赋值时进行明确的类型转换。就像下面这样:

```
var d = float32(3.14159)
```

或者在声明变量时不省略变量的类型。

```
var d float32 = 3.14159
```

另外,还有一种更简便的写法,声明变量并初始化。其格式为:

```
<变量名> := <变量值>
```

下面代码声明变量 f、g,并赋值。

```
f := "xyz"
g := 1.5e7                          // 即 1.5×10^7
```

变量 f 将自动推断为字符串类型(string),变量 g 为浮点类型(float64)。注意这种语法中使用的赋值运算符为“:=”(由英文的冒号与等号组成)而不是“=”,并且不能出现 var 关键字。

5.2　组合赋值

对多个变量进行赋值,常规的做法是:

```
var a = 10
var b = 20
var c = 30
```

Go 语言支持组合赋值语句,所以,上述代码可以合并为:

```
var a,b,c = 10,20,30
```

赋值顺序与变量出现的顺序相同。上述代码中,10 赋值给变量 a,20 赋值给变量 b,30 赋值给变量 c。

也可以使用简约语法。

```
x,y,z := "test",5,0.002
```

使用组合赋值的时候,一定要确保赋值运算符左右两边的表达式个数相等,以下赋值方式会发生错误。

```
q1,q2,q3,q4 := -400,"bit",0.2
```

赋值运算符左边给出了四个变量,然而右边只提供了三个值,表达式个数不匹配。同理,若提供的值表达式个数多于变量个数,也会发生错误,例如:

```
v1,v2 := -1,-2,-3                    // 两个变量,却提供了三个值
```

组合赋值还有一个典型的用途——调用函数后接收多个返回值。假设 test 函数返回三个值。

```
func test() (string, string, int) {
    return "abc", "xyz", 10000
}
```

在调用 test 函数后,若希望接收所有返回值,就需要使用组合赋值语句。

```
r1,r2,r3 := test()
fmt.Println("函数返回的三个值:")
fmt.Printf("r1: %v\nr2: %v\nr3: %v", r1,r2,r3)
```

上面代码执行后会得到这样的屏幕输出:

```
函数返回的三个值:
r1: abc
r2: xyz
r3: 10000
```

5.3　匿名变量

如果将变量命名为"_"（单个下画线），那么它就成为了匿名变量。赋给匿名变量的值会被丢弃，因为它在代码中无法被访问。

例如，以下代码中，值"opq"会被丢弃。

```
a,b,_ := "abc","lmn","opq"
```

随后的代码中只能访问变量 a 和 b。

在调用具有多个返回值的函数时，开发者可能只对一部分返回值感兴趣，这种情况下可以考虑把不感兴趣的返回值丢弃。假设 comp 函数的定义如下：

```
func comp(n int32) (int32, int32, bool) {
    var x1, x2 int32
    x1 = n * 2                            // 乘以 2
    x2 = n * n                            // 二次方
    var b bool
    if n % 2 == 0 {
        b = true                          // 偶数
    } else {
        b = false                         // 奇数
    }
    return x1,x2,b
}
```

comp 函数接收一个整数类型的参数值 n，并返回三个值：

（1）n×2 的计算结果。

（2）n^2 的计算结果。

（3）布尔值。如果 n 是偶数就返回 true；如果 n 是奇数就返回 false。

接下来尝试调用 comp，假如此时只对前两个结果感兴趣，而不考虑传入的参数是否为偶数，那么在调用函数后就可以将第三个返回值丢弃，即

```
h, k, _ := comp(8)
```

调用之后变量 h 的值为 16，k 的值为 64。

5.4　常量

声明常量必须使用 const 关键字，初始化方法与变量相同。下面代码声明四个常量并进行赋值。

```
const Val1 int = 0
const Val2 int = 1
const Val3 string = "SPEED"
const Val4 bool = false
```

变量在其生命期内可以被修改,但常量一旦初始化之后是不允许修改的。下面代码将发生错误。

```
Val1 = 5
Val2 = 6
```

和变量一样,在声明常量时也可以省略类型标识,让程序代码根据初始化的值来自动推断类型。

```
const LockModeA = -1
const LockModeB = 1
const OrgChars = "ZXYkhDf6PngHeQR1LjdyU7a"
```

5.5 批量声明

变量和常量都支持批量声明,即将多个声明语句写到一个代码块中。就像下面这样:

```
// 声明三个变量
var (
    k = 0.0001
    j = 0.0021
    m int16 = 5530
)

// 声明三个常量
const (
    XldFirst = "F"
    XldSecond = "G"
    XldThird = "H"
)
```

声明变量时,先输入 var 关键字,紧跟一个空格字符,随后将多个变量的声明语句写在一对小括号中。同理,批量声明常量的代码也是写在一对小括号中。

5.6 变量的作用域

变量的作用域,或者变量的生命周期,可以理解为变量能被哪些代码访问。请看下面例子。

```
if a : = 3; a > 0 {
    fmt.Print("a 的值:", a)                    // 第一条 Print 语句
}

fmt.Print("a 的值:", a)                        // 第二条 Print 语句
```

上面代码中,变量 a 是在 if 语句的初始化代码中声明的,它的作用域仅在 if 语句块内部。因此,第一条 Print 语句能够访问到变量 a,第二条 Print 语句则是在 if 语句块之外访问变量 a,已超出其作用域,所以会引发编译错误。

下面两个代码文件位于同一个目录下。

```
// c1.go
package demo

var (
    padLeft = 50
    padRight = 60
)

// c2.go
package demo

func Work() int {
    return padLeft * padRight
}
```

c1.go 与 c2.go 文件位于同级目录下,并使用 package 语句声明了包名为 demo,即两个文件中的代码均属于 demo 包。尽管变量 padLeft 和 padRight 的代码位于 c1.go 文件,而 Work 函数的代码位于 c2.go 文件,但两个变量的作用域都是 demo 包,因此允许跨文件访问。

代码在访问变量时会遵循"由近而远"的原则,即从距离当前代码最近的作用域查找变量。如果找不到,就会从更大的作用域进行查找,直到找到变量为止;如果所有可行的作用域都无法找到目标变量,就会发生错误。

当然,如果不同层次的作用域中存在名称相同的变量,距离当前代码较近的变量会覆盖距离较远的变量。

接下来,请看一个示例。

```
package main

import (
    "fmt"
)

var x = "EFG"

func main() {
```

```
        // 此处覆盖了外部的变量 x
        var x string = "XYZ"
        fmt.Print(x)
}
```

上述示例中,存在两个名为 x 的变量:第一个变量 x 的作用域在整个代码文件中(或者 main 包内);第二个变量 x 的作用域仅在 main 函数内部。因此,main 函数内部的变量 x 会覆盖 main 包级别的变量 x,最后调用 Print 函数向屏幕输出的内容为"XYZ"。

5.7　变量的默认值

声明变量后如果未进行赋值,应用程序会为变量分配一个默认值。读者可以通过下面示例来了解各种数据类型的变量默认值。

```
package main                    //主包
import "fmt"                    //导入 fmt 包

func main() {
        // 8 位整数
        var v1 int8
        fmt.Printf("% - 15[1]T % [1]v\n", v1)

        // 16 位整数
        var v2 int16
        fmt.Printf("% - 15[1]T % [1]v\n", v2)

        // 32 位整数
        var v3 int32
        fmt.Printf("% - 15[1]T % [1]v\n", v3)

        // 64 位整数
        var v4 int64
        fmt.Printf("% - 15[1]T % [1]v\n", v4)

        // 32 位浮点数
        var v5 float32
        fmt.Printf("% - 15[1]T % [1]v\n", v5)

        // 64 位浮点数
        var v6 float64
        fmt.Printf("% - 15[1]T % [1]v\n", v6)

        // 字符串
        var v7 string
        fmt.Printf("% - 15[1]T % [1]v\n", v7)
```

```
    // 单个字符
    var v8 rune
    fmt.Printf("% - 15[1]T%[1]v\n", v8)

    // 结构体
    type test struct {
        m float32
        n int16
    }
    var v9 test
    fmt.Printf("% - 12s% + v\n", "结构体", v9)

    // 接口
    type iTest interface {
        someMethod()
    }
    var v10 iTest
    fmt.Printf("% - 13s%v\n", "接口", v10)

    // 指针类型
    var v11 * int
    fmt.Printf("% - 13s%v\n", "指针", v11)
}
```

运行示例代码后,得到如下结果:

```
int8            0
int16           0
int32           0
int64           0
float32         0
float64         0
string
int32           0
结构体           {m:0 n:0}
接口            < nil >
指针            < nil >
```

string 类型的变量默认值为空白字符串,因此不会在屏幕上输出可见字符。结构体默认会为每个字段(上述示例中是 m 和 n)分配默认值。对于接口类型的变量而言,程序无法从声明语句中得知实现接口的具体类型,所以分配了 nil(空引用)作为默认值;同理,指针类型变量在声明阶段无法预知将来要引用的对象,所以默认值也是 nil(空引用)。

【思考】

1. 定义变量有几种方法?

2. 常量初始化之后能修改吗?

第 6 章

基础类型

本章主要内容如下：

- 字符与字符串；
- 数值类型；
- 日期与时间；
- 指针；
- iota 常量。

微课视频

6.1 字符与字符串

与文本相关的数据类型有两个——rune 和 string。rune 只能表示单个字符；string 可以表示多个字符，称为字符串。

6.1.1 rune 类型

rune 原本是一种源自西欧的古文字体系，在 Go 语言中，它表示一个字符。例如，字母"H"或者特殊符号"♯"。对于 Unicode 字符，例如单个汉字，也可以由 rune 类型表示。例如：

```
var x1 rune = 'f'          // 小写英文字母
var x2 = 'G'               // 大写英文字母
var x3 = '好'              // 中文字符
var x4 rune = ':'          // 标点符号
var x5 rune = '@'          // 特殊符号
var x6 rune = '7'          // 数字字符
```

rune 常量表达式必须包含在一对单引号（英文单引号）之中，如果要包含单引号自身，那就必须进行转义（在单引号中加上"\"），即

```
var x7 = '\''
```

从 builtin 包的源代码中能看到，rune 类型的声明代码如下：

```
type rune = int32
```

这表明：rune 类型实际上是 32 位整数的别名。例如：

```
var d0 rune = '月'
var d1 rune = '亮'
var d2 rune = 'g'
var d3 rune = 'Z'

// 输出
fmt.Printf("%v %v %v %v", d0, d1, d2, d3)
```

上述代码执行后，屏幕输出如下：

```
26376 20142 103 90
```

若希望输出原字符，可以在调用 Printf 函数时指定"%c"控制符。

```
fmt.Printf("%c  %c  %c  %c", d0, d1, d2, d3)
```

执行代码后，屏幕上将输出原字符。

```
月  亮  g  Z
```

rune 类型不能赋值多个字符，下面代码会发生错误。

```
var d4 rune = 'abc'
```

6.1.2　string 类型

当一个表达式包含多个字符时，应使用 string 类型，即字符串。字符串常量表达式需要写在一对双引号（英文双引号）中，例如：

```
var st string = "zyx"
```

若字符串表达式自身包含双引号，应当进行转义。

```
var sc = "My name is \"Tom\""
```

字符串对象可以包含不定个数的字符，例如：

（1）包含 0 个字符。直接用一对双引号表示，中间不包含任何字符，即空字符串。

（2）包含 1 个字符。内容上与 rune 类型的表达式相同，但数据类型不同。

（3）包含 1 个以上字符。例如"你好""晚上好""abcdefghijk"等。

双引号一般用于表示简单的字符，对于较为复杂的"段落式"字符串，还可以使用"`"字符来表示。例如：

```
    var sd = `------- 这是标题 -------
一、方案概要
    1、需求分析
    2、技术可行性分析
    3、任务周期分析
二、实施阶段
    a、定义数据
    b、梳理可用资源
    ……
                        —— 2020 年 1 月 5 日
----------- 内容底部 -----------`

    // 输出到屏幕
    fmt.Println(sd)
```

输出结果如下：

```
------- 这是标题 -------
一、方案概要
    1、需求分析
    2、技术可行性分析
    3、任务周期分析
二、实施阶段
    a、定义数据
    b、梳理可用资源
    ……
                        —— 2020 年 1 月 5 日
----------- 内容底部 -----------
```

从结果中可以看到，"`"符号可以让字符串"原封不动"地输出到屏幕上，换行、缩进等特征均被保留。

再看一个例子。

```
var se string = `Call the "Function"`
fmt.Println(se)
```

输出结果为：

```
Call the "Function"
```

此处的英文双引号并不需要转义。那是因为字符串表达式使用了"`"字符来修饰，双引号的出现不会影响编译器对代码的分析，因此程序能正确运行。

6.2 数值类型

数值类型提供了参与数学运算的基础元素，包括整数、浮点数、复数等，详见表 6-1。

表 6-1 Go 语言提供的数值类型

类型	描 述	范 围	示 例
int8	8 位有符号整数	$-128\sim127$	-1、150
uint8	8 位无符号整数	$0\sim255$	128、254
int16	16 位有符号整数	$-32768\sim32767$	-321、1010
uint16	16 位无符号整数	$0\sim65535$	20005、8300
int32	32 位有符号整数	$-2147483648\sim2147483647$	-15000、3500005
uint32	32 位无符号整数	$0\sim4294967295$	8585500、49990
int64	64 位有符号整数	$-9223372036854775808\sim9223372036854775807$	-9999999999、3030303123
uint64	64 位无符号整数	$0\sim18446744073709551615$	10000024552、4520058875636
int	有符号整数,至少 32 位。在 32 位处理器上为 32 位整数,在 64 位处理器上为 64 位整数	在 32 位处理器上与 int32 类似;在 64 位处理器上与 int64 类似	-199990、20000008
uint	无符号整数,至少 32 位。在 32 位处理器上为 32 位整数,在 64 位处理器上为 64 位整数	在 32 位处理器上与 uint32 类似;在 64 位处理器上与 uint64 类似	888677699、6500650065
byte	uint8 的别名,即 8 位无符号整数,表示一个字节	$0\sim255$	129、255
float32	32 位浮点数	符合 IEEE-754 规范 $1.401298464324817070923729583289916131280e{-45}\sim3.402823466385288598117041834845169254440e{+38}$	0.0003、3.141
float64	64 位浮点数	符合 IEEE-754 规范 $4.940656458412465441765687928682213723651e{-324}\sim1.797693134862315708145274237317043567981e{+308}$	1000.333、0.005005
complex64	64 位的复数	复数的实部与虚部皆为 float32 数值	$5-2i$、$10+5i$
complex128	128 位的复数	复数的实部与虚部皆为 float64 数值	$100+0.2i$、$1-3i$

6.2.1 示例:获取数值类型占用的内存大小

本示例运行后会向屏幕输出各个数值类型所占用的内存空间大小,单位是字节。下面是具体实现步骤。

步骤 1：新建代码文件,命名为 demo.go。

步骤 2：在代码文件首行,使用 package 语句声明包名。此处使用主包名——main。

```
package main
```

步骤 3：使用 import 语句导入 unsafe、fmt 两个包(均为标准库提供的包)。

```
import (
    "unsafe"
    "fmt"
)
```

步骤 4：声明并初始化 5 个变量,数据类型依次为 uint8、uint16、uint32、uint64、uint。

```
var (
    n1 uint8 = 122
    n2 uint16 = 2000
    n3 uint32 = 53530020
    n4 uint64 = 4.33e + 5
    n5 uint = 99977723
)
```

步骤 5：调用 unsafe 包中的 Sizeof 函数,获取变量所占用的内存大小,并输出到屏幕上。

```
fmt.Printf("8 位无符号整数:% d\n", unsafe.Sizeof(n1))
fmt.Printf("16 位无符号整数:% d\n", unsafe.Sizeof(n2))
fmt.Printf("32 位无符号整数:% d\n", unsafe.Sizeof(n3))
fmt.Printf("64 位无符号整数:% d\n", unsafe.Sizeof(n4))
fmt.Printf("无符号整数(uint):% d\n", unsafe.Sizeof(n5))
```

步骤 6：初始化 5 个变量,数据类型依次为 int8、int16、int32、int64、int。然后输出它们各自所占内存的大小。

```
var (
    s1 int8 = 103
    s2 int16 = 999
    s3 int32 = 120020
    s4 int64 = 65630000
    s5 int = 7.323e + 7
)
fmt.Printf("8 位有符号整数:% d\n", unsafe.Sizeof(s1))
fmt.Printf("16 位有符号整数:% d\n", unsafe.Sizeof(s2))
fmt.Printf("32 位有符号整数:% d\n", unsafe.Sizeof(s3))
fmt.Printf("64 位有符号整数:% d\n", unsafe.Sizeof(s4))
fmt.Printf("有符号整数(int):% d\n", unsafe.Sizeof(s5))
```

步骤 7：再初始化两个变量，类型分别是 float32 和 float64。同样，也输出它们所占内存的大小。

```
var (
    f1 float32 = 0.0005909
    f2 float64 = 1.10000000012525
)
fmt.Printf("32 位浮点数：% d\n", unsafe.Sizeof(f1))
fmt.Printf("64 位浮点数：% d\n", unsafe.Sizeof(f2))
```

步骤 8：最后是复数类型，原理与前面步骤相同。

```
var (
    c1 complex64 = 19 + 7i
    c2 complex128 = − 3 + 0.6i
)
fmt.Printf("64 位复数：% d\n", unsafe.Sizeof(c1))
fmt.Printf("128 位复数：% d\n", unsafe.Sizeof(c2))
```

步骤 9：执行以下命令，运行示例程序。

```
go run demo.go
```

步骤 10：程序运行后将输出以下信息：

```
8 位无符号整数:1
16 位无符号整数:2
32 位无符号整数:4
64 位无符号整数:8
无符号整数(uint):8
8 位有符号整数:1
16 位有符号整数:2
32 位有符号整数:4
64 位有符号整数:8
有符号整数(int):8
32 位浮点数:4
64 位浮点数:8
64 位复数:8
128 位复数:16
```

注意：int 类型与 uint 类型有可能占用 4 个字节，也有可能占用 8 个字节。这取决于运行程序的处理器架构。

6.2.2 整数常量的表示方式

整数常量的表示方式较多，不同进制之间都有各自的特有格式，具体可以参考表 6-2。

表 6-2　各进制整数值的表示方式

制　　式	说　　明	示　　例
十进制	不需要添加前缀,数位的有效值范围为 0~9	2000、3500200、−6600
二进制	加上"0b"或"0B"前缀,数位的有效值为 0 和 1	0b1010111、0B001101
八进制	加上"0o"或"0O"前缀,数位的有效值为 0~7	0o7707、0O600
十六进制	加上"0x"或"0X"前缀。 当使用"0x"前缀时,数位值的有效范围为 0~9 或 a~f; 当使用"0X"前缀时,数值值的有效范围为 0~9 或 A~F	0x5c0a6b、0X39E4D8B

注意:数值格式前缀的首字符是数字 0。八进制数值前缀的第二个字符是英文字母 O 或 o,非数字 0。

下面代码演示了各个进制整数值的表示方式。

```
a uint = 8000              // 十进制
b int = 0b11101            // 二进制
c int32 = 0o102532         // 八进制
d = 0x6afc20e              // 十六进制(小写)
e = 0XC33EE4F              // 十六进制(大写)
```

如果数值较大,为了便于阅读,可以将其"分段"表示。方法是使用"_"(下画线)作为分隔符。例如:

```
h uint64 = 257_6888_102_453
i int64 = −800_22520_16_3
j uint64 = 0b_10001_1111_00111110
k uint64 = 0x_ff_e6_41_c32a
```

但是,分隔符不能出现在数值的开头,也不能出现在结尾。下面代码会发生错误。

```
w = _7600_240
v = 0xe5e3fc20_
```

6.2.3　科学记数法

浮点数值可以直接使用小数点来分隔整数部分和小数部分,例如:

```
c1 := 15.545
c2 := −0.0075
```

当数值比较大时,可以使用科学记数法表示。

```
1.4e6                      // 1.4 × 10⁶ (1400000.00)
0.02E−3                    // 0.02 × 10⁻³ (0.00002)
100.55e+4                  // 100.55 × 10⁴ (1005500)
```

在科学记数法表示方式中,字母 E(或 e)代表底数 10,E(或 e)之后是指数,也可以使用分隔符。

```
t1 := 36.2_5e6              // 36.25 × 10⁶ (36250000)
t2 := 8_16e-3              // 816 × 10⁻³ (0.816)
t3 := 37_5.692_178_9e1_5   // 375.6921789 × 10¹⁵ (375692178900000000)
```

要注意的是,字母 E(或 e)的前后是不能出现分隔符的,下面几种表示方式在编译时都会报错。

```
var q1 float32 = 0.3e_3
var q2 = 12_e-3
```

6.2.4 复数

复数的表示形式由实部与虚部构成。当复数为 complex64 类型时,实部与虚部的数值皆为 float32 类型;当复数为 complex128 类型时,实部与虚部的数值皆为 float64 类型。

下面两个变量值使用的是 128 位的复数:

```
var ca complex128 = 50 + 2i
var cb complex128 = -0.05 - 3i
```

下面两个变量值使用的是 64 位的复数:

```
var cc complex64 = 1.0001 + 0.0005i
var cd complex64 = -300 + 12i
```

复数的虚部必须使用字母"i"来标识,但不能使用大写字母"I",这样写会发生错误,例如:

```
var a complex128 = 100 + 6I
```

实部与虚部的位置并不是固定的,也可以先写虚部再写实部。

```
var t complex64 = 0.3i + 15
```

复数表达式也允许使用分隔符(_)。

```
var t2 complex128 = 1_333 + 0.2_635i
```

但是,字母"i"前面不能出现分隔符,因此下面的写法是错误的。

```
var t3 complex64 = 82 + 0.412_i
```

6.3　日期与时间

与日期/时间相关的 API 都封装在 time 包中,使用前需要导入此包。

```
import "time"
或者
import (
    ······
    "time"
)
```

下面是一个简单的示例,调用 time 包中的 Now 函数,获取当前时间,最后输出到屏幕上。

```
package main

import (
    "fmt"
    "time"
)

func main() {
    var n = time.Now()
    fmt.Print(n)
}
```

6.3.1　Month 类型

Month 类型实际上是以 int 为基础定义的新类型。time 包公开了以下常量,表示一年中的十二个月。

```
const (
    January Month = 1 + iota          // 一月
    February                          // 二月
    March                             // 三月
    April                             // 四月
    May                               // 五月
    June                              // 六月
    July                              // 七月
    August                            // 八月
    September                         // 九月
    October                           // 十月
    November                          // 十一月
    December                          // 十二月
)
```

Month 类型可以作为参数传递给 Date 函数,用以创建 Time 实例。例如:

```
// 2019 年 7 月 13 日 22:16:08
var thedate = time.Date(2019, time.July, 13, 22, 16, 8, 0, time.Local)
```

直接引用 time.July 常量代表七月份。如果是十二月，可以这样：

```
time.December
```

由于 Month 类型是以 int 类型为基础的，因此可以将 Month 常量转换为整型数值。请看下面示例：

```
var n1 = time.August
var n2 = time.May
var n3 = time.January
var n4 = time.November
fmt.Printf("n1: %d\nn2: %d\nn3: %d\nn4: %d", n1, n2, n3, n4)
```

该示例的运行结果为：

```
n1: 8                                    // August
n2: 5                                    // May
n3: 1                                    // January
n4: 11                                   // November
```

6.3.2　Weekday 类型

Weekday 类型也是基于 int 定义的，表示一个星期中的一天。time 包公开了以下七个常量值，表示从周日到周六。

```
const (
        Sunday Weekday = iota            // 周日
        Monday                           // 周一
        Tuesday                          // 周二
        Wednesday                        // 周三
        Thursday                         // 周四
        Friday                           // 周五
        Saturday                         // 周六
)
```

调用 Time 实例的 Weekday 方法可以获得与日期对应的周工作日，返回类型就是上面提到的 Weekday。例如：

```
// 2007 年 6 月 14 日
var date = time.Date(2007, time.June, 14, 0, 0, 0, 0, time.Local)
// 获取周工作日
var weekday = date.Weekday()

// 用中文表示周工作日名称
```

```
var wdStr string
switch weekday {
case time.Sunday:
    wdStr = "星期天"
case time.Monday:
    wdStr = "星期一"
case time.Tuesday:
    wdStr = "星期二"
case time.Wednesday:
    wdStr = "星期三"
case time.Thursday:
    wdStr = "星期四"
case time.Friday:
    wdStr = "星期五"
case time.Saturday:
    wdStr = "星期六"
default:
    wdStr = "未知"
}

// 输出结果
fmt.Printf("2007 - 6 - 14 是 % s", wdStr)
```

上面示例首先调用 Date 函数创建 Time 实例(日期是 2007-6-14),然后调用 Time 对象实例的 Weekday 方法,得到表示周工作日的 Weekday 常量值。

紧接着,通过一个 switch 语句,将周工作日的名称转化为中文名称(例如"星期一""星期六")。

运行上面代码后,会得到这样的结果:

```
2007 - 6 - 14 是 星期四
```

6.3.3 Duration 类型

Duration 类型的声明代码如下:

```
type Duration int64
```

从声明代码可以看出,Duration 类型是以 64 位整数为基础的。Duration 表示的是"时间段"——两个时间点之间的差。

例如,14:00:00、16:00:00 是两个时间点,它们之间相差两个小时,或者 120 分钟,或者 7200 秒。再例如,2020-3-100:00:00、2020-3-500:00:00 是两个时间点,它们之间的差距为 4 天,或者 96 小时,或者 5760 分钟,又或者 345600 秒。

Duration 类型以纳秒为单位,在实际应用中可以通过以下常量来简单换算。

```
const (
    Nanosecond Duration = 1
    Microsecond         = 1000 * Nanosecond
    Millisecond         = 1000 * Microsecond
    Second              = 1000 * Millisecond
    Minute              = 60 * Second
    Hour                = 60 * Minute
)
```

举几个例子。

```
a := 25 * time.Second               // 25 秒
b := 10 * time.Minute               // 10 分钟
c := 3 * time.Hour                  // 3 小时
```

Duration 类型还公开了以下几个方法,用于获取时间段内各种计数方式(例如多少个小时,多少分钟等)。

(1) Hours 方法:获取总小时数。

(2) Minutes 方法:获取总分钟数。

(3) Seconds 方法:获取总秒数。

(4) Milliseconds 方法:获取总毫秒数。

(5) Microseconds 方法:获取总微秒数。

(6) Nanoseconds 方法:获取总纳秒数。

读者可以通过下面示例来练习 Duration 类型的使用。

```
package main

import (
    "fmt"
    "time"
)

func main() {
    // 24 小时
    var dr = 24 * time.Hour

    // 输出
    fmt.Println("24 个小时:")
    fmt.Printf("共有 %d 分钟\n", int64(dr.Minutes()))
    fmt.Printf("共有 %d 秒\n", int64(dr.Seconds()))
    fmt.Printf("共有 %d 毫秒\n", dr.Milliseconds())
    fmt.Printf("共有 %d 微秒\n", dr.Microseconds())
    fmt.Printf("共有 %d 纳秒\n", dr.Nanoseconds())
}
```

运行以上示例,将得到以下结果:

```
24 个小时：
共有 1440 分钟
共有 86400 秒
共有 86400000 毫秒
共有 86400000000 微秒
共有 86400000000000 纳秒
```

6.3.4 Time 类型

Time 结构体用来表示时间实例，精度为纳秒。一般可以调用以下两个函数来获得 Time 实例：

（1）Now：获取当前的系统时间，返回 Time 实例。

（2）Date：通过向函数传入参数来初始化 Time 实例。

为了便于访问时间实例的各个部分，Time 类型公开了一些方法。请看下面示例：

```
// 获取系统的当前时间
var ct = time.Now()
// 获取时间实例各部分的值
var (
    year = ct.Year()                    // 年
    month = ct.Month()                  // 月
    day = ct.Day()                      // 日
    hour = ct.Hour()                    // 时
    minute = ct.Minute()                // 分
    second = ct.Second()                // 秒
)
// 向屏幕输出当前时间
fmt.Printf("当前时间：%d-%d-%d %d:%d:%d", year, month, day, hour, minute, second)
```

运行代码后，屏幕输出内容如下：

```
当前时间:2020-1-25 10:26:52
```

另外，调用 Date 方法可以同时获得年、月、日三个部分的值，调用 Clock 方法可以同时获取时、分、秒三个部分的值。例如：

```
var now = time.Now()
// 年、月、日
year, month, day := now.Date()
// 时、分、秒
hour, minute, second := now.Clock()
```

Time 类型支持时间差运算（例如加、减法），例如：

```
// 初始化 Time 对象
var theTime = time.Date(2015, 12, 3, 0, 0, 0, 0, time.Local)
```

```
// 30 小时之后的时间点
var newTime1 = theTime.Add(30 * time.Hour)
// 4 天之前
var newTime2 = theTime.Add(-4 * 24 * time.Hour)

// 屏幕输出
fmt.Printf("原始时间:\n%d-%d-%d %d:%d:%d\n\n",
                theTime.Year(),
                theTime.Month(),
                theTime.Day(),
                theTime.Hour(),
                theTime.Minute(),
                theTime.Second())
fmt.Printf("30 小时后:\n%d-%d-%d %d:%d:%d\n",
                newTime1.Year(),
                newTime1.Month(),
                newTime1.Day(),
                newTime1.Hour(),
                newTime1.Minute(),
                newTime1.Second())
fmt.Printf("\n4 天以前:\n%d-%d-%d %d:%d:%d",
                newTime2.Year(),
                newTime2.Month(),
                newTime2.Day(),
                newTime2.Hour(),
                newTime2.Minute(),
                newTime2.Second())
```

Add 方法接收 Duration 类型的参数。如果时间要向后推,可以用负值去乘以 Duration 值,例如上述例子中,4 天以前的表达式为:

```
-4 * 24 * time.Hour
```

最后得到的结果如下:

```
2015-12-3 0:0:0

30 小时后:
2015-12-4 6:0:0

4 天以前:
2015-11-29 0:0:0
```

6.3.5 Sleep 函数

调用 Sleep 函数会使当前协程(Go routine)暂停执行,并等待一段时间,然后恢复执行。等待的时长由传递给 Sleep 函数的参数决定,类型为 Duration。

如果传递的参数值为 0 或负值,Sleep 函数就会立刻返回,不会等待。

下面是一个简单示例。

```
fmt.Println("先等待 3 秒……")
time.Sleep(3 * time.Second)
fmt.Println("噢,再等 2 秒……")
time.Sleep(2 * time.Second)
fmt.Println("等待完毕")
```

应用程序在输出"先等待3秒……"后会暂停3秒,然后继续运行,输出"噢,再等2秒……"后再次暂停,等待2秒钟后继续运行,最后输出"等待完毕"。

6.3.6　Timer 类型

Timer 是一种特殊的计时器,当指定的时间到期后,会将当前时间发送到其 C 字段中。C 字段是只读的通道类型(<-chan Time),其他协程(Go routines)将通过 C 字段接收 Time 实例(计时器过期时所设置的时间)。

Timer 类型的典型用途是在异步编程中处理操作超时行为。C 字段可视为单个事件的"信号灯",所有等待信号的协程会被阻止,直到从 C 字段中读到 Time 实例为止。

下面示例将 Timer 对象的过期时间设定为 5 秒,若其他协程的等待时间小于 5 秒,那么该协程就能够顺利完成任务;如果协程等待的时间大于 5 秒,就表示任务超时。

```
package main

// 导入要使用的包
import (
    "fmt"
    "math/rand"
    "time"
)

func main() {
    // 创建新的 Timer 实例
    var timer = time.NewTimer(5 * time.Second)
    // 创建一个通道实例,用于标识任务已经完成
    var completed = make(chan bool)
    // 退出 main 函数时关闭通道
    defer close(completed)

    // 在新的协程上执行任务
    go func() {
        // 随机生成执行任务所需的时间
        // 作用是模拟任务所消耗的时间
        rand.Seed(time.Now().Unix())
        var thelong = rand.Intn(10)
        // 暂停当前协程
```

```
        time.Sleep(time.Duration(thelong) * time.Second)
        // 发送信号,表示任务完成
        completed <- true
    }()

    // 判断任务是顺利完成了,还是超时了
    select {
    case <- completed:
        fmt.Println("任务完成")
    case <- timer.C:
        fmt.Println("任务超时")
    }
}
```

调用 NewTimer 函数可以创建新的 Timer 实例,其参数接收 Duration 类型的值,表示 Timer 的过期时间。本示例中设定过期时间为 5 秒。

select 语句中的每个 case 子句被执行的概率相等,如果是 completed 通道先接收到信息,就说明另一个协程中的任务已完成。如果是 timer.C 字段先收到信息,说明 timer 对象所设定的时间已过期,此时 completed 通道没有收到信息,表明另一个协程上的任务仍未完成,即任务超时。

运行示例程序,如果任务顺利完成,屏幕上将输出"任务完成",否则输出"任务超时"。

6.4 指针

指针是一种特殊类型,它的实例将保存被引用对象的内存地址,而不是对象自身的值。指针变量在声明后如果未获得有效的内存地址,那么它的默认值就是 nil(空引用)。以下示例可以说明这一点。

```
var p1 * bool
fmt.Println("p1 的默认值:", p1)
var p2 * int8
fmt.Println("p2 的默认值:", p2)
var p3 * string
fmt.Println("p3 的默认值:", p3)
```

变量 p1、p2、p3 的值都是 nil。
在类型名称前面加上" * "(星号)运算符,就是对应的指针类型。

```
// 指向 float32 类型的指针
var pt1 * float32
// 指向 int 类型的指针
var pt2 * int
// 指向 int64 类型的指针
var pt3 * int64
```

在变量名称前面加上"&"运算符,就能获取该变量值的内存地址。其运算结果为指向该变量类型的指针。例如:

```
// 声明字符串类型的变量并初始化
var k = "abcdefg"                    // 类型:string
// 获取字符串实例的内存地址
var pk = &k                          // 类型: * string
```

&k 返回变量 k 的值(字符串"abcdefg")的内存地址,类型为指向 string 类型的指针,因此,变量 pk 的类型为 * string。

6.4.1 何时使用指针类型

先来看一个例子。

```
func addOne(x int) {
    x++
}

func main() {
    var n = 7
    fmt.Printf("调用 addOne 函数前,n 的值:% d\n", n)
    // 调用 addOne 函数
    addOne(n)
    fmt.Printf("调用 addOne 函数后,n 的值:% d\n", n)
}
```

上述代码逻辑比较简单,变量 n 初始化后的值为 7,然后调用 addOne 函数并将变量 n 传递给参数 x。预期的结果是变量 n 的值被加上 1,即调用 addOne 函数后 n 的值为 8。然而,此示例执行后得到的结果是:调用 addOne 函数前后变量 n 的值都是 7。

```
调用 addOne 函数前,n 的值:7
调用 addOne 函数后,n 的值:7
```

问题出在 addOne 函数的传递参数值的方式上。当将变量 n 传递给参数 x 时,变量 n 会自我复制一个 int 值(副本),随后参数 x 所引用的是复制后的 int 值。因此,在 addOne 函数内部被加上 1 的是复制后的值,而不是变量 n 所引用的原值,这使得在调用 addOne 函数后,n 的值仍然是 7,而不是预期的 8,图 6-1 简单模拟了该过程。

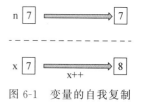

图 6-1 变量的自我复制

要解决此问题,就要用到指针了。将 addOne 函数做如下修改:

```
func addOne(x * int) {
    * x ++
}
```

调用 addOne 函数的代码也要进行修改。

```
var n = 7
fmt.Printf("调用 addOne 函数前,n 的值:%d\n", n)
// 调用 addOne 函数
addOne(&n)
fmt.Printf("调用 addOne 函数后,n 的值:%d\n", n)
```

再次运行示例,就能得到预期的结果了。

```
调用 addOne 函数前,n 的值:7
调用 addOne 函数后,n 的值:8
```

此过程的示意图如图 6-2 所示。

当将变量 n 的内存地址(类型为 * int)传递给参数 x 时,被复制的只是内存地址,所以在 addOne 函数内部被加上 1 的 int 值与变量 n 引用的是同一个对象。在 addOne 函数调用之后,变量 n 的值为 8。

图 6-2　指针类型参数的传递过程

还有一种情况也应当使用指针类型,请看下面示例:

```
// 定义新的结构体
type test struct {
    tag string
}
// test 的方法
func (o test) setTag(v string) {
    o.tag = v
}

func main() {
    var s test = test{ tag: "abc" }
    fmt.Printf("调用 setTag 方法前,tag 字段的值:%s\n", s.tag)
    s.setTag("xyz")
    fmt.Printf("调用 setTag 方法后,tag 字段的值:%s\n", s.tag)
}
```

test 结构体内部有一个 tag 字段,通过 setTag 方法来修改 tag 字段的值。但此示例运行后并未得到正确的结果。

```
调用 setTag 方法前,tag 字段的值:abc
调用 setTag 方法后,tag 字段的值:abc
```

原因在于调用 setTag 方法时,变量 s 引用的 test 实例自我复制了一份,被修改的 tag 字段属于复制后的新实例,而不是原来的 test 实例。解决方法是在定义 setTag 方法时使用指针类型。

```
func (o * test) setTag(v string) {
    o.tag = v
}
```

6.4.2 new 函数

new 函数为指定的类型分配内存空间,并使用类型的默认值进行初始化,最后返回新分配内存空间的地址。new 函数的定义如下:

```
func new(Type) * Type
```

例如,调用 new 函数为 int16 类型的值分配内存空间,其默认值为 0,返回值的类型为 * int16(int16 指针)。

```
var px * int16 = new(int16)
fmt.Printf("px 指向的内存地址:% p\n", px)
fmt.Printf("px 所指向对象的值:% v", * px)
```

new(int16)返回指向 int16 数值的指针,变量 px 中仅保存内存地址。执行代码后的结果如下:

```
px 指向的内存地址:0xc00006e068
px 所指向对象的值:0
```

格式控制符"％p"用于指针类型的变量上,会输出形如 0xnnnnnnnnnn(十六进制)的字符串。* px 用于获取指针所指向内存地址中真实的数值。

以下几点需要注意:

(1) new(string)所分配的值并不是 nil,而是空字符串("")。

(2) 结构体分配内存空间后,会为其字段分配默认值。例如下面代码,字段 a 的值为 0,字段 b 的值为 false。

```
type demo struct {
    a int
    b bool
}

var ptr = new(demo)
```

(3) 接口类型使用 new 函数分配内存空间后,其默认值为 nil(空指针)。例如:

```
type sender interface {
    Lineout(data []byte) int
}

var pi = new(sender)
```

6.5 iota 常量

iota 常量的定义如下:

```
const iota = 0
```

这是一个有特殊用途的常量,在批量定义常量的代码中(这些代码一般写在小括号中)如果常量 A 使用了 iota 常量作为基础整数值,那么在 A 之后定义的常量会自动累加。例如:

```
const (
    A = iota
    B
    C
    D
)
```

iota 的值为 0,因此常量 A 的值为 0。A 之后的常量依次累加 1,即 B 的值为 1,C 的值为 2,D 的值为 3。

尽管 iota 的值为 0,但是在定义常量时可以使用算术表达式。例如,下面代码中,H 的值为 1,随后 I、J、K 的值依次递增。

```
const (
    H = iota + 1
    I
    J
    K
)
```

iota + 1 使得常量 H 的值为 1,I、J、K 的值依次为 2、3、4。

在批量定义常量的代码块中,iota 常量并没有要求在第一个常量中使用,它可以出现在常量列表的任何位置,请看下面代码:

```
const (
    S = 17
    T = 9
    U = iota
    V
    W = iota + 3                   // 7
    X                              // 8
    Y                              // 9
    Z                              // 10
)
```

当 iota 出现在常量列表的首位置时,它的值为 0,但随着出现的位置不同,iota 常量的值会改变。当定义 W 常量时,iota 的值为 4(第五个常量,从 0 开始计算),iota+3 使得 W 的值为 7。X、Y、Z 的值依次加 1,这相当于:

```
S = 17
T = 9
U = iota                    // iota = 2
V = iota                    // iota = 3
W = iota + 3                // iota = 4
X = iota + 3                // iota = 5
Y = iota + 3                // iota = 6
Z = iota + 3                // iota = 7
```

【思考】

1. 表示整数值的有哪些类型?

2. 复数类型的变量如何初始化?

3. 请看下面代码,思考变量 b 是什么数据类型。

```
var a int64 = 10000000
var b = &a
```

第 7 章　函　数

本章主要内容如下：

- 函数的定义；
- 调用函数；
- return 语句；
- 多个返回值；
- 可变个数的参数；
- 匿名函数；
- 将函数作为参数传递。

7.1　函数的定义

函数将一组可以完成特定功能的代码语句组合在一起,成为一个"功能单元"。例如 AreaFun 函数可以这样定义：

```go
func AreaFun(w, h int) int {
    return w * h
}
```

假设该函数是用于计算矩形的面积的,具有两个输入参数：w 表示矩形的宽度,h 表示矩形的高度。另外它还需要输出计算结果(面积),称为返回值。

当然,函数的输入与输出并不是必需的,例如：

```go
// 无输入参数,有返回值
func getANumber() float32 {
    return 0.001122
}

// 有输入参数,无返回值
func setInt(x int) {
    ......
}
```

```
// 无输入参数,无返回值
func hello() {
    ......
}
```

从上面一些示例,可以得知函数的定义格式如下:

```
func <函数名称> ([参数列表]) ([返回值列表]) {
<函数内部代码>
}
```

注意:(1)关键字 func 是必需的,不能省略。

(2)函数名称一般由字母与数字组成,但不能以数字开头。

(3)输入参数列表是可选的,如果没有参数,也要保留一对小括号,不能省略。

(4)返回值列表也是可选的,若无返回值,可以省略。

(5)函数体(函数内部的代码块)写在一对大括号中,与普通代码块无异。

7.2 调用函数

函数定义之后,其他代码就可以使用它,称为调用。其好处在于相同的代码不需要重复编写。函数调用语法如下:

```
[变量列表] = <函数名称> ([参数列表])
```

(1)变量列表用于接收函数的返回值。如果函数无返回值,就不需要向变量赋值。

(2)参数列表根据参数的定义依次传值即可。如果函数不需要输入参数,就保留一对空的小括号(不能省略)。

例如,定义 add 函数,输入参数 x、y 均为 int16 类型,返回值为 int16 类型。

```
func add(x, y int16) int16 {
    ......
}
```

下面代码调用 add 函数。

```
var result = add(12, 7)
```

调用时,12 传递给参数 x,7 传递给参数 y,返回值赋值给变量 result。如果将调用代码做以下修改,那么 12 将传递给参数 y,7 传递给参数 x。

```
var result = add(7, 12)
```

如果代码不需要使用 add 函数的返回值,也可以不接收。

```
add(9, 320)
```

再定义一个没有返回值的函数 sendTo。

```
func sendTo(host string, port int32) {
    ......
}
```

调用 sendTo 函数时不需要接收返回值。

```
sendTo("102.33.0.51", 5353)
```

7.3　return 语句

在函数体中,使用 return 语句可以跳出函数,并把代码执行权返回给调用者。对于无返回值的函数,函数体末尾的 return 语句可以省略,所以,下面两个函数的逻辑完全相同。

```
func test1() {
    fmt.Println("你好")
    return                          // 不需要返回内容
}

func test2() {
    fmt.Println("你好")
}
```

对于有返回值的函数,return 语句必须指定确切的值。

```
func getString() string {
    return "Hello"                  // 返回字符串类型的值
}
```

return 语句在函数体内可以多次出现,只有第一个有效的 return 语句被执行,其他的被忽略。例如:

```
func getFloat() float32 {
    return 0.1                      // 成功执行
    return 0.2                      // 被忽略
    return 0.3                      // 被忽略
}
```

getFloat 函数中三条 return 语句都是有效的,被调用后,得到的结果是 0.1,即第一条 return 语句能顺利执行,后面两条 return 语句被忽略。即使函数体有较复杂的逻辑也是如此,例如:

```
func check(n int) bool {
    if n % 2 == 0 {
        return true
    }
    return false
}
```

check 函数有一个输入参数 n,如果此数值为偶数,函数返回 true,否则返回 false。第一条 return 语句被嵌套到一个 if 语句块中,如果 if 语句的条件成立(n 可被 2 整除),那么 return true 会被执行,函数直接返回 true;如果 if 语句的条件不成立,那么 if 语句的代码块直接跳过,最后执行 return false。

```
check(15)                    // 返回 false
check(18)                    // 返回 true
```

7.4 多个返回值

Go 语言支持函数返回多个值。多个返回值的定义方法与参数相同,但返回值列表允许省略变量名称,例如:

```
func getThreeInt() (int, int, int) {
    return 100, 300, 500
}
```

getThreeInt 函数有三个返回值,其类型都是 int,调用时可以定义三个变量来接收返回值。

```
var a,b,c = getThreeInt()
```

调用后,a 的值为 100,b 的值为 300,c 的值为 500。当然,部分返回值可以丢弃,假设代码只需要用到第一个返回值,其余两个就可以丢弃。

```
var a,_,_ = getThreeInt()
```

如果返回值已命名,可以选择性地为它们赋值(未赋值的返回值将使用类型默认值,例如 int 类型的默认值为 0),但是,在函数体的末尾必须有 return 语句。例如,getSomeStrings 函数返回两个 string 类型的值——a、b。

```
func getSomeStrings() (a, b string) {
    // 为命名的返回值赋值
    a = "Part 1"
    b = "Part 2"
    // 必须用 return 语句让函数返回
```

```
        return
}
```

调用 getSomeStrings 函数时，通过两个变量来接收返回值。

```
var s1,s2 = getSomeStrings()
```

7.5 可变个数的参数

可变个数的参数只能出现在参数列表的末尾，例如：

```
func test1(a uint8, b ...string) {
    fmt.Printf("参数a:% d\n", a)
    fmt.Printf("参数b:% v\n", b)
}
```

上述函数中，参数 b 为可变参数。其个数可以是 0 个或者多个。因此，下面几种调用方式都是允许的。

```
test1(16)                          // 可变参数个数:0
test1(24, "abcd")                  // 可变参数个数:1
test1(3, "Jack", "Dick", "Tom")    // 可变参数个数:3
```

下面代码中，test2 函数中可变个数参数的定义是错误的，因为它不是位于参数列表的末尾。

```
func test2(p1 string, p2 ...bool, p3 float32) {
    ……
}
```

可变个数参数的类型为"切片"（slice），它是以数组为存储基础的集合类型。在函数体内部，可以使用 len 函数来获取可变参数的个数，也可以使用 for range 语句来循环访问每一个元素。例如：

```
func test3(args ...float32) {
    n : = len(args)
    fmt.Printf("\n\n可变参数个数:% d\n", n)
    // 列出可变参数中的元素
    if n > 0 {
        fmt.Println("参数内容:")
        for _,val : = range args {
            fmt.Printf("% f ", val)
        }
    }
}
```

随后可以调用 test3 函数。

```
test3()
test3(0.001)
test3(20.22, 16.033, 0.7, 1.55)
```

由于可变个数的参数是切片类型,可以先初始化一个切片实例,然后再把该实例传递给 args 参数。

```
nums := []float32 { 0.002, 13.5, 0.17 }
test3(nums...)
```

此处要注意的是,nums 变量在传递时要在后面加上"..."以区别于普通参数。

test3 函数调用后,将输出以下信息:

```
可变参数个数:0

可变参数个数:1
参数内容:
0.001000

可变参数个数:4
参数内容:
20.219999   16.033001   0.700000   1.550000

可变参数个数:3
参数内容:
0.002000   13.500000   0.170000
匿名函数
```

7.6　匿名函数

匿名函数,也就是没有名称的函数。虽然没有命名,但也要确保函数定义之后能够被调用。如果一个函数无法被任何代码访问,那就没有实际意义了。通常,运用以下两种方法能保证匿名函数可被访问:

(1) 定义一个变量,并且让此变量引用匿名函数。当需要调用匿名函数时,可以通过此变量来访问。

(2) 定义完匿名函数后立刻调用。这种方法使得匿名函数只能使用一次。

综上所述,对于被重复使用次数较少,或者仅仅需要调用一次的函数,可以定义为匿名函数。

下面示例演示了如何通过变量来引用匿名函数。

```
var myfun = func (x, y int) int {
    return x * x + y * y
}
```

上述匿名函数的功能是计算 $x^2 + y^2$ 的结果。因为函数没有名称，所以在调用时需要通过变量 myfun 来访问。

```
res : = myfun(2, 4)
```

调用结果如下：

```
x² + y² = 20
```

再看一个示例，定义匿名函数后马上调用。

```
func (who string) {
    fmt.Printf("Hello, % s\n", who)
}("Jack")
```

此匿名函数接收一个 string 类型的参数 who，然后向屏幕输出一条文本消息，在函数体结束（出现右大括号）后就要马上调用它。上述示例给 who 参数传递了字符串常量"Jack"，完成对匿名函数的调用。这种方式定义的匿名函数只能调用一次，既无函数名称也无变量引用，无法在代码中重复使用。

定义匿名函数且立刻调用的方案还有一个典型的应用场景——启动并执行一个新的协程（Go routine）。例如：

```
func main() {
    go func () {
        fmt.Println("新协程")
    }()

    fmt.Println("主协程")
}
```

执行一个新的协程，方法是在函数调用代码前加上 go 关键字。不过，上述代码运行后只看到主协程上的输出。这是因为在启动一个新协程后，代码不会等待其执行完毕，于是，主协程还没等新的协程执行完就退出了。可以使用通道对象（channel）来解决此问题。新协程向通道对象发送数据，数据在主协程中接收。

```
func main() {
    // 创建新的通道对象
    var ch = make(chan byte)
    go func () {
        fmt.Println("新协程")
        // 向通道对象发送数据
        ch <- 1
    }()

    // 从通道对象接收数据
```

```
        <- ch
        fmt.Println("主协程")
    }
```

在启动新协程后,主协程代码执行到<-ch这一行,此时通道对象中没有数据,代码会一直处于等待状态。当新协程向通道对象发送数据后,主协程上的代码顺利接收到数据后会恢复执行。这样一来,主协程会等待新协程执行完后再继续,就能得到预期的结果。

7.7　将函数作为参数传递

函数对象自身可以作为参数传递给其他函数。被传递的函数可以是已命名的函数,也可以是匿名函数。

接收函数引用的参数,在声明阶段要指明所需求的函数结构,这包括:

(1) 函数的参数类型、数量;

(2) 函数的返回值类型、数量。

下面代码定义了work函数,fn参数接收函数类型对象。

```
func work(fn func(a, b float32) (x, y float32)) {
    ......
}
```

描述fn参数的类型时,仅指明其接收函数对象的结构即可。因此参数名称a、b以及返回值名称x、y都可以省略,即

```
func work(fn func(float32, float32) (float32, float32)){
    ......
}
```

将函数作为参数来传递,其优点是提高代码的灵活性。下面通过一个完整的示例来说明这一点。

步骤1:定义printElements函数。

```
func printElements(fn func(int), items ...int) {
    if len(items) == 0 || fn == nil {
        return
    }
    for _,n : = range items {
        fn(n)
    }
}
```

fn参数的类型为一个包含单个int类型参数的函数,items为个数可变的参数。在printElements函数内部,可通过for…range语句循环取出items参数中的元素,而且每一

个元素都会调用一次 fn 参数所引用的函数。

这种设计方案的好处在于:items 参数中各个元素的输出方式由 fn 参数所引用的函数来决定,printElements 函数不必关心这些,只要调用 fn 所引用的函数即可。若输出方式有变化,只需要向 fn 参数传递另外的函数,printElements 函数自身的代码不用修改。

步骤 2:定义三个匿名函数,依次以二进制、十进制、十六进制的方式来输出 items 参数中的元素。

```
var pf1 = func(i int) {
    fmt.Printf("二进制:% #b\n", i)
}
var pf2 = func(i int) {
    fmt.Printf("十进制:% d\n", i)
}
var pf3 = func(i int) {
    fmt.Printf("十六进制:% #x\n", i)
}
```

步骤 3:调用三次 printElements 函数,items 参数中的元素完全相同,但 fn 参数依次使用上面定义的匿名函数。

```
printElements(pf1, 5, 8, 12)
printElements(pf2, 5, 8, 12)
printElements(pf3, 5, 8, 12)
```

步骤 4:运行示例代码,屏幕输出内容如下:

```
二进制:0b101
二进制:0b1000
二进制:0b1100
十进制:5
十进制:8
十进制:12
十六进制:0x5
十六进制:0x8
十六进制:0xc
```

【思考】

1. 函数允许多个返回值吗?
2. 如何调用匿名函数?
3. 带"..."的参数有什么含义?

第8章

流 程 控 制

本章主要内容如下：

- 顺序执行；
- 条件分支（if 语句和 switch 语句）；
- 循环（for 语句）；
- 代码跳转。

微课视频

8.1 顺序执行

顺序执行就是代码执行的顺序与代码出现的顺序相同，也称为"从上到下"执行（因为人们在输入文本时通常是从上到下录入的）。

顺序执行是最简单的代码逻辑，例如：

```
var a = 100                                  // 1
var b = "wind"                               // 2
fmt.Println(a)                               // 3
fmt.Println(b)                               // 4
```

当程序运行后，会依次完成以下四项工作：

(1) 定义变量 a，初始化为 100。

(2) 定义变量 b，初始化为"wind"。

(3) 调用 fmt 包中的 Println 函数，向屏幕输出变量 a 的值。

(4) 调用 fmt 包中的 Println 函数，向屏幕输出变量 b 的值。

8.2 if 语句

if 语句是条件分支代码中比较常用的一种，它会根据给出的条件来决定代码的执行逻辑。最简单的 if 语句用法如下：

```
if <条件> {
    <代码块>
}
```

其含义是：如果条件成立就执行<代码块>中的内容；反之，则直接跳过<代码块>。例如：

```
var x = 5
if x > 3 {
    fmt.Print("大于 3")
}
```

变量 x 的值为 5，if 语句的判断条件是 x>3，5 确实比 3 大，所以此 if 语句的条件成立，Print 函数被调用，输出文本"大于 3"。例如：

```
if x % 3 == 0 {
    fmt.Println("能被 3 整除")                              // 不执行该语句
}
```

上面 if 语句的条件是 x 除以 3 的余数是否为 0，5 除以 3 的余数为 2，即条件不成立。此时 Println 函数不会被调用，因为此行代码被跳过（不执行）。

从上面所举的例子中可以看到，if 语句的判断条件是一个有效的表达式，并且此表达式的计算结果必须为布尔类型（bool）。如果表达式的计算结果为 true，表示条件成立；如果为 false，表示条件不成立。所以直接使用 true、false 两个常量值也可以作为 if 语句的判断条件，就像下面这样：

```
if true {
    // 此代码会执行
}

if false {
    // 此代码不会执行
}
```

有些时候，人们会考虑，当判断条件不成立的时候可能还要进行其他的处理。这种情况可以在 if 语句中使用 else 子句。例如：

```
var k string = "check"
if strings.Contains(k, "ch") {
    fmt.Printf("字符串 % s 中包含 ch\n", k)
} else {
    fmt.Printf("字符串 % s 中不包含 ch\n", k)
}
```

此 if 语句带有两个分支：如果字符串"check"中包含子串"ch"，就打印文本"字符串 check 中包含 ch"；否则打印"字符串 check 中不包含 ch"。

对于逻辑稍复杂一些的分支代码,else 子句后面还可以嵌套 if 语句。例如:

```
var input int
fmt.Print("请输入一个整数:")
fmt.Scan(&input)
if input >= 80 && input < 100 {
    fmt.Printf("%d 在 80 到 100 之间\n", input)
} else if input >= 50 && input < 80 {
    fmt.Printf("%d 在 50 到 80 之间\n", input)
} else if input >= 20 && input < 50 {
    fmt.Printf("%d 在 20 到 50 之间\n", input)
} else if input >= 0 && input < 20 {
    fmt.Printf("%d 在 0 到 20 之间\n", input)
} else {
    fmt.Print("无效范围\n")
}
```

上述示例中,应用程序会等待用户输入一个整数值,然后通过嵌套的 if 语句对输入的数值进行分析——代码形成了五个分支:

(1) input≥80 且 input<100:输出"XX 在 80 到 100 之间"(XX 是输入的整数值,下同)。

(2) input≥50 且 input<80:输出"XX 在 50 到 80 之间"。

(3) input≥20 且 input<50:输出"XX 在 20 到 50 之间"。

(4) input≥0 且 input<20:输出"在 0 到 20 之间"。

(5) 如果上述各个条件都不成立,就输出"无效范围"。

运行上面示例,尝试输入一个整数值进行测试。

```
--------------- 第一轮测试 ---------------
请输入一个整数:55
55 在 50 到 80 之间

--------------- 第二轮测试 ---------------
请输入一个整数:27
27 在 20 到 50 之间

--------------- 第三轮测试 ---------------
请输入一个整数:79
79 在 50 到 80 之间

--------------- 第四轮测试 ---------------
请输入一个整数:-15
无效范围
```

if 语句的条件表达式之前,还可以使用一个简单的代码语句,例如赋值语句、函数调用语句。下面例子中,在 if 语句的条件表达式之前对变量 x、y 进行初始化,然后再判断 x+y 的计算结果是否大于或等于 10。

```
if x, y := 3, 5; x + y <= 10 {
    fmt.Println("x、y的和不超过 10")
}
```

其原则是保证后面的条件表达式(如上述例子中的 x＋y＜＝10)的计算结果是布尔类型,条件表达式之前的语句(如上述例子中的 x,y :＝3,5)不能省略末尾的分号。

8.3　switch 语句

switch 语句可以构造更多的条件分支代码,在分支比较复杂的情况下,switch 语句逻辑会比 if 语句清晰。switch 语句有两种用法——基于表达式构建的 switch 语句、基于类型构建的 switch 语句。

8.3.1　基于表达式构建的 switch 语句

在 switch 子句中使用一个表达式作为参考,随后,每个 case 子句中的表达式都会与 switch 子句中的表达式进行比较。若比较的结果为 true,则执行相应的分支代码,否则忽略该分支代码。

下面是一个 switch 语句的简单例子。

```
var mode = 1
switch mode {
case 0:
    fmt.Println("关机状态")
case 1:
    fmt.Println("开机状态")
case 2:
    fmt.Println("待机状态")
}
```

首先,定义变量 mode 并初始化为 1。然后,switch 语句以 mode 变量为参考,三个 case 子句会依次与 mode 变量的值进行比较。在上述代码中,mode 变量的值为 1,与第二个 case 子句匹配,因此会执行该 case 子句下面的代码,输出"开机状态"。

在实际开发中,开发人员无法用 case 子句来描述所有的分支,其中可能存在不确定的值。因此可以在 switch 语句块的最后加上一个 default 分支,当已给出的所有 case 子句无法与参考表达式匹配时,就会执行 default 子句中的代码。例如:

```
var key = 'E'
switch key {
case 'A':
    fmt.Println("选项一")
case 'B':
    fmt.Println("选项二")
```

```
case 'C':
    fmt.Println("选项三")
default:
    fmt.Println("未知选项")
}
```

上述代码仅设置了"A""B""C"三个 case 子句,如果 key 变量的值无法与这三个 case 子句匹配,就会执行 default 子句下面的代码,输出"未知选项"。

case 子句还可以指定多个值,只要其中有一个值与参考表达式匹配,该 case 子句中的代码就会执行。例如:

```
var n = 7
switch n {
case 1,3,5,7,9:
    fmt.Println("此整数值是奇数")
case 0,2,4,6,8:
    fmt.Println("此整数值是偶数")
}
```

第一个 case 子句中指定了五个值,只要其中有一个值与变量 n 相等,程序就会输出"此整数值是奇数";同理,第二个 case 子句也指定了五个值,只要其中一个值能与 n 相等,程序就会输出"此整数值是偶数"。

如果 switch 子句中的表达式被省略,那么分支判断工作就会下发到各个 case 子句中进行。例如:

```
var i = 72
switch {
case i % 3 == 0:
    fmt.Printf("%d能被 3 整除\n", i)
case i % 5 == 0:
    fmt.Printf("%d能被 5 整除\n", i)
case i % 10 == 0:
    fmt.Printf("%d能被 10 整除\n", i)
}
```

这种情况下,case 子句的计算结果应为布尔类型的值。true 表示条件匹配,false 表示不匹配。在上面代码中,整数 72 可被 3 整除,因此,第二个 case 子句能顺利匹配,输出"72能被 3 整除"。

8.3.2 基于类型构建的 switch 语句

switch 语句还可以用变量的类型作为参考表达式,只要某个 case 子句所指定的类型与表达式所返回的类型相同,该 case 子句所对应的分支代码就会执行。

条件表达式使用了类型断言(type assertion)的格式,例如:

```
var x interface{} = "hello"
actvalue : = x.(string)
```

变量 x 声明为 interface{}类型(空白接口类型,可兼容任意类型),成为具有动态类型的变量。随后赋给它的实际值为 string 类型,它动态引用了一个 string 实例。x.(string)表达式完成类型断言,并把变量 x 所引用的值转换为 string 类型,赋值给 actvalue 变量。虽然在运行阶段变量 x 和 actvalue 的值相同,但它们的数据类型不同。

```
var x interface{} = ……
var actvalue string = ……
```

而在基于类型的 switch 语句中,要求使用关键字 type 来替换具体的类型,并且作为参考表达式的变量必须声明为接口类型。例如:

```
var t interface{} = 0.0000012
switch t.(type) {
case int:
    fmt.Println("变量 t 是 int 类型")
case float32:
    fmt.Println("变量 t 是 float32 类型")
case float64:
    fmt.Println("变量 t 是 float64 类型")
case rune:
    fmt.Println("变量 t 是 rune 类型")
}
```

当然,也可以加上 default 子句,当所有 case 子句中所指定的类型都不匹配时,代码会执行 default 分支。

```
var t interface{} = 0.0000012
switch t.(type) {
case int:
    fmt.Println("变量 t 是 int 类型")
……
default:
    fmt.Println("变量 t 是未知类型")
}
```

在条件表达式中,若定义了新变量来接收参考表达式的值,那么此变量的类型是不确定的,具体取决于哪个 case 子句会被匹配。下面是一个示例。

```
var c interface{} = 12
switch v : = c.(type) {
case string:
    fmt.Printf("字符串: % s\n", v)
case uint:
```

```
        fmt.Printf("无符号整数: % d\n", v)
    case int:
        fmt.Printf("有符号整数: % d\n", v)
    }
```

变量 c 所引用的实际值为 int 类型。在 switch 子句中定义了变量 v,如果指定类型为 string 的 case 子句被成功匹配,那变量 v 的类型为 string;如果指定类型为 unit 类型的 case 子句被成功匹配,那么变量 v 的类型为 unit。在上面示例中,变量 c 被赋的值是 int 类型,执行 switch 语句时与第三个 case 子句匹配,所以变量 v 的类型为 int,最后输出文本"有符号整数: 12"。

对于自定义的接口类型,同样可以通过 switch 语句来做类型分析。假设有一个自定义的 tester 接口:

```
type tester interface {
    getDescription() string
}
```

下面代码中,data1、data2 和 data3 都是实现了 tester 接口的结构体。tester 接口的实现原则是:结构体必须包含 getDescription 方法,无输入参数,有一个 string 类型的返回值。

```
type data1 struct { }
func (d data1) getDescription() string {
    return "Data v1"
}

type data2 struct { }
func (d data2) getDescription() string {
    return "Data v2"
}

type data3 struct { }
func (d data3) getDescription() string {
    return "Data v3"
}
```

接下来,声明一个变量,类型为 tester 接口,初始化时给它赋值一个 data3 类型的实例。

```
var s tester = data3{ }
```

通过 switch 语句进行类型分析。

```
switch val : = s.(type) {
case data1:
    fmt.Println(val.getDescription())
case data2:
    fmt.Println(val.getDescription())
```

```
case data3:
    fmt.Println(val.getDescription())
}
```

变量 s 在赋值后,动态获得的类型为 data3,所以第三个 case 子句匹配成功,输出以下结果:

```
Data v3
```

8.3.3　fallthrough 语句

switch 语句在运行阶段只会选择一个 case 子句执行,即使有多个 case 子句匹配成功,它只选择最先匹配的那个分支执行。例如:

```
var n = 58
switch {
case n < 100:
    fmt.Println("该值小于 100")
case n < 80:
    fmt.Println("该值小于 80")
case n < 50:
    fmt.Println("该值小于 50")
case n < 30:
    fmt.Println("该值小于 30")
}
```

上面代码中,前两个 case 子句都符合条件,但代码运行后只输出"该值小于 100"。程序只执行最先遇到的并且匹配的 case 子句。

如果在某个 case 子句代码的最后出现 fallthrough 语句,那么紧跟在该 case 子句后的代码就会被执行。例如:

```
var number = 200
switch number {
case 200:
    fmt.Println("分支一")
    fallthrough
case 400:
    fmt.Println("分支二")
case 600:
    fmt.Println("分支三")
}
```

变量 number 的值为 200,与第一个 case 子句匹配,于是输出"分支一"。随后,遇到 fallthrough 语句,使得第二个 case 子句也执行了,继而输出"分支二"。fallthrough 语句会将代码直接跳到第二个 case 子句的代码中,不管它与 number 变量的值是否相等。

fallthrough 语句必须是 case 子句的最后一行代码,下面这种写法会发生编译错误。

```
case 200:
    fallthrough                                    // 错误
    fmt.println("分支一")
```

8.4　for 语句

for 语句用于构建循环,使应用程序重复执行某段代码。for 语句有多种语法格式,使用起来比较灵活。

8.4.1　仅带条件子句的 for 语句

仅带条件子句的 for 语句是最简单的格式,通过单个表达式来决定循环状态。作为循环执行的条件,此表达式的计算结果必须是布尔类型的值(true 或者 false)。每一轮循环执行之前,都会计算条件表达式的值,如果是 true,就继续循环,否则退出循环。

下面代码中,首先定义了变量 q 并初始化为 1。接着,通过 for 语句开启循环。每一轮循环之前都会检查一下 q 的值是否小于 10。如果是,就执行 for 语句下面的代码块,先打印 q 的值,然后把 q 的值加 1 并重新赋值给变量 q。当 q 的值等于或大于 10 时,循环条件不成立,代码退出 for 循环。

```
var q = 1

for q < 10 {
    fmt.Printf("q的当前值:%d\n", q)
    q ++
}
```

代码共执行了九轮循环,输出以下信息:

```
q的当前值:1
q的当前值:2
q的当前值:3
q的当前值:4
q的当前值:5
q的当前值:6
q的当前值:7
q的当前值:8
q的当前值:9
```

如果 for 语句中的条件一直不成立,那么循环代码一次也不会执行。例如:

```
for false {
    ......
```

```
}

for 3 > 6 {
    ……
}
```

上述两段 for 代码永远不会执行,因为它们的循环条件均不成立。

8.4.2 带三个子句的 for 语句

for 语句的标准格式如下:

```
for [初始化子句]; [条件子句]; [更新子句] {
……
}
```

(1)初始化子句:为变量设定一个初始值。如果变量是在该子句中定义的(使用 := 运算符),那么此变量的作用域仅限于当前 for 代码块中。

(2)条件子句:用于决定是否执行循环的表达式,计算结果为布尔类型的值。

(3)更新子句:该子句在每一轮循环之后执行,可用于修改变量的值。

看一个简单的例子。

```
for i := 0; i < 12; i += 2 {
    fmt.Print(i, " ")
}
```

定义变量 i,初始值为 0,执行循环的条件为 i<12,每一轮循环之后,i 的值会加 2,并把最新的值重新赋值给 i。第一轮循环时,i 的值为 0,完成第一轮循环后执行 i+=2,i 的值变为 2,条件 i<12 成立,于是执行第二轮循环。第二轮循环之后,执行 i+=2,i 的值变为 4,条件 i<12 依然成立,于是执行第三轮循环……执行第六轮循环后,i 的值为 10,执行 i+=2后 i 的值变为 12,此时条件 i<12 不成立,退出循环。最终得到的结果如下:

```
0 2 4 6 8 10
```

如果变量是在 for 语句块之外定义的,并且不需要初始化,那么 for 循环中的初始化子句可以省略。

```
var cc = 'a'

for ; cc <= 122; cc++{
    fmt.Printf("%c ", cc)
}
```

变量 cc 是 rune 类型(表示单个字符),它是 int32 类型的别名,所以执行 cc++运算不会发生错误。上述代码中执行循环的条件是 cc＜＝122,122 是字母 z 的 ASCII 码,因此执行上述循环会在屏幕上输出 26 个小写字母。

```
abcdefghijklmnopqrstuvwxyz
```

如果不希望在 for 子句中更新变量的值,那么也可以省略更新子句。

```
for x := 'Z'; x >= 65; {
    fmt.Printf("%c", x)
    x --
}
```

这段代码会以相反的顺序输出 26 个大写字母。

```
ZYXWVUTSRQPONMLKJIHGFEDCBA
```

要注意的是,不管是省略"初始化子句"还是"更新子句",对应的分号(;)是不能省略的。下面两种写法都会发生错误。

```
for i := 1; i < 15 {
    ......
}

var k = 10
for k > 0; k-- {
    ......
}
```

但是,如果初始化子句和更新子句同时省略,那么,分号是可以省略的。这种情况下,for 语句的格式就是 8.4.1 节中所介绍的仅带条件子句的 for 语句。

```
var n = 5

for n > 0 {

}
```

如果三个子句都省略,for 代码块就变成了"死循环"——永远都不会停止的循环。

```
for {
    fmt.Println("Hello")
}
```

这样的代码会永不休止地向屏幕输出"Hello",除非应用程序被强行终止(例如关机、重启或者终止进程)。

8.4.3　枚举集合元素语句

当 for 语句带有 range 子句时,它可以通过循环依次从以下对象中取出所有元素:字符串(string)、数组(array)、切片(slice)、映射(map)以及通道(channel)中接收到的值。

对于字符串对象来说,range 子句在每一轮循环中会枚举出两个值——索引,以及该索引对应的字符。请看示例:

```
var str string = "春江水暖鸭先知"
for i,x := range str {
    fmt.Printf("%2d --> %c\n", i,x)
}
```

上面例子中,变量 i 存储的是当前字符在字符串中的索引(索引从 0 开始计算),变量 x 存储的是索引 i 对应的字符(类型为 rune)。枚举出来的结果如下:

```
 0 --> 春
 3 --> 江
 6 --> 水
 9 --> 暖
12 --> 鸭
15 --> 先
18 --> 知
```

在第一轮循环时,str 中的第一个字符被读取;进行第二轮循环时,str 中的第二个字符被读取……读出来的元素索引赋值给变量 i,元素自身的内容赋值给变量 x。变量 i、x 在每一轮循环开始时都会重新赋值。

数组对象在单次循环中也是枚举出两个值,分别是索引和该索引对应的元素。下面示例将从一个 float32 数组中枚举出所有元素。

```
var arr = [5]float32{
    1.00085,
    7.001,
    0.213,
    0.0095,
    205.33,
}

for index, element := range arr {
    fmt.Printf("[%d]: %f\n", index, element)
}
```

上面代码首先实例化一个 float32 数组,然后使用 for…range 循环语句枚举出所有的元素,输出结果包含索引和索引对应的元素。

```
[0]: 1.000850
[1]: 7.001000
[2]: 0.213000
[3]: 0.009500
[4]: 205.330002
```

在使用 range 子句时,如果只有一个变量接收枚举出来的内容,那么该变量将存储索引值。因此上面枚举 float32 数组的例子也可以这样写:

```
for index : = range arr {
    fmt.Printf("[ % d]: % f\n", index, arr[index])
}
```

如果不需要使用索引,for…range 循环也可以这样写:

```
for _, element : = range arr {
    ……
}
```

每一轮循环中只在 element 变量中存储元素内容,而索引会被丢弃。

映射(map)对象的元素由 key 和 value 组成,使用 range 子句在单次循环中会得到两个值,即 key 和 value。

```
var m = map[rune]string{ 'a': "at", 'b': "bee", 'c': "cut" }
for key, value : = range m {
    fmt.Printf("[ % c]: % s\n", key, value)
}
```

在上面代码中,定义的 map 对象以 rune 类型为 key,string 类型为 value,包含三个元素。for 循环代码中会得到每个元素的 key 和 value,然后将其输出。

```
[a]: at
[b]: bee
[c]: cut
```

range 子句也可以枚举出通道对象中的值,每一轮循环读取一个值,直到通道对象被关闭。例如:

```
// 创建通道对象实例
var ch = make(chan int)

// 启动新的协程
go func() {
    // 当代码退出该范围时关闭通道对象
    defer close(ch)
    // 向通道发送内容
    ch <- 1
```

```
    ch <- 2
    ch <- 3
    ch <- 4
    ch <- 5
    ch <- 6
}()

// 从通道对象中读出所有值
for v : = range ch {
    fmt.Printf("从通道对象中读出:% d\n", v)
}
```

上面代码开启了新的协程来向通道对象发送内容,并在主协程上通过 for…range 循环来读取所有的值。调用 close 函数的作用是关闭通道对象,在向通道发送完内容后必须显式关闭它,否则,for 循环会无限等待读取新的内容,而通道对象自身也在等待新的内容写入,造成"死锁"现象。加上 defer 关键字后会使 close 函数的调用被延迟(退出当前匿名函数时调用)。

从通道对象读到的内容如下:

```
从通道对象中读出:1
从通道对象中读出:2
从通道对象中读出:3
从通道对象中读出:4
从通道对象中读出:5
从通道对象中读出:6
```

8.4.4 continue 与 break 语句

continue 语句会跳过当前一轮循环,并从下一轮循环的更新子句处开始执行。例如:

```
for x : = 0; x < 7; x++{
    if x == 5 {
        continue
    }
    ……
}
```

当变量 x 循环到其值为 5 的时候,if 语句块执行,遇到 continue 语句,此时代码不会往下执行,而是跳过这一轮循环,然后从 x++ 子句开始执行。也就是说,当 x 的值为 0、1、2、3、4、6 的时候会完整执行一次循环。

再看一个例子。

```
a : = 10
for ; a > 0; a-- {
```

```
    if a == 6 || a == 5 || a == 4 {
        continue
    }
    fmt.Println(a)
}
```

变量 a 在 for 语句外已初始化,所以 for 语句中可以省去初始化的子句。此例中,当 a 的值为 6、5、4 时,都会跳过当前一轮循环。因此最后被输出到屏幕的数值如下:

```
10
9
8
7
3
2
1
```

这里要注意一点:由于 continue 语句会让代码从下一轮的更新子句开始执行(即示例中的 a―――子句),所以更新变量的子句不能省略。如果将上面的代码做以下修改,循环无法正常完成。

```
for a > 0 {
    if a == 6 || a == 5 || a == 4 {
        continue
    }
    fmt.Println(a)
    a――
}
```

若希望结束整个循环,而不是跳过一轮循环,应改用 break 语句。例如:

```
var b uint32
for b = 100; b < 500; b += 50 {
    if b == 300 {
        break                              // 退出整个循环
    }
    fmt.Println(b)
}
```

变量 b 的初始值为 100,当其值小于 500 时,每次执行循环后都会递增 50。当 b 的值为 300 时就执行 break 语句,随后代码会跳出 for 循环。由于循环已结束,使得 250 之后的整数值不会被输出。

```
100
150
200
250                  // 数值 300、350、400、450 均被忽略
```

8.5 代码跳转

在函数内部可以为有特殊用途的代码分配一个标签(label),位于同一函数中的其他代码可以使用 goto 语句将代码流程跳转到标签之后的代码,并从此处继续执行。代码跳转推荐在有需要的情况下使用,不可过多地使用,因为那样做会使代码看起来很凌乱,破坏应用程序的逻辑。

8.5.1 代码标签与 goto 语句

代码标签的格式如下:

```
<标签>:
    <代码块>
```

例如,设置一个名为 myLabel 的代码标签。

```
myLabel:
    if n % 2 == 0 {
        ……
    } else {
        ……
    }
```

要将代码流程跳转到 myLabel 标签处,需要使用 goto 语句。

```
goto myLabel
```

代码流程跳转到标签后,会从标签下面的代码处往后执行,哪怕遇到另外一个标签也会继续执行。就像下面的示例所演示的那样,main 函数中有两处代码设置有标签(L1 和 L2),当代码跳转到 L1 标签后,程序会一直向后执行,连同 L2 标签下面的代码也会执行。

```
func main() {
    var str = "uvwxyz"
    if len(str) >= 3 {
        goto L1
    } else {
        goto L2
    }

    // 第一个标签
L1:
    fmt.Println("字符串的长度符合要求")
```

```
        // 第二个标签
L2:
        fmt.Println("字符串的长度不足 3 字节")
}
```

代码运行之后就会输出：

```
字符串的长度符合要求                            // L1
字符串的长度不足 3 字节                         // L2
```

该示例所预期的结果是：如果字符串变量 str 的长度大于或等于 3 字节，代码就跳转到 L1 标签处执行，输出"字符串的长度符合要求"；如果字符串变量 str 的长度小于 3 字节，那么代码就会跳转到 L2 标签处执行，输出"字符串的长度不足 3 字节"。

实际情况是 str 的长度大于 3 字节，因此 if 语句块跳转到 L1 标签处，输出"字符串的长度符合要求"，但代码会继续执行，所以 L2 标签下面的代码也被执行了，同时输出了"字符串的长度不足 3 字节"。

这样的结果明显与预期不符，解决方法可以在 L1 标签的代码块最后加上 return 语句，作用是退出当前函数，这样一来，L2 标签下面的代码就不会被执行了。

```
L1:
        fmt.Println("字符串的长度符合要求")
        return

L2:
        fmt.Println("字符串的长度不足 3 字节")
```

8.5.2　break、continue 语句与代码跳转

先来看一个多层嵌套 for 循环的示例。

```
// 实例化三维数组
var myarr = [3][3][3]uint{
    {
        {1, 2, 3},
        {4, 5, 6},
        {7, 8, 9},
    },
    {
        {10, 11, 12},
        {13, 14, 15},
        {16, 17, 18},
    },
```

```
    {
        { 19, 20, 21 },
        { 22, 23, 24 },
        { 25, 26, 27 },
    },
}

// 使用嵌套循环来枚举数组中的元素
for _, a := range myarr {                    // 第一层
    for _, b := range a {                    // 第二层
        for _, c := range b {                // 第三层
            if c % 3 == 0 {
                continue
            }
            fmt.Printf(" % d ", c)
        }
    }
}
```

上面的示例中,创建了一个三维数组实例,随后使用三层嵌套的 for 循环来枚举数组中的元素。在第三层(最里面一层)for 循环中,通过 if 语句判断元素是否能被 3 整除,如果是就跳过这一轮循环。得到结果如下:

```
1  2  4  5  7  8  10  11  13  14  16  17  19  20  22  23  25  26
```

默认情况下,break、continue 语句只能作用于当前层次的 for 循环。如上面的示例,continue 语句只对第三层 for 循环有效。

如果希望处于第三层 for 循环中的 continue 语句能够作用于最外层循环,可以为最外层的 for 语句分配一个标签,然后在 continue 语句后面写上标签的名称。

```
LY:for _, a := range myarr {                 // 第一层
    for _, b := range a {                    // 第二层
        for _, c := range b {                // 第三层
            if c % 3 == 0 {
                continue LY
            }
            fmt.Printf(" % d ", c)
        }
    }
}
```

此处为第一层 for 循环分配的标签名为 LY,并在第三层 for 循环的 continue 语句中引用。这时 continue 语句就能作用在第一层 for 循环上了,得到结果如下:

```
1  2  10  11  19  20
```

这种方案同样适用于 break 语句。请看下面示例：

```go
// 创建切片实例
var arr = [][]rune{
    {'a','k','f'},
    {'x','p'},
    {'z','y','s'},
}

// 使用 break 语句退出循环,无代码标签
for i, s : = range arr {
    for j, c : = range s {
        if c == 'f' {
            break
        }
        fmt.Printf("[ % d][ % d]: % c\n", i, j, c)
    }
}

// 使用 break 语句退出循环,最外层 for 循环有代码标签
LT:for i, s : = range arr {
    for j, c : = range s {
        if c == 'f' {
            break LT
        }
        fmt.Printf("[ % d][ % d]: % c\n", i, j, c)
    }
}
```

这个示例创建了一个切片实例,随后使用了两个 for 循环来输出切片中的元素。第一个 for 循环中,内层循环代码做了条件判断,如果遇到字符"f"就退出循环。此处退出的是内层的 for 循环。

第二个 for 循环中,外层循环加了代码标签 LT,这样一来,内层循环中的 break 语句退出的是外层循环,而不是内层循环。

两个循环输出的对比结果如下：

```
---------- 未使用标签 ----------
[0][0]: a
[0][1]: k
[1][0]: x
[1][1]: p
[2][0]: z
[2][1]: y
[2][2]: s
---------- 使用标签 ----------
[0][0]: a
[0][1]: k
```

【思考】

1. 如何跳出循环?

2. 下面代码中,哪个代码块会被执行(A 还是 B)?

```
if 1 > 5 {
    代码 A
} else {
    代码 B
}
```

第9章

接口与结构体

本章主要内容如下：

- 结构体的定义与实例化；
- 接口的定义与实现；
- 空接口——interface{}；
- 类型嵌套；
- 类型断言。

微课视频

9.1　自定义类型

当标准库中所提供的数据类型不能满足开发需求时，开发人员就可以考虑自定义新类型。

定义新类型要用到 type 关键字，和定义变量相似，type 关键字可以单行使用，一行定义一个类型。

```
type myType1 ……
type myType2 ……
type myType3 ……
```

也可以放到一对跨行的小括号中，一次性定义多个类型。

```
type (
    myType1 ……
    myType2 ……
    myType3 ……
)
```

可以基于现有的类型来定义新类型，例如下面代码基于 string 类型定义了新的类型 name。

```
type name string
```

name 类型与 string 类型的用法相同，但它们是两种独立的类型，不妨通过下面示例来验证。

```
var a string = "abcde"
var b name = "abcde"
fmt.Printf("变量 a 的类型:% T\n", a)
fmt.Printf("变量 b 的类型:% T\n", b)
```

输出结果如下：

```
变量 a 的类型:string
变量 b 的类型:main.name
```

尽管变量 a、b 引用的内容相同,但由于所属的类型不同,不能进行比较运算。下面代码会发生错误。

```
a == b
```

当基于现有类型所定义的新类型也无法满足需求时,还可以定义结构体、接口、函数等类型。

```
// 结构体
type car struct {
    id uint
    color uint32
}

// 接口
type sender interface {
    writeTo(d string, len int, msg string)
}

// 函数
type otherFunc func(x float32) float32
```

在定义类型时,如果使用了赋值运算符,那表明所定义的仅仅是现有类型的别名,而不是全新的类型。正如下面例子所演示的那样,char 是 int32 类型的别名,所以 char 类型的变量与 int32 类型的变量可以进行比较运算。

```
var x char = 'H'
var y int32 = 72

fmt.Printf("x 和 y 变量相等?% t", x == y)
```

9.2　结构体

结构体类型可以封装字段列表,使之组成一个整体。这些字段用于描述某个抽象化对象的特征。计算机程序常常会模拟现实世界中的事物,以辅助人们完成许多复杂的处理。

例如，将"人"这一对象进行抽象化后可以提取出以下几个共同特征：

```go
type person struct {
    name string                    // 姓名
    age uint8                      // 年龄
    weight float32                 // 体重
    height float32                 // 身高
    gender uint8                   // 性别
}
```

9.2.1 结构体的定义

结构体的定义格式为：

```go
type <结构体名称> struct {
    <字段列表>
}
```

字段列表是可选的，即可以定义没有字段成员的结构体。例如：

```go
type atbWorker struct { }
```

即使字段列表为空，一对大括号也不能省略。这样定义是错误的：

```go
type atbWorker struct
```

字段成员的定义与变量相似，例如：

```go
type photo struct {
    pID uint16
    width float32
    height float32
    dpi float32
}
```

在 photo 结构体中，pID、width、height、dpi 都是字段成员。类型相同的字段也可以写到一起。

```go
type photo struct {
    pID uint16
    width, height, dpi float32
}
```

若希望结构体的字段成员能被其他包的代码访问，除了结构体自身的名称需要首字母大写外，其字段成员的名称也要首字母大写。例如下面代码所定义的 Order 结构体，它的所有字段都能在其他包中访问。

```
type Order struct {
    ID uint64
    Product string
    Date time.Time
    Qty float32
    Remarks string
}
```

命名中首字母为小写的字段只能在当前包中访问。

```
type Student struct {
    StdID uint
    Name string
    Age uint8
    email string                          // email 字段只能在当前包中使用
}
```

9.2.2 结构体的实例化

结构体的实例化过程有多种代码格式,总体可归纳为两大类——默认初始化和手动初始化。
假设有一个 fileInfo 结构体,用于封装一个数据文件的相关信息,其定义如下:

```
type fileInfo struct {
    name string                   // 文件名
    size uint64                   // 文件大小
    isSysFile bool                // 是否为系统文件
    createTime int64              // 创建时间
}
```

当使用 var 关键字声明 fileInfo 类型的变量后,程序会为该结构体的各个字段分配默认值。

```
// 为字段分配默认值
var x fileInfo
// 输出各字段的值
fmt.Printf("文件名:% + v\n", x.name)
fmt.Printf("文件大小:% d\n", x.size)
fmt.Printf("是否为系统文件:% t\n", x.isSysFile)
fmt.Printf("创建时间:% s\n", time.Unix(x.createTime, 0))
```

也可以这样写:

```
var x = fileInfo{ }
// 或者
x : = fileInfo{ }
```

上面代码虽然为变量赋了值,但没有设置 fileInfo 实例各字段的值,因此各字段的值仍
然为默认值。

要注意的是,如果声明变量时使用的是指针类型,那么变量的默认值是 nil。此时若直接访问 fileInfo 实例的字段成员会引发错误,因为指针未引用任何对象,即空指针。

```
var px * fileInfo                      // nil
fmt.Printf("文件名:% s\n", px.name)      // 错误
```

结构体实例化后通常需要为字段赋值,例如:

```
var y fileInfo
y.name = "dmd.txt"
y.isSysFile = false
y.size = 6955263
y.createTime = time.Date(2020, 3, 7, 15, 48, 16, 0, time.Local).Unix()
```

这种方法是先定义变量,分配默认值,然后逐个字段进行赋值。当然,也可以在定义变量后直接初始化字段的值。

```
var g = fileInfo{ name: "abc.dat", size: 128880, isSysFile: true, createTime: time.Date
(2019, 10, 20, 14, 36, 21, 0, time.Local).Unix() }
```

或者将代码分开多行输入:

```
var g = fileInfo{
    name: "abc.dat",
    size: 128880,
    isSysFile: true,
    createTime: time.Date(2019, 10, 20, 14, 36, 21, 0, time.Local).Unix(),
}
```

在多行初始化语句中,最后一个字段末尾的逗号不能省略。

许多时候,某些字段的默认值正是所需要的值,这种情况下可以忽略部分字段的赋值。例如,isSysFile 字段的默认值是 false,而实例化 fileInfo 结构体时也希望该字段的值为 false,那么就没有必要为 isSysFile 字段赋值了,于是在初始化时可以忽略 isSysFile 字段。

```
k := fileInfo {
    name: "dxy.ts",
    size: 3006265,
    createTime: time.Date(2020, 1, 1, 23, 15, 4, 0, time.Local).Unix(),
}
```

还有一种最简洁的初始化方法:省略字段名称。例如:

```
var z = fileInfo{ "test.dat", 1172363, true, time.Now().Unix() }
```

赋值的顺序必须与字段在结构体中定义的顺序一致,而且赋值的数量也要与字段的数量相等(即不能忽略部分字段)。

如果变量的类型声明为指针类型,那么可以先创建 fileInfo 实例并完成初始化,然后使用取地址运算符(&)获取其内存地址,再赋值给指针变量。

```
var c = fileInfo{ "sys.dll", 23312, true, time.Now().Unix() }
var pc * fileInfo = &c
```

也可以合并为一步完成。

```
var pc * fileInfo = &fileInfo{ "sys.dll", 23312, true, time.Now().Unix() }
```

9.2.3 方法

结构体的方法对象并不是在结构体的内部定义的,而是在结构体外部以函数的形式定义。例如:

```
type test struct {

}

func (o test) doSomething() string {
    return "do nothing"
}
```

方法与一般函数有一点不同,在方法名称前有一个接收参数(上面示例中的 o 参数)。该参数传递的是方法所属结构体的实例。方法调用语法如下:

```
var n test
s : = n.doSomething()
```

在定义方法时,接收的结构体实例也可以是指针类型。

```
func (o * test) doSomething2() string {
    return "do nothing - 2"
}
```

接收结构体实例的参数何时使用指针类型,这取决于应用场景。下面示例可通过对比看出两种传递参数方式的区别。

步骤 1:定义 demo 结构体,它包含 data 字段成员。

```
type demo struct {
    data int
}
```

步骤 2:为 demo 结构体定义两个方法。其中 setIntV1 方法在接收对象参数时只复制 demo 实例,而 setIntV2 方法接收的是 demo 类型的指针,传递的是实例的内存地址。

```
func (x demo) setIntV1(n int) {
    x.data = n                       // 修改 data 字段的值
}

func (x * demo) setIntV2(n int) {
    x.data = n                       // 修改 data 字段的值
}
```

步骤 3：初始化 demo 实例。

```
var a = demo{ data: 100 }
```

步骤 4：分别调用 setIntV1 方法和 setIntV2 方法，并输出调用前后 data 字段的值。

```
// 情况一：非指针类型接收 demo 实例
fmt.Println(" --------- 传递 demo 实例的副本 --------- ")
fmt.Printf("调用 setIntV1 方法前,data 字段的值:% d\n", a.data)
// 调用 setIntV1 方法
a.setIntV1(200)
fmt.Printf("调用 setIntV1 方法后,data 字段的值:% d\n\n", a.data)

// 情况二：以指针类型接收 demo 实例
fmt.Println(" --------- 传递 demo 实例的内存地址 --------- ")
fmt.Printf("调用 setIntV2 方法前,data 字段的值:% d\n", a.data)
// 调用 setIntV2 方法
a.setIntV2(200)
fmt.Printf("调用 setIntV2 方法后,data 字段的值:% d\n", a.data)
```

步骤 5：尝试运行示例，会得到以下输出内容。

```
--------- 传递 demo 实例的副本 ---------
调用 setIntV1 方法前,data 字段的值:100
调用 setIntV1 方法后,data 字段的值:100

--------- 传递 demo 实例的内存地址 ---------
调用 setIntV2 方法前,data 字段的值:100
调用 setIntV2 方法后,data 字段的值:200
```

调用 setIntV1 方法时，demo 实例会将自身复制一份再传递给方法，所以在 setIntV1 方法内部所修改的是 demo 实例副本的 data 字段，而不是原来 demo 实例（变量 a 所引用的对象）的 data 字段。这使得 setIntV1 方法被调用后，a. data 保持原值（100）不变。

调用 setIntV2 方法时，demo 实例会将自身的内存地址传递给方法，在方法内部所修改的 data 字段属于原来的 demo 实例（变量 a 所引用的对象）。这期间操作的都是同一个实例，因此在调用完 setIntV2 方法后，a. data 的值会被更新为 200。

通过这个示例，可以得出结论：当需要在方法内部修改结构体对象的字段时，应该传递该结构体实例的指针。如果在方法内部只是读取结构体字段的值，那么传递给方法的结构体实例可以使用指针类型,也可以不使用指针类型。

9.3 接口

接口仅包含无实现代码的方法列表。接口能起到约束和规范类型成员的作用。声明为接口类型的变量可以引用任何与该接口兼容的对象,即被引用的对象类型必须存在与接口类型一致的方法列表。

9.3.1 接口的定义

接口只有方法成员,不能包含字段,而且方法中不包含实现代码。接口类型自身不能实例化,声明变量后默认分配的值为 nil。

接口定义的格式如下:

```
type <接口名称> interface {
    <方法列表>
}
```

下面代码定义了一个接口类型 task。

```
type task interface {
    start()                              // 无参数,无返回值
    stop() uint16                        // 无参数,有返回值
    timeout(long int64) bool             // 有参数,有返回值
}
```

要注意,在接口中声明方法不需要 func 关键字,也没有实例对象接收参数,只需要提供方法名称、参数、返回值等特征描述。

方法的命名必须是有效的,而且同一个接口中不能出现重复命名的方法。

```
type runner interface {
    getContext(key string) (uint64, bool)
    getContext(key int) (uint8, bool)
}
```

在 runner 接口中,两个 getContext 方法虽然参数类型与返回值类型不同,但它们的名称相同,在 Go 语言中无法通过编译,错误信息如下:

```
duplicate method getContext                    // getContext 方法名称重复
```

使用空白标识符(_)作为方法名称是不允许的,因为这样的命名无法被访问。

```
type musicHub interface {
    play(track uint) (stat int)
```

```
        _(title string) int                          // 方法名称无效
}
```

下面示例演示了接口类型变量的默认值。

```
type test interface {
    sendMessage(head, body string) int
}

func main() {
    var ix test
    fmt.Printf("接口类型变量的默认值:%v", ix)
}
```

代码执行后会输出如下信息,表明程序为接口类型分配的默认值为 nil。

```
接口类型变量的默认值:<nil>
```

9.3.2　接口的实现

如果类型 T 的方法列表与接口 F 完全一致(方法名称、参数、返回值皆相同),那么就可以说类型 T 实现了接口 F。类型 T 的实例可以赋值给 F 类型的变量。

下面代码中,interLocker 和 custLocker 结构体都实现了 Locker 接口。

```
type Locker interface {
    Lock() uint16
    Unlock(id uint16)
}

// 以下两个结构体均实现了 Locker 接口
type interLocker struct {
    lockID uint16
}

func (l * interLocker) Lock() uint16 {
    l.lockID++
    fmt.Println("系统已锁定")
    return l.lockID
}

func (l * interLocker) Unlock(id uint16) {
    if id != l.lockID {
        fmt.Println("锁定标识不匹配")
        return
    }
    fmt.Println("系统已解锁")
```

```
}

type custLocker struct {
    locked bool
}

func (l * custLocker) Lock() uint16 {
    fmt.Println("线程已锁定")
    return 0
}

func (l * custLocker) Unlock(id uint16) {
    fmt.Println("线程已解锁")
}
```

Locker 接口定义了 Lock 与 Unlock 方法,所有实现 Locker 接口的类型都必须包含这两个方法,并且参数与返回值也要相同。

定义新变量,指定类型为 Locker 接口。

```
var lk Locker
```

变量 lk 的类型为接口,任何实现了 Locker 接口的实例都可以赋值给该变量。下面代码中,lk 先引用了一个 interLocker 实例,随后又引用了一个 custLocker 实例。

```
// 引用 interLocker 实例
lk = &interLocker{ }
id : = lk.Lock()
lk.Unlock(id)

// 引用 custLocker 实例
lk = &custLocker{ }
id = lk.Lock()
lk.Unlock(id)
```

从这个示例中可以看到,将变量定义为接口类型,可以提高其灵活性,因为它可以引用不同的对象,只要这些对象与 Locker 接口兼容(实现 Locker 接口)。

类型实现接口的判定依据是该类型必须实现接口的所有方法,像下面代码所示的 repreLocker 结构体,其实例是无法赋值给 lk 变量的,因为它未实现 Unlock 方法。

```
type repreLocker struct { }

func (l * repreLocker) Lock() uint16 {
    fmt.Println("资源被上锁")
    return 1
}
```

```
func (1 * repreLocker) Unload(id uint16) {
    fmt.Println("资源被卸载")
}

// 错误
lk = &repreLocker{ }
id = lk.Lock()
```

下面代码所定义的 codeLocker 结构体也不能与 Locker 接口兼容,尽管方法名称相同,但方法的参数与返回值的类型不匹配。

```
type codeLocker struct { }

func (1 * codeLocker) Lock() string {
    return "xx - xxx"
}

func (1 * codeLocker) Unlock(id string) {
    fmt.Printf("id: % s\n", id)
}

// 错误
lk = &codeLocker{ }
var sd = lk.Lock()
lk.Unlock(sd)
```

9.3.3　空接口——interface{}

空接口指的是没有包含方法列表的接口。下面三个接口定义都属于空接口。

```
type sharp1 interface{ }

type sharp2 interface {

}

type sharp3 interface{}
```

在实际开发中,这样定义接口没有实际意义,因此空接口通常用 interface{} 表示,不需要刻意去定义新类型。interface 后面的一对空白大括号({})不能省略,因为 interface 只是 Go 语言关键字,不能表示类型。如果要将变量 a 声明为空接口,下面的写法是错误的。

```
var a interface                    // 语法错误
```

正确的格式为:

```
var a interface{}
```

空结构体也适用此规则。

```
var b struct{}
```

由于空接口不包含方法列表,可以认为任意类型都实现了空接口(实现接口的类型不受约束,即无须实现任何方法)。空接口类型的变量可以存储任何类型实例的引用,例如:

```
var obj interface{}
obj = 12345
fmt.Printf("% +-20[1]v % [1]T\n", obj)
obj = "xyz"
fmt.Printf("% +-20[1]v % [1]T\n", obj)
obj = 3.1415927
fmt.Printf("% +-20[1]v % [1]T\n", obj)
obj = struct{E int; S string} {200, "opqrst"}
fmt.Printf("% + [1]v % 30[1]T\n", obj)
```

变量 obj 为空接口类型,因此可以向它赋予任何类型的值,本示例中赋予的值是 int、string、float32 以及匿名结构体。运行上述代码后,屏幕上会输出变量 obj 每次赋值后所引用的实际对象以及所属类型。

```
12345                   int
xyz                     string
3.1415927               float64
{E:200 S:opqrst}        struct { E int; S string }
```

9.3.4　接口与函数

将函数的参数声明为接口类型,可加强代码的通用性。例如,task 接口定义如下:

```
type task interface {
    start()
}
```

定义 runTask 函数,其输入参数的类型为 task 接口。

```
func runTask(t task) {
    t.start()
}
```

runTask 函数不必考虑传递给参数 t 的对象是什么类型,只需该类型实现 task 接口。这样设计使 runTask 函数的兼容性更好,因为函数代码不关心传递的对象是什么类型,只需能调用 start 方法。

然后定义三个结构体类型,都实现了 task 接口(规则是实现 start 方法)。

```
type coreTask struct { }

func (t coreTask) start() {
    fmt.Println("启动 coreTask 任务")
}


type lazyTask struct { }

func (t lazyTask) start() {
    fmt.Println("启动 lazyTask 任务")
}


type extTask struct { }

func (t extTask) start() {
    fmt.Println("启动 extTask 任务")
}
```

定义三个新变量,分别使用上述代码所定义的结构体初始化。

```
var t1, t2, t3 = coreTask{}, lazyTask{}, extTask{}
```

调用三次 runTask 函数,依次传递 t1、t2、t3 变量。

```
runTask(t1)
runTask(t2)
runTask(t3)
```

对于函数返回值,同样可以使用接口类型,这使得同一个函数能够根据不同情况返回不同类型的对象实例。

定义一个 animal 接口。

```
type animal interface {
    saySomething()
}
```

下面三个结构体均实现了 animal 接口。

```
type cat struct { }

func (p * cat) saySomething() {
    fmt.Println("喵喵")
}


type dog struct { }
```

```go
func (p * dog) saySomething() {
    fmt.Println("汪汪")
}


type sheep struct { }

func (p * sheep) saySomething() {
    fmt.Println("咩咩")
}
```

定义 newAnimal 函数,返回值的类型是 animal 接口。在函数内部根据输入参数的值来创建不同结构体的实例,并赋值给返回值 res。

```go
func newAnimal(tp uint8) (res animal) {
    switch tp {
    case 1:
        res = &cat{}
    case 2:
        res = &dog{}
    case 3:
        res = &sheep{}
    default:
        res = nil
    }
    return
}
```

定义三个变量,并从 newAnimal 函数的返回值中获取对象引用。

```go
var a1 = newAnimal(1)
var a2 = newAnimal(3)
var a3 = newAnimal(5)
```

调用 saySomething 方法。

```go
if a1 != nil {
    a1.saySomething()
}
if a2 != nil {
    a2.saySomething()
}
if a3 != nil {
    a3.saySomething()
}
```

访问 a1、a2、a3 的方法成员之前需要使用 if 语句判断一下其值是否为 nil,因为 newAnimal 函数有可能返回 nil(空引用)。

9.4　类型嵌套

与其他面向对象的编程语言不同,Go 语言的类型不能进行继承,但可以嵌套,通过类型嵌套也能实现类似于继承的效果。

例如,下面代码中,dev 结构体内嵌了 base 结构体。

```go
type base struct {
    code uint
    line uint64
    label string
}

type dev struct {
    base                    // 嵌套
    size float32
    publisher string
}
```

这样一来就实现了 dev 结构体中包含了 base 结构体的成员。在访问成员时,内嵌类型的字段名称与类型名称相同。假设定义了 dev 类型的变量 x。

```go
var x dev
```

被嵌入类型的字段名称与类型名称相同,所以可以通过以下代码来访问 dev 类型内嵌入的 base 结构体的字段。

```go
x.base.code = 1001
x.base.line = 1
x.base.label = "F7"
```

也可以省略 base 而直接访问其字段成员。例如:

```go
x.code = 1001
x.line = 1
x.label = "F7"
```

但是,如果在定义变量时初始化 dev 结构体,就不能直接访问 base 结构体的字段成员了。下面代码会出现编译错误。

```go
var y dev = dev{code: 1001, line: 1, label: "F7", size: 1.337, publisher: "Jack"}
```

正确的写法为:

```go
var y = dev{ base: base{1002,1,"D6"}, size: 0.12, publisher: "Dick"}
```

或者为：

```
var y = dev{ base{1002,1,"D6"}, 0.12, "Dick"}
```

这种实现方案并非其他面向对象语言中所说的继承,由于类型是嵌套关系,不能使用多态,下面的代码在编译时也会发生错误。

```
var z base = dev{base{1003,1,"C8"}, 0.025, "July"}
```

要用 dev 结构体的实例赋值,变量 z 必须定义为 dev 类型,不能使用 base 类型。

类型嵌套也适用于接口类型。

```
type iFile1 interface {
    getFilename() string
}

type iFile2 interface {
    iFile1                    // 嵌套
    getTypeExt() string
}
```

iFile1 接口定义了 getFilename 方法,iFile2 接口定义了 getTypeExt 方法,并且 iFile1 接口内嵌到了 iFile2 接口中。

fileInfo 结构体包含两个方法：getFilename、getTypeExt。

```
type fileInfo struct {
    fn, ext string
}
// 实现接口的方法
func (f fileInfo) getFilename() string {
    return f.fn
}
func (f fileInfo) getTypeExt() string {
    return f.ext
}
```

由于 iFile2 接口中内嵌了 iFile1 接口,定义为 iFile2 类型的变量也可以调用 getFilename 方法。

```
var a iFile2 = fileInfo{"abcd.doc", ".doc"}
fmt.Printf("文件名：%s\n扩展名：%s\n", a.getFilename(), a.getTypeExt())
```

得到的输出结果如下：

```
文件名：abcd.doc
扩展名：.doc
```

9.5 类型断言

类型断言(type assertion)对动态类型的变量进行分析,并返回变量所引用的真实对象。例如:

```
var x interface{} = float64(0.00123)
// 执行断言
y := x.(float64)
fmt.Printf("变量 x 的真实类型为:%T\n", y)
fmt.Printf("它的值为:%v\n", y)
```

运行后输出的内容如下:

```
变量 x 的真实类型为:float64
它的值为:0.00123
```

变量 x 在定义时指定为空接口类型,通过赋值动态存储了 float64 类型的值,随后通过类型断言返回真实的值,并赋值给变量 y,所以 y 的类型为 float64。

如果类型断言失败,会发生运行时错误。

```
z := x.(int8)
```

由于变量 x 动态获得的类型是 float64,而不是 int8 类型,断言失败,会引发以下运行时错误。

```
panic: interface conversion: interface {} is float64, not int8
```

若希望避免引发错误,可以使用两个变量来接收断言的结果,例如:

```
z, ok := x.(int8)
if ok {
    fmt.Printf("断言成功,z 的值为:%v\n", z)
} else {
    fmt.Println("断言失败")
}
```

这种情况下,如果类型断言成功,会把结果存放在第一个变量中,并且把布尔值 true 存放在第二个变量中;如果类型断言失败,第二个变量的值为 false。

通过以上示例,可以了解到类型断言的语法如下:

```
x.(T)
```

其中,x 是一个变量,必须声明为接口类型(可以是空接口类型),T 是用于检测的类型。如果变量 x 中的真实类型是 T,则断言成功;如果变量 x 的真实类型不是 T,则断言失败。

类型断言也可以用在函数内部使用，例如：

```
func checkType(val interface{}) {
    switch x := val.(type) {
    case uint8:
        fmt.Printf("无符号8位整数:%d\n", x)
    case float32:
        fmt.Printf("32位浮点数:%f\n", x)
    case string:
        fmt.Printf("字符串:%s\n", x)
    case func():
        fmt.Println("这是个函数,无参数,无返回值")
    case func(string) int64:
        fmt.Println("这是个函数,输入参数为字符串类型,返回值为64位有符号整数")
    default:
        fmt.Println("其他类型")
    }
}
```

类型断言可以与 switch 语句一起使用，并将类型 T 替换为 type 关键字，可用于检查变量所引用的对象类型。下面代码尝试调用 checkType 函数。

```
// 变量列表
var (
    v1 = "jeep"
    v2 = func(){ }
    v3 = uint8(24)
    v4 = struct { K int } { 350 }
)
// 调用函数
checkType(v1)
checkType(v2)
checkType(v3)
checkType(v4)
```

得到的运行结果如下：

```
字符串:jeep
这是个函数,无参数,无返回值
无符号8位整数:24
其他类型
```

变量 v4 是一个匿名结构体，在 checkType 函数中未进行分析，因此程序运行后输出"其他类型"。

在 x.(T) 表达式中，类型 T 也可以是接口类型。下面代码定义了三个接口。

```
type test1 interface {
    readFromFile() []byte
```

```
}
type test2 interface {
    sendEmail(to, subject string, body []byte) int
}
type test3 interface {
    getResponse() (int, []byte)
}
```

再定义三个结构体,分别实现以上接口类型。

```
type demoType1 struct { }
func (t demoType1) readFromFile() []byte {                    // 实现 text1 接口
    return []byte("kjidfdf56gg566")
}

type demoType2 struct { }
func (t demoType2) sendEmail(to, subject string, body []byte) int {  // 实现 text2 接口
    return 1
}

type demoType3 struct { }
func (t demoType3) getResponse() (int, []byte) {             // 实现 text3 接口
    return 200, []byte("e2068xz4yb7owelk9sye")
}
```

定义变量 a、b、c,声明类型都是空接口类型,但它们实际引用的目标依次是 demoType1、demoType2、demoType3 类型。

```
var (
    a interface{} = demoType1{}
    b interface{} = demoType2{}
    c interface{} = demoType3{}
)
```

对三个变量进行类型断言,被断言的类型为 text1、text2、text3 接口,而不是实现接口的结构体类型。

```
if x, ok := a.(test1); ok {
    fmt.Printf("变量 a 的实际类型为 %T,实现了 test1 接口\n", x)
}

if x, ok := b.(test2); ok {
    fmt.Printf("变量 b 的实际类型为 %T,实现了 test2 接口\n", x)
}

if x, ok := c.(test3); ok {
    fmt.Printf("变量 c 的实际类型为 %T,实现了 test3 接口\n", x)
}
```

类型断言后的结果如下：

```
变量 a 的实际类型为 main.demoType1,实现了 test1 接口
变量 b 的实际类型为 main.demoType2,实现了 test2 接口
变量 c 的实际类型为 main.demoType3,实现了 test3 接口
```

【思考】

1. 如何判断某类型实现了特定的接口？

2. 方法与函数在格式上有什么不同？

第 10 章

数组与切片

本章主要内容如下：

- 数组的初始化；
- 访问数组元素；
- *[n]T 与 [n]*T 的区别；
- 多维数组；
- 创建切片实例；
- 添加和删除元素。

微课视频

10.1 数组

数组(array)是一种集合，它把一定数量且类型相同的对象放到一起，形成一个整体。数组在定义时就会确定元素个数，初始化之后无法更改元素数量。

10.1.1 数组的初始化

数组实例可以使用下面几种格式来初始化：

```
var x [n]T = [n]T{ …… }
var x = [n]T{ …… }
x : = [n]T{ …… }
```

其中，n 表示元素的个数，即数组对象的长度。n 是一个表达式。其计算结果必须是 int 类型的常量，而且不能出现负值。

数组变量在声明后，如果没有进行初始化，就会为每个元素分配一个默认值。例如：

```
var x [4]byte          // byte 类型的默认值为 0
var y [3]bool          // bool 类型的默认值为 false
var z [3]string        // string 类型的默认值为空字符串
```

下面代码定义了数组变量 f，元素类型为 uint32，数组长度为 5，并为所有元素初始化。

```
var f = [5]uint32{ 18, 75, 42, 3, 105}
```

变量 f 初始化后,数组中第一个元素为 18,第二个元素为 75,第三个元素为 42……如果只是想为第一个元素赋值,其他元素保留默认值(即 0),那么初始化语句可以进行简化。

```
var f = [5]uint32{ 18, }
```

18 后面的逗号也可以省略。

```
var f = [5]uint32{ 18 }
```

也可以定义变量后,通过元素索引来逐个赋值。元素索引从 0 开始,即第一个元素的索引为 0,第二个元素的索引为 1……以此类推。

```
var r [4]float32
r[0] = 1.112                 // 第一个元素
r[1] = 0.000054              // 第二个元素
r[2] = 370.303              // 第三个元素
r[3] = -16.75               // 第四个元素
```

按照语法规则,数组变量在定义时已确定类型,数组中所有元素都必须是同一类型。因此下面代码所示的初始化方式会发生错误。

```
a := [2]uint{ 1.7, 33 }
```

数组变量 a 的元素类型被声明为 uint(无符号整数),而初始化时第一个元素的值是浮点数值,与数组所定义的类型不符。

不过,如果将数组变量声明为空接口(interface{})类型,那么其中的元素就可以是任意类型的值了。

```
s := [3]interface{}{"abc", 887, 'H'}
```

这说明接口的动态类型机制也适用于数组。例如:

```
// 定义接口类型
type music interface {
    play()
    pause()
}

// 实现接口
type popMusic struct { }
func (x popMusic) play() {
    fmt.Println("开始播放流行音乐")
}
func (x popMusic) pause() {
```

```
        fmt.Println("暂停播放流行音乐")
}

type classicMusic struct { }
func (x classicMusic) play() {
        fmt.Println("开始播放古典音乐")
}
func (x classicMusic) pause() {
        fmt.Println("暂停播放古典音乐")
}


func main() {
        // 初始化数组实例
        var arr = [2]music{ popMusic{}, classicMusic{} }
        // 调用数组实例中各个元素的方法
        arr[0].play()
        arr[0].pause()
        arr[1].play()
        arr[1].pause()
}
```

music 接口规定了实现它的类型必须包含 play、pause 方法,随后,popMusic 和 classicMusic 结构体实现了 music 接口。

在 main 函数中,数组变量 arr 的长度为 2,并且指定元素类型为 music 接口。由于接口类型的兼容性,在初始化数组实例时可以使用 popMusic 结构体或者 classicMusic 结构体。

在数组初始化时也可以不指定长度,通过元素个数自动确定数组长度。例如:

```
r : = [...]int32{ 800, 500, 1600, 2400, 900, 700 }
```

根据所赋值的元素个数,自动推断出数组长度为 6,即[6]int32。

10.1.2 访问数组元素

通过索引可以随机访问数组元素,索引值必须为 int 类型数值,不能是负值。索引范围为[0,n-1](n 为数组长度)。

下面示例中,创建了一个包含 5 个元素的数组实例,然后通过索引读取最后两个元素。

```
var x = [5]rune{'a', 'e', 'i', 'o', 'u'}
// 倒数第二个元素,索引为 3
last1 : = x[3]
// 最后一个元素,索引为 4
last2 : = x[4]
fmt.Printf("最后两个元素:%c,%c\n", last1, last2)
```

最后两个元素的索引分别为 3、4。此示例还可以这样处理:

```
var x = [5]rune{'a', 'e', 'i', 'o', 'u'}
// 获取数组的长度
n := len(x)
// 最后一个元素的索引为 n-1,倒数第二个的索引为 n-2
last1 := x[n-2]
last2 := x[n-1]
fmt.Printf("最后两个元素:%c、%c\n", last1, last2)
```

len 是内置函数,其作用是获得数组的长度。随后,最后两个元素的索引可以由 n 的值来确定。

上述示例的运行结果如下:

```
最后两个元素:o、u
```

如果想顺序访问数组中的所有元素,可以使用 for 循环。

第一种格式是使用带三个子句的 for 循环,通过一个临时变量来存储索引值。例如:

```
arr1 := [4]float32{0.11, 0.23, 5.001, 12.63}
for i := 0; i < len(arr1); i++{
    fmt.Println(arr1[i])
}
```

初始化子句将变量 i 的值设置为 0,可访问数组中第一个元素。执行循环的条件子句指定 i 的值应小于数组的长度(即最大值为 n−1),每一轮循环后将变量 i 的值加 1。

第二种格式是与 range 子句一起使用。

```
arr2 := [3]string{"zh-CN", "en-US", "zh-TW"}
for index,value := range arr2 {
    fmt.Printf("索引:%d,值:%s\n", index, value)
}
```

range 子句从数组中取出一个子项,其中包含两个值——元素的索引和元素的值。

10.1.3　*[n]T 与[n]*T 的区别

*[n]T 与[n]*T 这两种声明格式看起来很像,但它们的含义是完全不同的。

(1) *[n]T:指针类型,存放类型为[n]T 的实例内存地址。

(2)[n]*T:数组类型,其元素类型为指向 int 数值的指针类型(*int)。

可以通过两个简单的示例来说明。先看第一个示例,定义数组变量 d,元素类型为 float32,数组长度为 3。

```
var d = [3]float32{0.001,0.002,0.003}
```

再定义变量 pd,赋值时通过取地址运算符 & 获取数组实例的内存地址。返回的类型

是 * [3]float32。

```
var pd = &d
```

变量 pd 是指针类型,它的值是数组实例 d 的内存地址。

下面是第二个例子。定义三个变量并初始化,类型都是 int。

```
var a,b,c = 50,60,70
```

接着定义变量 ax,初始化时引用上述三个变量的内存地址。

```
var ax = [3] * int{&a, &b, &c}
```

变量 ax 为数组类型,它的元素是 * int 类型。

10.1.4 多维数组

多维数组指的是维度为二或二以上的数组。Go 语言的多维数组更像是"数组的数组",例如,A 数组中包含元素 B,而元素 B 本身也是一个数组。

二维数组的表示形式为:

```
[m][n]Type
```

相当于:

```
[m]([n]Type)
```

三维数组的表示形式为:

```
[m][n][o]Type
```

相当于:

```
[m]([n]([o]Type))
```

读取或修改多维数组的元素,也可以通过索引来完成。

```
a[m][n] = x
y = a[x][y][z]
```

下面代码分别演示了二维数组和三维数组的使用。

```
// 二维数组
var a = [2][4]uint8{
    {12, 13, 14, 15},
    {16, 17, 18, 19},
```

```go
}
// 输出各元素
fmt.Println("----- 二维数组中的元素 -----")
for i := 0; i < 2; i++{
    for j := 0; j < 4; j++{
        fmt.Printf("%d ", a[i][j])
    }
    fmt.Println()                      // 换行
}

fmt.Println()

// 三维数组
var b = [5][4][3]int32{
    {
        {1, 2, 3},
        {7, 8, 9},
        {12, 15, 18},
        {25, 26, 27},
    },
    {
        {-2, -3, -6},
        {-20, 35, -7},
        {60, 62, 64},
        {-100, -101, -102},
    },
    {
        {65, 66, 67},
        {305, 405, 505},
        {125, 135, 145},
        {-6, -17, 810},
    },
    {
        {2200, 130, -96},
        {-72, 160, 400},
        {215, -76, -320},
        {57, 58, 59},
    },
    {
        {8850, 3756, 418},
        {-600, -520, 307},
        {2125, 1102, -4720},
        {-595, -116, 907},
    },
}
fmt.Println("----- 三维数组中的元素 -----")
for i := 0; i < 5; i++{
    for j := 0; j < 4; j++{
        for k := 0; k < 3; k++{
```

```
                fmt.Printf("% - 8d", b[i][j][k])
            }
        fmt.Print("\n")                    // 换行
    }
    fmt.Print("\n\n")                       // 换行
}
```

运行代码后,得到结果如下:

```
----- 二维数组中的元素 -----
12   13   14   15
16   17   18   19


----- 三维数组中的元素 -----
1        2        3
7        8        9
12       15       18
25       26       27


- 2      - 3      - 6
- 20     35       - 7
60       62       64
- 100    - 101    - 102


65       66       67
305      405      505
125      135      145
- 6      - 17     810


2200     130      - 96
- 72     160      400
215      - 76     - 320
57       58       59


8850     3756     418
- 600    - 520    307
2125     1102     - 4720
- 595    - 116    907
```

10.2 切片

切片(slice)与数组类似,但要比数组灵活,可以在运行阶段动态地添加元素,在实际开发中会用得比较多。

切片类型的底层是通过数组来存储元素的。这个数组实例既可以是代码中已经定义的，也可以由应用程序隐式产生的。

10.2.1　创建切片实例

以下几种方法都可以创建切片实例：

(1) 从现有的（代码中已定义过的）数组实例中"截取"出新的切片实例。格式如下：

```
s := a[<L>:<H>]
```

数组实例 a 中被提取的元素索引范围为 L≤index<H。例如：

```
var x = [5]int32{2, 4, 6, 8, 10}
s := x[2:4]
```

变量 x 为数组对象，共 5 个元素，切片对象 s 从 x 中提取索引为 2、3 的元素（即第三、第四个元素），所以 s 中包含的元素为 6 和 8。

如果将上述代码做以下修改，那么 s2 中就包含 6、8、10 三个元素。

```
s2 := a[2:5]
```

索引读取范围为 2≤index<5，即被使用的索引为 2、3、4。

将 L 和 H 两个值省略，表示使用数组中的所有元素。

```
s3 := a[:]
```

从同一个数组实例产生的所有切片实例都会共享数组中的元素，也就是说，当数组中的元素被更改，切片中对应的元素也会同步更新；反过来，如果切片中的元素被更改，数组中对应的元素也会同步更新。以下示例代码将说明这一点。

```
// 实例化一个数组对象
src := [4]uint32{10, 20, 30, 40}
// 从数组产生两个切片实例
s1 := src[0:2]
s2 := src[1:4]

fmt.Println("------ 修改数组前 ------")
fmt.Printf("数组：%v\n", src)
fmt.Printf("切片 1：%v\n", s1)
fmt.Printf("切片 2：%v\n", s2)

// 修改数组中的元素
src[0] = 100
src[2] = 300
fmt.Println("\n------ 修改数组后 ------")
fmt.Printf("数组：%v\n", src)
```

```
fmt.Printf("切片 1:%v\n", s1)
fmt.Printf("切片 2:%v\n", s2)

// 修改切片中的元素
s1[1] = 700
s2[2] = 900
fmt.Println("\n------ 修改切片后 ------")
fmt.Printf("数组:%v\n", src)
fmt.Printf("切片 1:%v\n", s1)
fmt.Printf("切片 2:%v\n", s2)
```

数组 src 包含 4 个元素,切片 s1 使用了数组中前两个元素(索引是 0 和 1);切片 s2 使用了第二、三、四个元素(索引为 1、2、3)。这段代码的运行结果如下:

```
------ 修改数组前 ------
数组:[10 20 30 40]
切片 1:[10 20]
切片 2:[20 30 40]

------ 修改数组后 ------
数组:[100 20 300 40]
切片 1:[100 20]
切片 2:[20 300 40]

------ 修改切片后 ------
数组:[100 700 300 900]
切片 1:[100 700]
切片 2:[700 300 900]
```

数组中的第一个元素被修改为 100,切片 s1 的第一个元素也同步更新为 100;同理,数组中第三个元素被修改为 300,切片 s2 的第二个元素也同步更新为 300。对切片实例的修改也会同步到数组实例上,因为切片 s1、s2 都是以数组 src 为存储基础的,它们共享数组中的元素。

(2)直接初始化。格式与数组接近,示例如下:

```
var (
    s = []string{"how", "do", "you", "do"}
    t = []float64{999.0000065, -73.300000082}
)
```

切片的初始化表达式中不需要指定元素个数(长度),但一对空白中括号([])必须保留。

(3)使用 make 函数。

```
s := make([]byte, 30)
```

第一个参数指定要创建实例的类型,此处必须指明是切片类型。因为 make 函数不仅可以创建切片(slice)实例,也可以创建通道(channel)、映射(map)实例。第二个参数指定切片的长度。上述代码中,创建了一个长度为 30 的切片,而且每个元素都会使用 byte 类型的默认值来初始化。

10.2.2　添加和删除元素

向切片添加元素,可以调用 append 函数。函数原型如下:

```
func append(slice []Type, elems ...Type) []Type
```

slice 参数是要追加元素的切片实例,elems 是个数可变的参数,它表示要添加到切片实例中的元素,可以是一个元素,也可以是多个元素。

如果切片所引用的基础数组有足够的容量容纳新添加的元素,那么 append 函数将原来的切片实例返回;如果基础数组的容量不足,append 函数会创建新的数组实例并分配更大的空间,然后把旧数组实例的元素复制到新实例中,并添加新的元素,最后返回由新数组实例所产生的切片实例。

在调用 append 函数前,代码不需要验证切片的容量是否足够,因为 append 函数会自动处理。但是,为了在调用 append 函数后能够获得最新的切片实例,一般会把 append 函数返回的实例重新赋值给切片类型的变量。就像下面这样:

```
S = append(S, ...)
```

下面请看一个示例。

先定义一个函数,用来向屏幕输出切片实例的长度与容量。

```
func printSliceInfo(s []float32) {
    fmt.Printf("长度:%d,容量:%d,元素列表:%v\n", len(s), cap(s), s)
}
```

len 函数获取的是切片实例的长度,cap 函数获取的是切片实例的容量,长度是指切片中可以被访问的元素个数,而容量是指应用程序为切片的基础数组所分配的空间。为了保证有足够的空间,容量必须大于或等于长度。

初始化一个切片实例,它包含两个元素。然后多次调用 append 函数向切片实例添加元素。

```
var sf = []float32{0.001, 0.0007}
printSliceInfo(sf)
// 添加一个元素
sf = append(sf, 0.0014)
printSliceInfo(sf)
// 添加两个元素
sf = append(sf, 0.0008, 0.1205)
printSliceInfo(sf)
```

```
// 添加三个元素
sf = append(sf, 0.0275, 1.302, 5.0071)
printSliceInfo(sf)
```

得到的输出结果如下：

```
长度:2,容量:2,元素列表:[0.001 0.0007]
长度:3,容量:4,元素列表:[0.001 0.0007 0.0014]
长度:5,容量:8,元素列表:[0.001 0.0007 0.0014 0.0008 0.1205]
长度:8,容量:8,元素列表:[0.001 0.0007 0.0014 0.0008 0.1205 0.0275 1.302 5.0071]
```

如果使用 make 函数来创建切片实例，可以为其设置一个默认的容量（初始容量）。当然，随着元素的添加，容量会自动增长。

```
var s = make([]string, 0, 10)
fmt.Printf("初始化后,长度:%d,容量:%d\n", len(s), cap(s))
// 添加 50 个元素
for i := 1; i <= 50; i++{
    str := fmt.Sprintf("Item %d", i)
    s = append(s, str)
}
fmt.Printf("添加 50 个元素后,长度:%d,容量:%d\n", len(s), cap(s))
```

切片实例 s 初始化的容量为 10，长度为 0，即基础数组分配了可容纳 10 个元素的空间，但其中包含元素个数为 0。如果将 make 函数的调用代码做以下修改，那么创建的切片实例中已包含 3 个元素，这 3 个元素都分配了 string 类型的默认值（空字符串）。

```
var s = make([]string,3, 10)
```

标准库没有提供用于删除切片元素的函数，但是，可以通过截取元素来实现。例如：

```
var s = []int{1, 2, 3, 4, 5}
fmt.Printf("初始元素列表:%v\n", s)

// 截取除最后一个元素外的所有元素
s = s[0:len(s) - 1]
fmt.Printf("删掉最后一个元素后:%v\n", s)
```

上面代码中，切片实例 s 有 4 个元素，截取时从索引 0 开始，到 len(s)−1，即[0,4]，这样一来，被提取到新切片实例的元素为 1、2、4，删除最后一个元素的目的便实现了。

输出结果如下：

```
初始元素列表:[1 2 3 4 5]
删掉最后一个元素后:[1 2 3 4]
```

下面的例子将演示如何删除切片实例中的前两个元素。

```
s := []int{1, 2, 3, 4, 5}
fmt.Printf("初始元素列表:%v\n", s)
// 删去前两个元素
s = s[2:]
fmt.Printf("删除前两个元素后:%v\n", s)
```

[2:]表示从索引2(第三个元素)开始截取,直到最后一个元素。这样一来就删除了前两个元素,结果如下:

```
初始元素列表:[1 2 3 4 5]
删除前两个元素后:[3 4 5]
```

【思考】

1. 能向数组对象添加新元素吗?

2. 在 a[:5]表达式中,将从数组中取出多少个元素构成新的切片实例?

第11章

映射与链表

本章主要内容如下：

- 映射；
- 双向链表；
- 环形链表。

11.1 映射

映射（map）也是一种集合，它的每个元素都带有 key。这个 key 用于标识元素，在同一个 map 对象中，元素的值可以重复出现，但 key 必须是唯一的。

数组、切片类型的对象是通过 int 类型的索引来访问元素的，而映射类型的对象是通过 key 来访问元素的，key 可以是任意类型。

11.1.1 映射对象的初始化

映射类型的表示格式如下：

```
map[<keyType>]<valueType>
```

例如，元素类型为 string，key 类型为 int 的映射类型可以表示为：

```
map[int]string
```

仅仅声明映射类型的变量是不能直接操作的，下面代码会发生错误。

```
var n map[byte]string
n[12] = "abc"
n[24] = "opq"
n[48] = "efg"
```

这是由于映射类型的默认值是 nil，必须初始化之后才能使用。

调用 make 函数可以创建映射对象实例。例如：

```
var m1 = make(map[uint16]string)
```

m1 的元素类型为 string，对应的 key 类型为 uint。分配实例后，就可以向映射对象添加元素了。

```
m1[20] = "fly"
m1[60] = "play"
```

另一种方法是直接使用 map 表达式来实例化。

```
var m2 = map[rune]float64{ }
```

注意最后面的一对大括号不能省略。m2 的元素类型为 float64，其 key 类型为 rune。和 make 函数的调用结果类似，创建映射实例后，就可以添加元素了。

```
m2['a'] = 1.0000752
m2['b'] = − 0.00016
```

当然，也可以在实例化的时候初始化元素列表。

```
var m3 = map[string]uint64{
    "item 1" : 8150,
    "item 2" : 17990,
    "item 3" : 28005,
    "item 4" : 540,
}
```

实例化之后，可以继续添加元素。

```
m3["item 5"] = 1294
m3["item 6"] = 290
m3["item 7"] = 61625
```

11.1.2 访问映射对象的元素

映射对象的元素可以通过 key 来读写。例如：

```
x[key] = value                    // 设置元素
value = x[key]                    // 获取元素
```

下面代码实例化了一个映射对象，然后向其中三个元素赋值。

```
var mt = make(map[int32]byte)
mt[1] = 25
mt[2] = 26
mt[3] = 27
```

此映射对象的元素类型为 byte(uint8 类型的别名,表示元素为一字节),元素的 key 为 int32 类型。

通过 key 可以访问到对应元素。

```
val1 := mt[1]
val2 := mt[2]
val3 := mt[3]
```

由于 key 可以起到唯一标识元素的作用,如果在设置元素时多次使用同一个 key,那么新设置的元素值会替换旧的值。例如:

```
var xm = map[int32][]byte{ }
xm[21] = []byte("c7g59rof71j5")
xm[43] = []byte("xyxyxy")
fmt.Printf("第一次赋值(key: 43): %v\n", xm[43])


xm[43] = []byte("dkdkdk")
fmt.Printf("第二次赋值(key: 43): %v\n", xm[43])
```

在上面代码中,key 为 43 的元素设置了两次,最终映射对象会保留第二次赋值的内容,丢弃第一次所赋值的内容。代码运行结果如下:

```
第一次赋值(key: 43):[120 121 120 121 120 121]        // 此值会被替换
第二次赋值(key: 43):[100 107 100 107 100 107]        // 此值被保留
```

要枚举映射对象中的所有元素,应当使用带 range 子句的 for 循环。

```
// 初始化映射对象
myMap := map[string]int {
    "task-01" : 1000,
    "task-02" : 1001,
    "task-03" : 1002,
    "task-04" : 1003,
    "task-05" : 1004,
}

for key,val := range myMap {
    fmt.Printf("key: %s\tvalue: %d\n", key, val)
}
```

range 子句枚举出来的元素包含两个值——元素的 key 和元素的值。输出结果如下:

```
key: task-01     value: 1000
key: task-02     value: 1001
key: task-03     value: 1002
key: task-04     value: 1003
key: task-05     value: 1004
```

11.1.3 检查 key 的存在性

如果要访问的某个 key 在映射对象中不存在,会返回元素类型的默认值。

```
var m = map[string]int{ }

m["c1"] = 7728
m["c4"] = 7729

// 访问 key 为 c3 的元素
// 此 key 不存在
xv : = m["c3"]
```

"c3"在映射对象 m 中不存在,使得 m["c3"]获取的是 int 类型的默认值 0。许多时候,获取不存在元素的值没有实际意义。因此,在访问元素前检查一下其是否存在很有必要。

不妨将上述代码做以下修改:

```
xv, ok := m["c3"]
if ok {
    fmt.Printf("[\"c3\"] : % d\n", xv)
} else {
    fmt.Println("\"c3\" 不存在")
}
```

实际上就是在获取元素时多使用了一个变量(上面代码中的 ok),该变量的类型为 bool,如果要访问的 key 存在于映射对象中,则 ok 为 true,否则为 false。

11.2 双向链表

在双向链表中,每个元素都包含两个指针——分别指向前一个元素和后一个元素。在双向链表中,随机取出一个元素都能找到它前面的或者后面的元素。

可以在双向链表的任意位置插入新元素,也可以在链表内部移动元素的位置。

11.2.1 与双向链表有关的 API

container/list 包公开了一系列用于操作双向链表的 API,接下来将一一进行介绍。

首先是 Element 结构体。它表示链表中一个元素,源代码如下:

```
type Element struct {
    // 指向前、后元素的指针
    next, prev * Element

    // 此元素所属的链表对象
```

```
    list  * List

    // 此元素中所存储的值
    Value interface{}
}
```

其中 Value 字段表示该元素的值。另外,还有三个未公开的字段:prev 表示指向上一个元素的指针,next 表示指向下一个元素的指针,list 表示指向当前链表的指针(即此元素所属的链表对象)。Element 结构体还包含以下方法:

(1) Next:返回与此元素链接的下一个元素。

(2) Prev:返回与此元素链接的上一个元素。

其次是 List 结构体,它表示链表对象,其源代码如下:

```
type List struct {
    root Element          // 此元素仅作为占位符使用,在代码中不直接访问
    len int               // 链表的长度,即包含元素的个数
}
```

root 字段只是一个占位符,外部代码无法访问。在初始化链表对象时,prev 指针和 next 指针会引用 root 自身。当链表中插入元素后,root 字段可作为首部和尾部的分隔符。从链表首部插入的元素被 root. next 指针引用,从链表尾部插入的元素被 root. prev 指针引用。

List 结构体公开了以下方法:

(1) PushFront:把新元素插入到链表的头部。

(2) PushBack:把新元素插入到链表的尾部。

(3) InsertBefore:把新元素插入到指定元素的前面。

(4) InsertAfter:把新元素插入到指定元素的后面。

(5) MoveBefore:把一个元素移动到另一个元素的前面。

(6) MoveAfter:把一个元素移动到另一个元素的后面。

(7) MoveToFront:把某个元素移动到链表的首位。

(8) MoveToBack:把某个元素移动到链表的末位。

(9) Remove:从链表中删除指定的元素。

(10) Front:获取链表中的第一个元素。

(11) Back:获取链表中的最后一个元素。

(12) Len:获取链表的长度(包含元素的个数)。

(13) PushFrontList:复制另一个链表实例中的元素,并插入到当前链表实例的头部。

(14) PushBackList:复制另一个链表实例中的元素,并插入到当前链表实例的尾部。

list 包还公开了一个 New 函数,其功能是创建一个双向链表实例。函数定义如下:

```
func New()  * List
```

11.2.2　创建链表实例

创建链表实例最简单的方法就是调用 New 函数。

```
var mylist = list.New()
```

New 函数所返回的类型为指向 List 实例的指针。这可以保证在存入或删除元素时操作是同一个链表实例。如果存入元素的链表与取出元素的链表不是同一个实例，那么数据结构就会被破坏，失去实际意义。

New 函数的源代码如下：

```
func New() *List { return new(List).Init() }
```

在实例化 List 对象过程中，New 函数做了两件事：

（1）调用 new 函数（此处 new 函数是内置函数，非 list 包中的 New 函数）为 List 实例分配内存空间，并返回引用该地址的指针。

（2）得到 List 实例的指针后，调用 Init 方法，初始化空链表。

Init 方法的源代码如下：

```
func (l *List) Init() *List {
    l.root.next = &l.root
    l.root.prev = &l.root
    l.len = 0
    return l
}
```

此方法让 List 内部的 root 元素（此元素仅作为占位符使用，非实际元素）的 prev、next 指针都引用自己，形成一个闭环，并把链表的长度设置为 0，如图 11-1 所示。

假设链表中插入了元素 A，那么 root 元素对自身的引用闭环被打开，加入了元素 A。由于链表中只有元素 A（链表长度为 1），所以不管是从链表的首部插入，还是从尾部插入，元素 A 的位置都一样，如图 11-2 所示。

图 11-1　root 元素自我引用

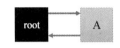

图 11-2　插入元素 A 后

在链表的尾部插入元素 B、C 后，得到的链表如图 11-3 所示。

注意这里面末位元素 C 与 root 元素之间也是首尾相接的，但 root 元素仅作为链表开头与结尾的标志，不能作为实际元素来访问。

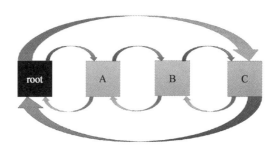

图 11-3 在链表尾部插入数据后

如果在链表的首部插入元素 D,那么元素 D 将位于 root 与 A 之间,如图 11-4 所示。

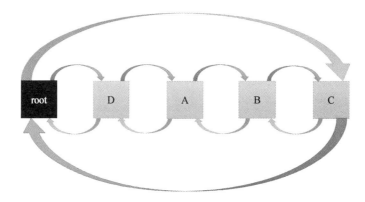

图 11-4 在链表首部插入元素 D 后

11.2.3 添加和删除元素

双向链表可以用四种方式来添加元素:

(1)插入元素到链表首部。

(2)追加元素到链表末尾。

(3)在某个元素之前插入元素。

(4)在某个元素之后插入元素。

下面通过一个完整的示例来加以演示。

步骤 1:定义 printElems 函数,用于向屏幕输出某个链表实例的所有元素。

```go
func printElems(ls * list.List) {
    for x := ls.Front(); x != nil; x = x.Next() {
        fmt.Printf(" % v ", x.Value)
    }
}
```

步骤 2：初始化双向链表实例。

```
var mylist = list.New()
```

步骤 3：在链表首部添加一个元素。

```
mylist.PushFront(100)
```

步骤 4：在链表的末尾再添加三个元素，然后输出一次链表中的元素（调用 printElems 函数）。

```
mylist.PushBack(200)
mylist.PushBack(300)
mylist.PushBack(400)
fmt.Print("此时链表中有四个元素:")
printElems(mylist)
```

步骤 5：在链表的首部再插入一个元素，然后再输出一遍链表的元素。

```
mylist.PushFront(90)
fmt.Print("\n在首部插入元素:")
printElems(mylist)
```

步骤 6：在倒数第二个元素的前面插入一个元素。

```
last := mylist.Back()                        // 最后一个元素
x := last.Prev()                             // 倒数第二个元素
mylist.InsertBefore(700, x)
```

步骤 7：在第一个元素的后面插入元素。

```
first := mylist.Front()                      // 第一个元素
mylist.InsertAfter(800, first)
```

步骤 8：运行示例代码，得到的结果如下：

```
此时链表中有四个元素:100   200   300   400
在首部插入元素:90   100   200   300   400
在倒数第二个元素前插入元素:90   100   200   700   300   400
在第一个元素后插入元素:90   800   100   200   700   300   400
```

PushFront、PushBack、InsertBefore、InsertAfter 等方法在调用后会返回指向新元素的指针。如果需要在代码中访问这些元素，可以定义变量去接收这些返回值。

要删除某个元素，可以调用 Remove 方法。调用后，指定的元素将从链表中删除，并且返回被删除元素的值。

下面代码中,先向链表添加四个元素,然后逐一删除。

```
// 初始化双向链表实例
theList := list.New()
// 添加四个元素
e1 := theList.PushBack("a-b-c-d")
e2 := theList.PushBack("h-i-j-k")
e3 := theList.PushBack(-5000)
e4 := theList.PushBack(-3000)
// 即将删除元素
fmt.Printf("链表中已存元素个数:%d\n", theList.Len())

// 删除第一个元素
val1 := theList.Remove(e1)
fmt.Printf("删除【%v】后,还剩%d个元素\n", val1, theList.Len())

// 删除第二个元素
val2 := theList.Remove(e2)
fmt.Printf("删除【%v】后,还剩%d个元素\n", val2, theList.Len())

// 删除第三个元素
val3 := theList.Remove(e3)
fmt.Printf("删除【%v】后,还剩%d个元素\n", val3, theList.Len())

// 删除第四个元素
val4 := theList.Remove(e4)
fmt.Printf("删除【%v】后,还剩%d个元素\n", val4, theList.Len())
```

上述代码中,由于调用 Remove 方法时需要引用已存入链表的四个元素,所以在调用 PushBack 方法时定义新的变量来接收新元素的指针。

运行结果如下:

```
链表中已存元素个数:4
删除【a-b-c-d】后,还剩 3 个元素
删除【h-i-j-k】后,还剩 2 个元素
删除【-5000】后,还剩 1 个元素
删除【-3000】后,还剩 0 个元素
```

如果在调用 PushBack 方法时没有定义新的变量来接收新元素的指针,也可以通过元素的链接关系来删除。

假设链表存放有元素:A、B、C、D、E、F。以下两种方案均可以删除所有元素:

(1) 从前向后删除:调用 Front 方法获取 A 的引用,删除 A 后,剩下 B、C、D、E、F,再调用 Front 方法获取 B 的引用(此时链表中的第一个元素是 B),然后把 B 删除,通过 Front 方法获取 C 的引用,然后删除 C······直到 F 被删除。

(2) 从后向前删除:调用 Back 方法获取链表中 F 的引用(最后一个元素),将 F 删除,再通过 Back 方法获取 E 的引用(此时链表中最后一个元素是 E),将 E 删除,再调用 Back

方法获取 D 的引用,然后删除 D……直到 A 被删除。

下面的代码初始化了一个双向链表对象,然后添加五个元素。

```
var myls = list.New()
// 添加五个元素
// -1、-2、-3、-4、-5
myls.PushFront(-5)
myls.PushFront(-4)
myls.PushFront(-3)
myls.PushFront(-2)
myls.PushFront(-1)
```

从前向后逐一删除元素。

```
for e := myls.Front(); e != nil; e = myls.Front() {
    tmp := myls.Remove(e)
    fmt.Printf("已删除 %v\n", tmp)
}
```

执行代码后,输出结果如下:

```
已删除 -1
已删除 -2
已删除 -3
已删除 -4
已删除 -5
```

也可以从后向前来删除元素。

```
for e := myls.Back(); e != nil; e = myls.Back() {
    tmp := myls.Remove(e)
    fmt.Printf("已删除 %v\n", tmp)
}
```

输出结果如下:

```
已删除 -5
已删除 -4
已删除 -3
已删除 -2
已删除 -1
```

11.2.4 移动元素

在双向链表中,元素有四种移动方式:

(1) 移到链表的首位(最前)。

（2）移到链表的末位（最后）。

（3）移到某个元素的前面。

（4）移到某个元素的后面。

下面示例将通过移动元素的方法来反转链表中的元素顺序。

步骤 1：初始化链表实例。

```
var ls = list.New()
```

步骤 2：向链表添加五个元素。

```
ls.PushBack(1)
ls.PushBack(2)
ls.PushBack(3)
ls.PushBack(4)
ls.PushBack(5)
```

步骤 3：获取第一、二、四、五个元素的引用。在反转元素顺序过程中，第三个元素的位置不需要改变，因此没有必要获取第三个元素的引用。

```
// 获取第一个、最后一个元素的引用
first, last := ls.Front(), ls.Back()

// 获取第二个、第四个元素的引用
second, fourth := first.Next(), last.Prev()
```

步骤 4：将第二个元素移动到第四位，即最后一个元素之前。

```
ls.MoveBefore(second, last)
```

步骤 5：将第四个元素移到第二位，即第一个元素的后面。

```
ls.MoveAfter(fourth, first)
```

步骤 6：将第一个和最后一个元素的位置互换。第一个元素移到链表的末尾，最后一个元素移到链表的首部。

```
ls.MoveToFront(last)
ls.MoveToBack(first)
```

步骤 7：链表原来的元素顺序如下：

```
1 2 3 4 5
```

步骤 8：移动元素后，链表中的元素顺序如下：

```
5 4 3 2 1
```

11.2.5 枚举链表元素

List 对象不能使用 for…range 语句来枚举元素,因为它与数组、切片不同。链表中的元素是通过 prev、next 两个指针的引用关系来确定元素顺序的。

不过,枚举链表元素是可以使用 for 语句的,实现思路有两种:

(1)调用链表实例的 Front 方法获得第一个元素的引用,然后通过元素的 Next 方法获取第二个元素的引用,再通过第二个元素的 Next 方法获取第三个元素的引用……直到到达链表的尾部(Next 方法返回 nil,即空指针)。

(2)调用链表实例的 Back 方法获取最后一个元素的引用,然后通过 Prev 方法获取倒数第二个元素的引用,再通过倒数第二个元素的 Prev 方法获取倒数第三个元素的引用——直到到达链表的首部(Prev 方法返回 nil)。

下面代码分别演示两种枚举方法。

```
// 初始化双向链表
var lst = list.New()

// 向链表添加元素
lst.PushBack(1000)
lst.PushBack(2000)
lst.PushBack(3000)
lst.PushBack(4000)
lst.PushBack(5000)
lst.PushBack(6000)

// 第一种枚举方法:头 --> 尾
fmt.Print("从头到尾枚举:")
for e : = lst.Front(); e != nil; e = e.Next() {
    fmt.Printf("% v ", e.Value)
}
fmt.Print("\n")

// 第二种枚举方法:尾 --> 头
fmt.Print("从尾到头枚举:")
for e : = lst.Back(); e != nil; e = e.Prev() {
    fmt.Printf("% v ", e.Value)
}
fmt.Print("\n")
```

运行结果如下:

```
从头到尾枚举:1000   2000   3000   4000   5000   6000
从尾到头枚举:6000   5000   4000   3000   2000   1000
```

11.3　环形链表

环形链表没有起点与终点,所有元素组成一个封闭的圆环结构。元素指针在环形链表中可以无限循环移动。

如图 11-5 所示,A、B、C、D、E 组成环形链表。

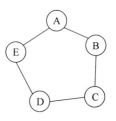

假设当前指针位于元素 A 处,指针向前移动,可以访问元素 A、B、C、D、E、A、B、C……由于环形链表没有首尾之分,所以如果指针一直向前移动,它就会循环访问元素,如图 11-6 所示。

假设指针位于元素 D 处,并且向后移动,那么访问元素的顺序为 D、C、B、A、E、D、C、B……如图 11-7 所示。

图 11-5　包含五个元素的环形链表

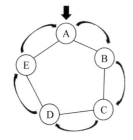

图 11-6　指针从 A 开始向前访问元素

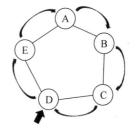

图 11-7　指针从 D 开始向后访问元素

11.3.1　与环形链表有关的 API

用于构建和操作环形链表的 API 位于 container/ring 包中。此包中只有一个名为 Ring 的结构体,其源代码如下:

```
type Ring struct {
    next, prev     *Ring
    Value          interface{}
}
```

一个 Ring 实例表示环形链表中的单个元素。next 字段引用当前元素后面的一个元素,prev 字段引用的是当前元素的前一个元素。Value 字段存放当前元素的值。

Ring 结构体还包含以下方法:

(1) Len:返回环形链表中元素的个数。

(2) Next:返回后一个元素的引用。

(3) Prev:返回前一个元素的引用。

(4) Move:滚动环形链表中的元素。滚动的元素个数为 n % r.Len(),即传入参数 n 除以链表元素个数后的余数。这是因为环形链表的元素是循环访问的,取余的目的是排除重复的"圈数",得到实际移动的元素个数。

（5）Link：将另一个环形链表链接到当前链表中,形成新的链表。

（6）Unlik：从当前链表中解除 n 个元素的链接。n 的实际使用值也是 n ％ r.Len(),
同理也是为了排除重复的"圈数"。

（7）Do：指定一个自定义函数,环形链表会为每个元素调用一次该函数,并把元素的值
传递给函数。

Ring 实例是通过 New 函数初始化的,该函数的源代码如下：

```go
func New(n int)  * Ring {
    if n <= 0 {
        return nil
    }
    r := new(Ring)
    p := r
    for i := 1; i < n; i++{
        p.next = &Ring{prev: p}
        p = p.next
    }
    p.next = r
    r.prev = p
    return r
}
```

参数 n 指定环形链表中的元素个数,返回的 Ring 指针表示链表的当前位置,默认是第
一个元素。

New 函数中的核心是这一段 for 循环。

```go
for i := 1; i < n; i++{
    p.next = &Ring{prev: p}
    p = p.next
}
```

此循环代码的作用是创建与 n 数目相等的 Ring 实例,并且让它相互链接,即 A 的 next
指针指向 B,B 的 prev 指针指向 A。

还有一步,就是把最后一个元素与第一个元素链接起来,这样才能形成闭环。

```go
p.next = r
r.prev = p
```

11.3.2　使用环形链表

下面演示一下环形链表的用法。

步骤 1：调用 New 函数，初始化链表。

```
var myring = ring.New(5)
```

创建一个包含 5 个元素的环形链表，myring 是指向第一个元素的指针。

步骤 2：为链表中的元素设置 Value 字段（即元素的值）。由于环形链表是首尾相接的，所以要先调用 Len 方法得到元素个数，然后通过 for 循环来逐个对元素赋值。

```
n := myring.Len()                    // 元素个数
pt := myring                         // 临时指针
v := 'A'
for x := 0; x < n; x++{
    pt.Value = v
    pt = pt.Next()
    v++
}
```

为了保证 myring 指针始终指向第一个元素，定义了一个变量 pt 用于临时存放指向其他元素的指针。每一轮循环结束前都调用元素的 Next 方法获取下一个元素的指针，并重新赋值给变量 pt。

步骤 3：通过循环向屏幕输出链表中的元素。

```
pt = myring
for n := 0; n < 15; n++{
    fmt.Printf("%c ", pt.Value)
    pt = pt.Next()
}
```

上述代码循环输出 15 次，链表中只有 5 个元素，但因为元素是首尾相接的，所以会不断地循环读取元素。

运行代码后会发现，链表中的元素被循环输出了三次。

```
A B C D E A B C D E A B C D E
```

11.3.3 滚动环形链表

调用 Move 方法可以让环形链表滚动指定数量的元素，并且返回目标元素的指针。由于环形链表不区分首尾元素，为了排除重复的循环，实际被滚动的元素个数会变为 n % Len()。如果 n≥0，表示元素向前滚动；否则元素将向后滚动。

请看下面示例。

```
var r = ring.New(4)

n := r.Len()                         // 链表长度为4
p := r                               // 临时指针
```

```
// 元素列表:1、2、3、4
for i : = 0; i < n; i++{
    p.Value = i + 1                    // 设置元素的值
    p = p.Next()                       // 转到下一个元素
}

rx : = r.Move(18)                      // 实际移动 18 % 4 个元素
fmt.Print(rx.Value)
```

环形链表中有 4 个元素,元素值依次为 1、2、3、4。变量 r 指向元素 1,链表向后滚动 18 个元素。由于 18 % 4 的结果为 2,所以链表向后滚动过程中,有 4 次重新回到元素 1,之后再向后滚动两个元素。因此最终返回的是元素 3 的指针,如图 11-8 所示。

再看一个向后滚动链表的示例。

```
var r = ring.New(5)                    // 初始化链表实例

// 给链表中的元素赋值
// 元素列表:item - 1、item - 2、item - 3、item - 4、item - 5
n : = r.Len()
p : = r
for i : = 0; i < n; i++{
    p.Value = fmt.Sprintf("item - % d", i + 1)
    p = p.Next()
}

// 滚动链表
rx : = r.Move( - 3)
```

在调用 Move 方法时,传递给参数 n 的值是 −3,由于是负值,链表会向后滚动 3 个元素。所以 Move 方法返回的是 item−3 元素。其过程可以参考图 11-9。

图 11-8　链表向前滚动 18 个元素

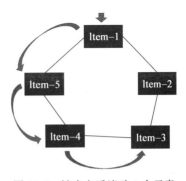

图 11-9　链表向后滚动 3 个元素

11.3.4　链接两个环形链表

调用 Ring 实例的 Link 方法可以把当前链表与另一个链表进行链接,类似于把两个链表组合成一个新的链表。可以通过一个例子来理解其链接过程。

步骤 1:初始化链表 r 和 s。其中,r 包含 3 个元素——A、B、C; s 包含两个元素——D、E。

```
var r = ring.New(3)

n := r.Len()
p := r
c := 'A'
for i := 0; i < n; i++{
    p.Value = c
    p = p.Next()
    c++
}

var s = ring.New(2)

n = s.Len()
p = s
for i := 0; i < n; i++{
    p.Value = c
    p = p.Next()
    c++
}
```

变量 c 在初始化时赋值为“A”,属于 rune 类型,而 rune 类型实际上是 int32 类型的别名,因此表达式 c++可以让字符对应的 ASCII 码增加 1。当 c 的值为“A”时,c++就变成了“B”,再执行一次 c++就变成“C”。

步骤 2:把 r 和 s 链表链接起来,返回新的链表对象 nr。

```
nr := r.Link(s)
```

链接后得到的新链表为 B、C、A、D、E。

链接前,链表 r 的指针位于元素 A 处,链表 s 的指针位于元素 D 处。调用 r 的 Link 方法就是把元素 D、E 插入到元素 A、B 之间。链接完成,指针位于插入的最后一个元素的下一个元素处,也就是元素 E 的下一个元素——B。可以使用图 11-10 和图 11-11 来模拟此过程。

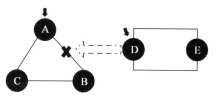

图 11-10　链接前

步骤 3:如果希望链接后的元素次序变为 A、B、C、D、E,那么,链表 r 要先把指针移到元素 C 上,然后与链表 s 链接,使元素 D、E 插入到 A 跟 C 之间。链接之后指针指向元素 A。

```
r = r.Move(2)              // 向前移动两个元素,指针指向元素 C
nr : = r.Link(s)
```

同样,可以模拟该过程,如图 11-12 和图 11-13 所示。

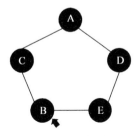

图 11-11　链接之后

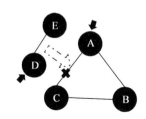

图 11-12　将 D、E 插入到 A 和 C 之间

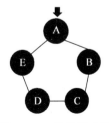

图 11-13　链接完成后

【思考】

1. 如何创建 key 为 string 类型,value 为 int8 类型的 map 实例?

2. 双向链表如何移动某个元素?

第 12 章

反　　射

本章主要内容如下：

- 获取类型信息；
- Value 与对象的值；
- 动态构建类型；
- 结构体的 Tag。

微课视频

12.1　关键 API

反射技术可以在程序运行阶段获取对象实例的类型信息，也可以动态创建指定类型的实例。

reflect 包提供了反射所需要的 API。其中，Type 和 Value 这两个类型是核心。Type 用于获取对象所属的类型信息，Value 用于获取与对象的值有关的信息。

Type 类型被定义为接口，其结构如下：

```
type Type interface {
......
    Method(int) Method
    MethodByName(string) (Method, bool)
    NumMethod() int
    Name() string
......
    String() string
    Kind() Kind
......
}
```

实现 Type 接口的类型为 rtype。rtype 仅在 reflect 包的内部使用，外部代码只能通过 Type 接口来访问相关成员。Type 中比较常用的方法如下。

（1）Kind：获取该 Type 所代表的类型。Kind 的值由一系列常量组成，具体如下：

```
type Kind uint

const (
```

```
            Invalid Kind = iota
            Bool
            Int
            Int8
            Int16
            Int32
            Int64
            Uint
            Uint8
            Uint16
            Uint32
            Uint64
            Uintptr
            Float32
            Float64
            Complex64
            Complex128
            Array
            Chan
            Func
            Interface
            Map
            Ptr
            Slice
            String
            Struct
            UnsafePointer
    )
```

在程序运行阶段做类型分析时,Kind 常量尤其有用。例如,要判断某个对象是否为 bool 类型时,可以这样写:

```
if t.Kind() == reflect.Bool {
    ......
}
```

(2) NumIn:如果类型为函数,那么该方法将返回函数的参数个数。

(3) NumOut:如果类型为函数,那么该方法可以获取函数返回值的个数。

(4) In:如果类型为函数,那么该方法获取某个参数的类型信息。

(5) Out:如果类型为函数,那么该方法获取某个返回值的类型信息。

(6) NumField:如果类型为结构体,那么该方法获取此结构体的字段数量。

(7) FieldByName、FieldByNameFunc、Field、FieldByIndex:如果类型为结构体,那么该方法返回某个字段的信息。

(8) Len:如果类型为数组,那么该方法返回该数组的长度。

(9) Key:如果类型为映射,那么该方法返回其 key 的类型信息。例如,map[string]int,调用 Key 方法会获得 string 类型的信息。

（10）IsVariadic：如果类型为函数，那么该方法判断函数的最后一个参数是否为个数可变的参数（即带"…"的参数）。如果是，则返回 true,否则返回 false。

（11）Elem：如果类型为指针，则返回其非指针类型的信息。例如,如果类型为 * int,那么返回的就是 int 的类型信息。

（12）NumMethod：返回类型所包含的方法数量。

（13）Method、MethodByName：查找类型中的某个方法。

（14）ChanDir：如果类型是通道（channel）,就返回此通道的方向（可收发数据、仅发送数据或仅接收数据）。

（15）Implements：判断当前类型是否实现了某个接口。

Value 是结构体类型，它没有定义对外公开的字段，只能通过一系列方法来访问。Value 表示与对象的值有关的信息。以下方法用于获取 Value 中所关联的值：

（1）Int：如果此对象的值为 int、int8、int16、int32、int64 类型，那么该方法将返回该值。

（2）Uint：如果对象的值为 uint、uint8、uint16、uint32、uint64 类型，那么该方法就返回该值。

（3）String：如果对象的值为 string 类型，该方法就以字符串形式返回该值。

（4）Float：如果对象的值为 float32 或 float64 类型，则该方法将其返回。

（5）Index：如果对象的值是数组、切片或字符串类型，则该方法返回指定索引处的值，类似于 a[0]、a[1]。

（6）Bool：如果对象的值是 bool 类型，那么该方法将该值返回。

（7）Interface：返回对象的值，但以 interface{} 类型来呈现。相当于：

```
var x interface{} = 100
```

（8）Len：如果对象的值是数组、切片、字符串、映射、通道类型，该方法就会返回其长度，类似 len(x)。

（9）MapKeys：如果值是映射类型，该方法将返回对象中所有 key 的集合，类型为[]Value。

（10）Method、MethodByName：返回对象中某个方法所引用的函数实例。

（11）Field、FieldByIndex、FieldByName：如果对象是结构体类型，该方法就返回其实例中指定字段的值。

Value 类型也可以用来设置其关联对象的值，类似于赋值语句。

```
x = va
```

用于设置对象值的方法都是以"Set"开头的，例如：

（1）Set：直接将另一个 Value 对象赋值给当前的 Value 对象。

（2）SetBool：为对象设置 bool 类型的值。

（3）SetBytes：设置字节序列。

（4）SetFloat：设置浮点类型的值。

（5）SetInt：设置整数值。对象类型为 int、int8、int16、int32、int64 的均可使用。

（6）SetString：设置字符串类型的值。

（7）SetMapIndex：设置映射类型的元素，包含 key 和元素的值。

（8）SetUint：设置无符号整数值，对象类型为 uint、uint8、uint16、uint32、uint64 的均可使用。

以上所列举内容仅仅摘取了 Type 和 Value 两种类型的部分成员，其目的是让读者能够对这些核心类型有个初步的印象。读者也不需要刻意去记住这些 API，只要在日常编程中多使用，自然就能记下来的。完整的 API 列表可以通过以下命令来查看：

```
go doc - all reflect.Type          // 查看 Type 类型的成员列表
go doc - all reflect.Value         // 查看 Value 类型的成员列表
```

go doc 命令的功能就是在控制台打印帮助文档，加上-all 选项可以显示各个成员的注释（说明信息），如果去掉-all 选项，就只打印成员列表的声明代码，无注释内容。

12.2 获取类型信息

调用 TypeOf 函数，会返回一个 Type 对象，其中包含了对象所属类型相关的信息。例如，假设定义变量 a，类型为 uint16，赋值为 2800。

```
var a uint16 = 2800
```

调用 TypeOf 函数来获取与 uint16 类型关联的 Type 实例。

```
var tp reflect.Type = reflect.TypeOf(a)
```

然后尝试向屏幕输出类型信息。

```
fmt.Printf("类型名称: % s\n", tp.Name())
fmt.Printf("占用内存大小(字节): % d\n", tp.Size())
fmt.Printf("占用内存大小(位): % d\n", tp.Bits())
```

得到的输出结果如下：

```
类型名称:uint16
占用内存大小(字节):2
占用内存大小(位):16
```

12.2.1 类型分辨

Type.Kind 方法返回 reflect.Kind 类型的值，它是以 uint 为基础定义的，通过一系列常量值来为各种数据类型定义标识。分辨对象的数据类型是运用反射技术的基础。

下面代码首先定义了一个 checkType 函数，它的输入参数定义为空接口类型，使其能

够接收任意类型的对象实例。然后在函数内部调用 TypeOf 函数获取与对象类型相关的
Type 实例,再通过 Type 实例的 Kind 方法得到 Kind 常量值。最后,使用 switch…case 语
句分析此 Kind 常量值,实现在运行阶段动态得知对象的类型。

```go
func checkType(o interface{}) {
    var tp = reflect.TypeOf(o)
    // 分析类型
    switch tp.Kind() {
    case reflect.Bool:
        fmt.Println("布尔类型")
    case reflect.Int, reflect.Int8, reflect.Int16, reflect.Int32, reflect.Int64:
        fmt.Println("有符号整数")
    case reflect.Uint, reflect.Uint8, reflect.Uint16, reflect.Uint32, reflect.Uint64:
        fmt.Println("无符号整数")
    case reflect.Float32, reflect.Float64:
        fmt.Println("浮点数")
    case reflect.String:
        fmt.Println("字符串")
    case reflect.Struct:
        fmt.Println("结构体")
    case reflect.Interface:
        fmt.Println("接口")
    case reflect.Array:
        fmt.Println("数组")
    case reflect.Slice:
        fmt.Println("切片")
    case reflect.Map:
        fmt.Println("映射")
    case reflect.Complex64, reflect.Complex128:
        fmt.Println("复数")
    case reflect.Ptr:
        fmt.Println("指针")
    case reflect.Func:
        fmt.Println("函数")
    case reflect.Chan:
        fmt.Println("通道")
    default:
        fmt.Println("其他类型")
    }
}
```

定义一些变量,使用 checkType 函数分辨出它们各自所属的类型。

```go
// 32 位无符号整数
var a uint32
fmt.Print("变量 a:")
checkType(a)
```

```
// 指针类型( * uint32)
var pa = &a
fmt.Print("变量 pa:")
checkType(pa)

// 函数类型
var b = func() { }
fmt.Print("变量 b:")
checkType(b)

// 匿名的结构体
var c struct{ X,Y int32; Z rune }
fmt.Print("变量 c:")
checkType(c)

// 布尔类型
var d bool
fmt.Print("变量 d:")
checkType(d)

// 通道类型(chan)
var e chan <- int
fmt.Print("变量 e:")
checkType(e)

// 映射类型
var f = map[uint]string {1:"abc", 2:"opq", 3:"jkl"}
fmt.Print("变量 f:")
checkType(f)

// 数组类型
var g = [2]string{ "time", "code" }
fmt.Print("变量 g:")
checkType(g)

// 切片类型
var h = g[:]
fmt.Print("变量 h:")
checkType(h)
```

示例代码运行结果如下：

```
变量 a:无符号整数
变量 pa:指针
变量 b:函数
变量 c:结构体
变量 d:布尔类型
变量 e:通道
```

```
变量 f:映射
变量 g:数组
变量 h:切片
```

12.2.2　枚举结构体类型的方法列表

使用 Type 类型的 Method 方法可以返回目标类型在指定索引处的方法对象。索引值从 0 开始计算,但不能超过有效范围。调用 NumMethod 方法可以获取类型中所包含方法成员的数量。

方法类型由 Method 结构体封装,其定义如下:

```
type Method struct {
    Name        string
    PkgPath     string

    Type        Type
    Func        Value
    Index       int
}
```

Name 字段表示方法成员的名称;PkgPath 字段表示方法成员所在的包路径,此值仅供非公共方法(方法名称的首字母小写)使用,对于公共方法(方法名称的首字母大写)而言,PkgPath 字段是空值;Type 字段包含方法成员所对应的函数类型;Value 字段为方法所引用的函数实例;Index 字段表示该方法在目标类型的方法集合中的索引。

若仅仅是枚举目标类型的方法列表,一般会用到 Name、Type 两个字段。

接下来看一个例子。

步骤 1:定义 photoPlayer 结构体,它包含两个方法——Start 和 Stop。

```
type photoPlayer struct { }
func (x photoPlayer) Start() { }
func (x photoPlayer) Stop(isclosing bool) int { return 0 }
```

步骤 2:定义变量 obj,并用 photoPlayer 实例进行初始化。

```
var obj = photoPlayer{ }
```

步骤 3:调用 TypeOf 函数获取与变量 obj 相关的 Type 对象。

```
ty := reflect.TypeOf(obj)
```

步骤 4:获取结构体中包含方法成员的个数,稍后用于枚举方法成员。

```
var mn = ty.NumMethod()
```

步骤 5：结合 for 循环与 Type.Method 方法，枚举出 photoPlayer 结构体中的方法成员。

```
for i := 0; i < mn; i++{
    mt := ty.Method(i)
    fmt.Printf("方法名称:%s\n", mt.Name)
    fmt.Printf("方法的函数类型:%v\n", mt.Type)
}
```

步骤 6：执行结果如下：

```
类型:photoPlayer

方法名称:Start
方法的函数类型:func(main.photoPlayer)
方法名称:Stop
方法的函数类型:func(main.photoPlayer, bool) int
```

实例方法的函数签名中，会把方法所属的类型对象作为第一个参数。在本示例中，参数类型为 main 包中的 photoPlayer 结构体。

也可以使用 MethodByName 方法，通过方法成员的名称进行查找。此函数有两个返回值——第一个返回值是查找到的方法成员，第二个返回值是布尔值。如果返回值中的布尔值为 true，表示已查找到方法成员；若为 false，则表示未查找到指定名称的方法成员。

下面的示例将使用 MethodByName 方法查找指定名称的方法成员。

步骤 1：定义新类型 keyInput，包含 GetKeycode、SendKey 方法。

```
type keyInput struct {
    keycode int32
}
func (ki keyInput) GetKeycode() int32 {
    return ki.keycode
}
func (ki keyInput) SendKey(key int32) { }
```

步骤 2：定义变量，类型为 keyInput。

```
var obj keyInput
```

步骤 3：调用 TypeOf 函数，获取 Type 对象。

```
thetp := reflect.TypeOf(obj)
```

步骤 4：尝试查找 SendKey 方法。

```
var methodTofind = "SendKey"
m, ok := thetp.MethodByName(methodTofind)
if ok {
    // 如果找到就输出方法的信息
```

```
        fmt.Printf("方法%s的函数签名:%v\n", m.Name, m.Type)
    } else {
        // 如果找不到,输出错误信息
        fmt.Printf("%s类型中不存在%s方法\n", thetp.Name(), methodTofind)
    }
```

如果变量 ok 的值为 true,表明已找到 SendKey 方法,此时可以通过变量 m 来获取方法成员信息;如果变量 ok 的值为 false,表明未找到 SendKey 方法,代码就不再需要去访问变量 m 了。

步骤 5:再试着查找 Copy 方法。

```
methodTofind = "Copy"
m, ok = thetp.MethodByName(methodTofind)
if ok {
    fmt.Printf("方法%s的函数签名:%v\n", m.Name, m.Type)
} else {
    fmt.Printf("%s类型中不存在%s方法", thetp.Name(), methodTofind)
}
```

步骤 6:由于 keyInput 结构体中存在 SendKey 方法,但不存在 Copy 方法,所以示例程序在运行后会输出 SendKey 方法的信息,而不会输出 Copy 方法的信息。

```
方法 SendKey 的函数签名:func(main.keyInput, int32)
keyInput 类型中不存在 Copy 方法
```

在枚举类型的方法成员时,要注意一点:非公共方法成员是无法被访问的。就像下面的例子,类型 Demo 中包含 doWork 方法(首字母为小写,非公共成员),但是,通过反射技术获取不到该方法的信息。

```
type Demo struct { }
func (d Demo) doWork() { }

func main() {
    var obj Demo
    t := reflect.TypeOf(obj)
    mt,ok := t.MethodByName("doWork")
    if ok {
        fmt.Printf("方法:%s\n", mt.Name)
    }
}
```

12.2.3 枚举结构体类型的字段列表

获取结构体类型的字段信息,方法与获取方法列表近似。
字段信息由 StructField 结构体封装,其定义如下:

```
type StructField struct {
    // 字段名称
    Name        string
    PkgPath     string
    // 字段的类型
    Type        Type
    ......
}
```

其中比较重要的成员是 Name 和 Type 字段,分别表示字段的名称与所属的类型。

下面示例演示如何获取结构体类型的字段列表。

步骤 1:定义 test 结构体,它包含两个字段。其中,m 字段为非公共成员,C 字段为公共成员。

```
type test struct {
    m int
    C string
}
```

步骤 2:定义 test 类型的变量。

```
var vx test
```

步骤 3:获取 Type 对象。

```
tp := reflect.TypeOf(vx)
```

步骤 4:获取字段成员的数量。

```
fdnums := tp.NumField()
```

步骤 5:使用 for 循环枚举 test 结构体的字段成员。

```
for x := 0; x < fdnums; x++{
    fdmember := tp.Field(x)
    // 向屏幕打印文本
    fmt.Printf("字段名称:% s\n", fdmember.Name)
    fmt.Printf("类型:% v\n", fdmember.Type)
    fmt.Printf("程序包路径:% s\n", fdmember.PkgPath)
    fmt.Println()
}
```

Field 方法返回指定索引处的字段信息。索引从 0 开始计算,顺序与字段成员定义的顺序一致。例如在本示例中,test 结构体定义的第一个字段为 m,第二个字段为 C,因此 m 的索引为 0,C 的索引为 1。

步骤6：运行示例代码，将得到以下结果：

```
字段名称:m
类型:int
程序包路径:main

字段名称:C
类型:string
程序包路径:
```

在字段信息中，PkgPath 成员比较特殊。如果被枚举的字段成员是公共成员（首字母大写），那么 PkgPath 的值将被设置为空白字符串；如果此字段成员是非公共成员（首字母小写），那么 PkgPath 的值将表示该字段所在包的路径。在本示例中，m 字段是非公共成员，因此 PkgPath 的值为 main，即 m 字段位于 main 包中。

12.2.4 查找嵌套结构体的字段成员

StructField 结构体中有个 Index 字段，它定义为[]int 类型。

```go
type StructField struct {
    Name string
    PkgPath string
    Type        Type
    ......
    Index       []int
    ......
}
```

Index 表示某字段在结构体字段列表中的索引，此索引由字段的定义顺序决定。对于常规的结构体类型，Index 中只有一个索引值。例如：

```go
type someData struct {
    X uint
    Y uint
    Z int64
}
```

X 字段的索引为 0，Y 字段的索引为 1，Z 字段的索引为 2。

当结构体类型中嵌套有其他类型时，Index 中就会出现多个索引值。例如：

```go
type task struct {
    ID uint16
    Desc string
}


type exeTask struct {
```

```
    Code int32
    task
}
```

上述代码中,exeTask 结构体中嵌套了 task 结构体。此时,如果查找出 Desc 字段,那么它就会存在两个索引值。首先,task 内嵌在 exeTask 中,成了匿名的字段,其索引为 1；随后再从 task 中查找 Desc 字段,它在 task 中的索引也是 1。最终,从 exeTask 类型中查找出 Desc 字段的索引为[1,1]。

要在嵌套的结构体类型中查找字段成员,应当使用 Type. FieldByName 或者 FieldByIndex 方法。

请看下面例子。

步骤 1：定义 address 结构体。

```
type address struct {
    Province string
    City string
    Town string
}
```

步骤 2：定义 person 结构体,内部嵌套了 address 结构体。

```
type person struct {
    Name string
    Age uint8
    address
}
```

步骤 3：定义 employee 结构体,内部嵌套了 person 结构体。

```
type employee struct {
    person
    Department string
    Code uint64
}
```

步骤 4：定义新变量,类型为 employee。

```
var emp employee
```

步骤 5：获取与类型相关的 Type 对象。

```
tp := reflect.TypeOf(emp)
```

步骤 6：通过 FieldByName 方法查找名为 Age 的字段。

```
fdName,ok := tp.FieldByName("Age")
```

```
if ok {
    fmt.Printf("%s字段的索引:%v\n", fdName.Name, fdName.Index)
}
```

Age 字段是 person 类型的成员,而 person 内嵌在 employee 类型,所以 Age 字段应当有两个索引值:第一个是 person 类型内嵌在 employee 类型中的索引 0;第二个是 Age 字段在 person 类型中的索引 1。

代码执行后屏幕上输出的内容如下:

```
Age 字段的索引:[0 1]
```

步骤 7:查找 City 字段。

```
fdCity,ok := tp.FieldByName("City")
if ok {
    fmt.Printf("%s字段的索引:%v\n", fdCity.Name, fdCity.Index)
}
```

City 字段的索引有三个值:第一个是 person 类型在 employee 类型中的索引 0;第二个是 address 类型在 person 类型中的索引 2;第三个是 City 字段在 address 类型中的索引 1。因此,City 字段的索引为[0,2,1]。代码运行结果如下:

```
City 字段的索引:[0 2 1]
```

步骤 8:也可以使用 FieldByIndex 方法直接通过索引来查找字段成员。下面的代码用来查找位于索引[0,2,2]处的字段。

```
theIndex := []int{ 0, 2, 2 }
fdTown := tp.FieldByIndex(theIndex)
fmt.Printf("\n索引为%v的字段信息:\n", theIndex)
fmt.Printf("字段名称:%s\n", fdTown.Name)
fmt.Printf("字段类型:%v\n", fdTown.Type)
```

查找的结果为 Town 字段的信息。

```
索引为[0 2 2]的字段信息:
字段名称:Town
字段类型:string
```

12.2.5　获取函数的参数信息

函数类型的输入参数信息可以通过 Type.In 方法来获取,而返回值信息则可通过 Type.Out 方法来获取。这两个方法都需要提供一个索引值,它代表参数/返回值的位置。在枚举函数类型的参数列表时,Type.In 方法还可以与 NumIn、NumOut 方法搭配使用,以获取函数类型的参数/返回值个数。

下面的示例将演示如何运用反射技术来获取函数类型的参数/返回值信息。

步骤 1：定义 demoFunc 函数，它有三个输入参数，一个返回值。

```
func demoFunc(a string, b uint16, c float64) int32 {
    return 0
}
```

步骤 2：调用 TypeOf 函数，获得与 demoFunc 函数类型相关的 Type 对象。

```
tp := reflect.TypeOf(demoFunc)
```

步骤 3：枚举函数的输入参数。

```
// 获取参数个数
var pmnum = tp.NumIn()
// 枚举输入参数列表
fmt.Println(" ----- 函数的输入参数 ----- ")
for x := 0; x < pmnum; x++{
    var p = tp.In(x)
    fmt.Printf("%d: %s\n", x, p.Name())
}
```

步骤 4：枚举函数的返回值。

```
// 获取返回值个数
var rtnum = tp.NumOut()
// 枚举返回值列表
fmt.Println("\n----- 函数的返回值 ----- ")
for x := 0; x < rtnum; x++{
    r := tp.Out(x)
    fmt.Printf("%d: %s\n", x, r.Name())
}
```

步骤 5：示例运行后，输出结果如下：

```
----- 函数的输入参数 -----
0: string
1: uint16
2: float64

----- 函数的返回值 -----
0: int32
```

12.2.6 获取通道类型的信息

通道类型比较核心的信息是通信方向。在 reflect 包中，ChanDir 类型定义了有效的通信方向。

```
type ChanDir int
```

ChanDir 类型定义的三个常量如下：

（1）RecvDir：表示只能从通道接收数据，即<-chan。

（2）SendDir：表示只能向通道发送数据，即 chan <-。

（3）BothDir：表示既可以向通道发送数据，又可以从通道接收数据，即 chan。

下面的代码定义了两个通道类型的变量：C1 和 C2。随后使用 TypeOf 函数获取相关的 Type 对象，进而通过 Type.ChanDir 方法分析通道类型所支持的通信方向。

```go
var (
    C1 chan uint
    C2 chan <- bool
)

t1 : = reflect.TypeOf(C1)
fmt.Println(" ----- C1 变量 ----- ")
fmt.Printf("通道类型:% s\n", t1.Name())
fmt.Print("通信方向:")
switch t1.ChanDir() {
case reflect.RecvDir:
    fmt.Print("只能从通道接收数据")
case reflect.SendDir:
    fmt.Print("只能向通道发送数据")
case reflect.BothDir:
    fmt.Print("同时支持发送和接收数据")
}

t2 : = reflect.TypeOf(C2)
fmt.Println("\n\n----- C2 变量 ----- ")
fmt.Printf("通道类型:% s\n", t2.Name())
fmt.Print("通信方向:")
switch t2.ChanDir() {
case reflect.RecvDir:
    fmt.Print("只能从通道接收数据")
case reflect.SendDir:
    fmt.Print("只能向通道发送数据")
case reflect.BothDir:
    fmt.Print("同时支持发送和接收数据")
}
```

代码执行后，输出内容如下：

```
----- C1 变量 -----
通道类型:
通信方向:同时支持发送和接收数据
```

```
----- C2 变量 -----
通道类型:
通信方向:只能向通道发送数据
```

12.2.7　判断类型是否实现了某个接口

使用 Type.Implements 方法可以判断类型是否实现了指定的接口。在 Go 语言中,如果类型 T 中存在接口 I 所列出的方法,并且方法的签名相同(参数、返回值的类型和数量完全匹配),那么就会认定 T 实现了接口 I。

Implements 方法返回一个布尔值,若 T 实现了接口 I 就返回 true,否则返回 false。

调用 Implements 方法时需要传递一个表示接口类型的 Type 对象作为输入参数。但是,直接声明接口类型的变量无法获取到有效的 Type 对象。这是因为接口类型自身不能实例化,其变量只能被设置为 nil,nil 无法在 TypeOf 函数中使用。

就算使用实现了接口的实例进行初始化也无法获取到正确的 Type 对象。例如:

```
// 假设 iTest 是接口类型,P 实现了 iTest
var x iTest = P{ }
ty := reflect.TypeOf(x)
```

尽管上述代码能够正常运行,但是 TypeOf 函数返回的 Type 对象是面向 P 类型的,而不是 iTest 接口的 Type。

iTest 接口的 Type 只能以间接的方式获取。具体过程如下面代码所示:

```
pty := reflect.TypeOf(new(iTest))
ty := pty.Elem()
```

new(iTest)函数创建指向 iTest 类型的指针(* iTest),虽然指针没有指向任何实例,但 new 函数会为指针分配初始的内存地址。TypeOf 函数返回的 Type 对象是指针类型,所以要调用它的 Elem 方法获得表示 iTest 类型的 Type(存储在变量 ty 中),如此一来,就可以间接地获取到表示 iTest 接口的 Type 对象了。

下面示例定义了 ball、gymnastics 接口,以及 footBall 结构体。随后运用反射技术来验证 footBall 是否实现了这两个接口。

步骤 1:定义 ball 接口,它包含 Play 方法。

```
type ball interface {
    Play()
}
```

步骤 2:定义 gymnastics 接口,其中包含 Do 方法。

```
type gymnastics interface {
    Do()
}
```

步骤 3：定义 footBall 结构体，其中包含 Play 方法。

```
type footBall struct { }
func (b footBall) Play() {
    fmt.Println("踢足球")
}
```

步骤 4：获取表示 ball、gymnastics 接口的 Type 对象。

```
tpofball = reflect.TypeOf(new(ball)).Elem()
tpofgy = reflect.TypeOf(new(gymnastics)).Elem()
```

先获取指针类型的 Type 对象，然后用 Elem 方法间接获取指针所指向的类型。

步骤 5：获取 footBall 类型的 Type 对象。footBall 是结构体类型，可以直接将它的实例传递给 TypeOf 函数。

```
tpoffb = reflect.TypeOf(footBall{})
```

步骤 6：验证 footBall 类型是否实现了 ball 接口。

```
b := tpoffb.Implements(tpofball)
fmt.Printf("结构体 % s", tpoffb.Name())
if b {
    fmt.Print("实现了")
} else {
    fmt.Print("未实现")
}
fmt.Printf(" % s 接口\n", tpofball.Name())
```

步骤 7：再验证 footBall 类型是否实现了 gymnastics 接口。

```
b = tpoffb.Implements(tpofgy)
fmt.Printf("结构体 % s", tpoffb.Name())
if b {
    fmt.Print("实现了")
} else {
    fmt.Print("未实现")
}
fmt.Printf(" % s 接口\n", tpofgy.Name())
```

步骤 8：示例运行结果如下：

```
结构体 footBall 实现了 ball 接口
结构体 footBall 未实现 gymnastics 接口
```

12.3 Value 与对象的值

调用 ValueOf 函数,可以获得 Go 代码对象值相关的信息。这些信息将由 Value 结构体封装。例如:

```
var nm uint32 = 10000
theVal := reflect.ValueOf(nm)
```

上述代码先定义了变量 nm,类型为 uint32,初始化的值为 10000,接着调用 ValueOf 函数获得一个 Value 对象,最后通过此对象可以在应用程序运行期间进行动态分析,例如:

```
if theVal.Kind() == reflect.Uint32 {
    fmt.Printf("此对象的值:%v\n", theVal.Uint())
}
```

12.3.1 修改对象的值

使用 Value 类型公开的 Set 方法,能在运行时修改某个对象的值。其实现的功能与赋值运算符相同,但通过反射技术进行赋值,在一些需要动态处理的代码逻辑中会比较灵活(例如动态生成函数体逻辑)。

Set 方法是用另一个 Value 对象的值来修改当前 Value 对象的值。在调用 Set 方法前,最好先调用 CanSet 方法,判断对象的值是否允许修改。

请看下面例子:

```
var who string = "小明"
fmt.Printf("变量 who 的原值:%v\n", who)

// 通过反射技术修改变量的值
val := reflect.ValueOf(&who)
if val.Kind() == reflect.String {
    if val.CanSet() {
        val.Set(reflect.ValueOf("小吴"))
    } else {
        fmt.Println("变量 who 不允许被修改")
    }
}

fmt.Printf("修改后,变量 who 的值:%v\n", who)
```

上面代码首先定义变量 who,初始值为"小明",然后通过 ValueOf 函数取得与变量相关的 Value 对象,最后调用 Set 方法尝试将变量 who 的值修改为"小吴"。

可是,运行上述代码后,得到的结果是变量 who 不允许被修改。

```
变量 who 的原值:小明
变量 who 不允许被修改
修改后,变量 who 的值:小明
```

这说明 CanSet 方法返回了 false。此时不妨查看一下 CanSet 方法的源代码。

```
func (v Value) CanSet() bool {
    return v.flag&(flagAddr|flagRO) == flagAddr
}
```

不管 Value 对象所包含的值是否为只读,首先它要满足的条件是——可以引用其内存地址。因为变量在传递过程中会进行自我复制,这会导致后续代码所操作的值已经不是 who 变量自身,而是它的副本。

所以,在调用 ValueOf 函数的时候,应该传递 who 变量的地址。上面代码可以做以下修改。

```
val : = reflect.ValueOf(&who)
// 获取指针指向的对象
val = val.Elem()
if val.Kind() == reflect.String {
    ……
}
```

注意 ValueOf 函数获取的是 who 变量的地址,即其类型为 * string,它的 Kind 方法返回的不是 string,而是 ptr。所以在修改对象值之前,可以调用一次 Elem 方法,获取另一个 Value 对象,它包含 who 变量的实际值。

代码经过修改后,再次运行就能得到正确的结果。who 变量在传递过程中没有进行自我复制,只是传递了它的内存地址,因此它能够被修改。

```
变量 who 的原值:小明
修改后,变量 who 的值:小吴
```

为了方便调用,在 Set 方法之外,Value 类型还公开了以下方法:

```
func (v Value) SetBool(x bool)
func (v Value) SetBytes(x []byte)
func (v Value) SetComplex(x complex128)
func (v Value) SetFloat(x float64)
func (v Value) SetInt(x int64)
func (v Value) SetMapIndex(key, elem Value)
func (v Value) SetPointer(x unsafe.Pointer)
func (v Value) SetString(x string)
func (v Value) SetUint(x uint6
```

int、int8、int16、int32、int64 类型的值统一使用 SetInt 方法来设置;uint、uint8、uint16、uint32、uint64 类型的值统一使用 SetUint 方法来设置;float32、float64 类型的值使用

SetFloat 方法来设置；complex64、complex128 类型的值使用 SetComplex 方法来设置。

下面例子演示了 SetBool 方法的使用。

```go
var bv = false
fmt.Printf("变量的原值:%v\n", bv)

var val = reflect.ValueOf(&bv)
// 获取指针指向的值
var blval = val.Elem()
if blval.Kind() == reflect.Bool && blval.CanSet() {
    blval.SetBool(true)
}

fmt.Printf("变量的最新值:%v\n", bv)
```

12.3.2 读写结构体实例的字段

与 Type 类型相似，Value 类型也定义了 NumField、Field、FieldByName 等方法。用法与 Type 相同，不同的是，在 Type 类型中，这些方法获取的是字段的类型，而在 Value 类型中，这些方法获取的是字段的值。

例如，dog 结构体的定义如下：

```go
type dog struct {
    Nick string
    Color string
    Age uint8
}
```

定义 printValues 函数，用于输出对象中各个字段的值。

```go
func printValues(obj interface{}) {
    var theVal = reflect.ValueOf(obj)
    // 如果传递过来的是对象的指针
    // 那么先获取该指针所指向的对象
    if theVal.Kind() == reflect.Ptr {
        theVal = theVal.Elem()
    }
    // 获取字段成员数量
    ln := theVal.NumField()
    // 访问所有字段
    for i := 0; i < ln; i++ {
        tm := theVal.Type().Field(i).Name
        vm := theVal.Field(i).Interface()
        fmt.Printf("%s: %v\n", tm, vm)
    }
}
```

定义 setValue 函数,用于设置/修改对象中指定字段的值。

```go
func setValue(obj interface{}, fdname string, fdval interface{}) {
    var objval = reflect.ValueOf(obj)
    if objval.Kind() != reflect.Ptr {
        fmt.Println("请使用指针类型")
        return
    }
    objval = objval.Elem()
    // 查找字段
    fd := objval.FieldByName(fdname)
    if fd.IsValid() == false {
        fmt.Println("未找到目标字段")
        return
    }
    // 验证一下值的类型是否与字段匹配
    newVal := reflect.ValueOf(fdval)
    if fd.Kind() != newVal.Kind() {
        fmt.Println("字段值的类型不匹配")
        return
    }
    // 设置新值
    fd.Set(newVal)
}
```

在修改对象的字段成员时,也应该传递对象的内存地址,否则将操作失败。

定义 dog 类型的变量,然后实例化。

```go
var mypet = dog{
    Nick: "Peter",
    Color: "black",
    Age: 2,
}
```

首先调用 printValues 函数输出 dog 对象的字段值,然后调用 setValue 方法修改 Age 字段的值,最后再次打印 dog 对象的字段值。

```go
fmt.Println(" ----- 修改前 ----- ")
printValues(mypet)

setValue(&mypet, "Age", uint8(5))

fmt.Println("\n----- 修改后 ----- ")
printValues(mypet)
```

上述例子的运行结果如下:

```
----- 修改前 -----
Nick: Peter
```

```
Color: black
Age: 2

----- 修改后 -----
Nick: Peter
Color: black
Age: 5
```

12.3.3 更新数组/切片的元素

如果 Value 对象所代表的值是数组/切片类型,就可以使用 Index 方法获取指定索引处的元素的值。Index 方法返回的值也是 Value 类型。

在使用反射技术读写数组/切片的元素时,要注意以下规则:

(1) 指定的索引值不能超出有效范围。索引的有效范围为[0,n)。

(2) 新值的类型必须与旧值匹配。例如,元素的原值为 float32 类型,在更新元素时,如果新值是 string 类型,就会发生冲突。

下面代码定义了 updateElement 函数,它的功能是更新元素值。

```go
func updateElement(obj interface{}, index int, elval interface{}) {
    v := reflect.ValueOf(obj)
    // 要求目标对象是数组或者切片类型
    if v.Kind() == reflect.Slice || v.Kind() == reflect.Array {
        // 获取元素的总数量
        ln := v.Len()
        // 验证指定的索引是否有效
        if index < 0 || index >= ln {
            fmt.Println("索引超出有效范围")
            return
        }
        // 获取元素值
        oldval := v.Index(index)
        newval := reflect.ValueOf(elval)
        // 验证新值的类型是否与旧值匹配
        if oldval.Kind() != newval.Kind() {
            fmt.Println("元素值的类型不匹配")
            return
        }
        // 更新元素值
        oldval.Set(newval)
    } else {
        fmt.Println("对象类型不是数组或切片类型")
        return
    }
}
```

接下来可以测试一下 updateElement 函数。

```
var kx = []int{1, 5, 7, 12}
fmt.Println("更新前:", kx)
updateElement(kx, 1, 9000)
fmt.Println("更新后:", kx)
```

上面代码中,先定义变量 kx,它是切片类型,初始化之后,其中包含 4 个元素。然后调用 updateElement 函数,将索引为 1 的元素更新为 9000。程序的执行结果如下:

```
更新前: [1 5 7 12]
更新后: [1 9000 7 12]
```

12.3.4　调用函数

使用 Value.Call 方法可以实现通过反射技术来调用函数,Call 方法的签名如下:

```
func Call(in []Value) []Value
```

Call 调用比较简单,in 参数表示目标函数的输入参数列表,调用后 Call 方法会将目标函数的返回值作为结果返回(可理解为输出参数)。

下面的代码定义了一个 callFunc 函数,它可以根据传入的参数来调用不同的函数,并返回调用结果。

```
func callFunc(fun interface{}, args ...interface{}) []interface{} {
    fv := reflect.ValueOf(fun)
    if fv.Kind() != reflect.Func {
        fmt.Println("被调用的不是函数")
        return []interface{}{ }
    }
    // 传入的参数个数
    inlen := len(args)
    // 被调用函数的参数个数
    funptLen := fv.Type().NumIn()
    // 检查传入参数的个数是否正确
    if inlen != funptLen {
        fmt.Println("传入的参数个数不正确")
        return []interface{}{ }
    }
    // 检查参数类型是否正确
    for i := 0; i < inlen; i++{
        ti := reflect.TypeOf(args[i])
        tfi := fv.Type().In(i)
        if ti.Kind() != tfi.Kind() {
            fmt.Println("参数类型不正确")
            return []interface{}{ }
        }
```

```
    }
    // 调用目标函数
    // 提取参数值
    var prts = make([]reflect.Value, inlen)
    for i := 0; i < inlen; i++ {
        prts[i] = reflect.ValueOf(args[i])
    }
    var res = fv.Call(prts)
    // 提取返回值
    outlen := len(res)
    if outlen == 0 {
        return []interface{}{ }
    }
    var outs = make([]interface{}, outlen)
    for i := 0; i < outlen; i++ {
        outs[i] = res[i].Interface()
    }
    return outs
}
```

定义 add、sub 函数,稍后可以通过 callFunc 函数去调用。

```
func add(m, n int32) int32 {
    return m + n
}

func sub(p, q int32) int32 {
    return p - q
}
```

用 callFunc 函数去调用 add 和 sub 函数。

```
var a1, a2 int32 = 15, 17
var r1 = callFunc(add, a1, a2)
fmt.Printf("add(%v, %v) => %v\n", a1, a2, r1)

a1, a2 = 30, 12
var r2 = callFunc(sub, a1, a2)
fmt.Printf("sub(%v, %v) => %v\n", a1, a2, r2)
```

调用成功后,屏幕将输出以下内容:

```
add(15, 17) => [32]
sub(30, 12) => [18]
```

12.3.5 调用方法

运用反射调用方法的过程与调用函数接近,都会用到 Value.Call 方法。与调用函数相

比,反射调用方法多了一个步骤——先获取与方法关联的 Value 对象。具体而言,就是:

(1) 获取对象实例的 Value。

(2) 使用 Method 或 MethodByName 方法查找出对象指定方法的 Value。

(3) 再调用与方法关联的 Value. Call 方法。

下面通过一个示例来做演示。

步骤 1:定义 Student 结构体,其中有四个字段。

```go
type Student struct {
    id uint
    name, city string
    course string
}
```

步骤 2:为 Student 结构体定义方法,用于读取和修改字段。

```go
// 读写 id 字段
func (x Student) GetID() uint {
    return x.id
}
func (x * Student) SetID(id uint) {
    x.id = id
}

// 读写 name 字段
func (x Student) GetName() string {
    return x.name
}
func (x * Student) SetName(name string) {
    x.name = name
}

// 读写 city 字段
func (x Student) GetCity() string {
    return x.city
}
func (x * Student) SetCity(city string) {
    x.city = city
}

// 读写 course 字段
func (x Student) GetCourse() string {
    return x.course
}
func (x * Student) SetCourse(course string) {
    x.course = course
}
```

步骤 3：定义变量 obj，类型为 Student。

```
var obj Student
```

步骤 4：使用反射调用 obj 变量的 SetXXX 方法，以修改各个字段的值。

```
valOfObj := reflect.ValueOf(&obj)
//fmt.Printf("方法数量: %d\n", valOfObj.NumMethod())
// 调用 SetID 方法
m := valOfObj.MethodByName("SetID")
p := reflect.ValueOf(uint(187005))
m.Call([]reflect.Value{ p })
// 调用 SetName 方法
m = valOfObj.MethodByName("SetName")
p = reflect.ValueOf("小刘")
m.Call([]reflect.Value{ p })
// 调用 SetCity 方法
m = valOfObj.MethodByName("SetCity")
p = reflect.ValueOf("珠海")
m.Call([]reflect.Value{ p })
// 调用 SetCourse 方法
m = valOfObj.MethodByName("SetCourse")
p = reflect.ValueOf("C++")
m.Call([]reflect.Value{ p })
```

注意，在调用 ValueOf 函数获取 obj 的 Value 对象时，应该传递指针类型（即 * Student），因为 SetXXX 方法在定义时指定对象的"接收者"为 * Student。如果不使用指针类型，Value 对象的 MethodByName 方法将找不到 SetXXX 方法。

步骤 5：最后输出 obj 变量各字段的值，以验证修改操作是否成功。

```
fmt.Println("使用反射设置字段的值后:")
fmt.Printf("id: %v\n", obj.GetID())
fmt.Printf("name: %v\n", obj.GetName())
fmt.Printf("city: %v\n", obj.GetCity())
fmt.Printf("course: %v\n", obj.GetCourse())
```

步骤 6：运行示例程序，结果如下：

```
使用反射设置字段的值后:
id: 187005
name: 小刘
city: 珠海
course: C++
```

12.3.6 读写映射类型的元素

映射类型的元素由 key 和元素值组成，所以 Value.SetMapIndex 方法在调用时需提供两个参数。

```
func SetMapIndex(key Value, elem Value)
```

SetMapIndex 方法可以通过反射技术为映射对象设置元素，对应地，MapIndex 方法可以根据给定的 key 返回指定的元素，也可以调用 MapKeys 方法获取映射对象中所有元素的 key。

下面的示例演示了 SetMapIndex、MapKeys、MapIndex 方法的用法。

```go
// 创建映射实例
var mp = make(map[string]float32)

// 获取相关的 Value 对象
valOfMap := reflect.ValueOf(mp)
// 设置映射元素
valOfMap.SetMapIndex(
    reflect.ValueOf("T1"),
    reflect.ValueOf(float32(0.0071)),
)
valOfMap.SetMapIndex(
    reflect.ValueOf("T2"),
    reflect.ValueOf(float32(9.202)),
)
valOfMap.SetMapIndex(
    reflect.ValueOf("T3"),
    reflect.ValueOf(float32(-0.03)),
)

// 获取 key 集合
var keys = valOfMap.MapKeys()
// 输出映射中的元素列表
for _, k := range keys {
    v := valOfMap.MapIndex(k)
    fmt.Printf("%v - %v\n", k.Interface(), v.Interface())
}
```

上述代码首先定义了 mp 变量，调用 make 函数生成一个映射实例，元素的 key 为 string 类型，元素值为 float32 类型，随后使用反射为其设置三个元素，最后将元素列表读出并输出到屏幕上。输出内容如下：

```
T3 - -0.03
T1 - 0.0071
T2 - 9.202
```

12.4 动态构建类型

反射技术不仅可以在运行阶段获取类型信息、执行类型成员，还可以动态创建类型。目前支持动态创建的类型有：数组、切片、函数、结构体(仅包含字段，目前不支持生成方法成员）、通道（chan）、映射。

12.4.1　New 函数

New 函数创建指定类型的新实例，并以 Value 类型返回。不过，被创建的新实例实际上是指针类型，并指向新创建的实例。假设调用 New 函数时指定的类型是 T，那么新实例的类型为 * T。

若要获取指针所指向的对象，可以调用 Indirect 函数。该函数的源代码如下：

```
func Indirect(v Value) Value {
if v.Kind() != Ptr {
return v
    }
    return v.Elem()
}
```

从上述源代码中可以看出，Indirect 函数实际上是调用了 Value 类型的 Elem 方法。

下面是一个使用 New 函数的简单示例。

```
var v1 = reflect.New(reflect.TypeOf(1))
fmt.Printf("v1 的类型：% v\n", v1.Type())
var v2 = reflect.New(reflect.TypeOf(struct {
    F1 uint
    F2 string
}{}))
fmt.Printf("v2 的类型：% v\n", v2.Type())
var v3 = reflect.New(reflect.TypeOf(func(x string) {}))
fmt.Printf("v3 的类型：% v\n", v3.Type())
```

以下是示例的输出内容：

```
v1 的类型：* int
v2 的类型：* struct { F1 uint; F2 string }
v3 的类型：* func(string)
```

不管调用 New 函数时指定的是什么类型，它返回的实例都是指针类型。

12.4.2　创建数组类型

在运行阶段动态创建数组类型，可以调用 ArrayOf 函数。它的签名如下：

```
func ArrayOf(count int, elem Type) Type
```

count 参数用来指定数组的长度（即元素个数），elem 参数指定数组元素的类型。返回的 Type 对象表示新的数组类型。

例如，可以使用下面的代码生成元素类型为 string 的数组，数组长度为 5。

```
// 元素类型
var elemtp = reflect.TypeOf("xxx")
// 构建数组类型
var arrtype = reflect.ArrayOf(5, elemtp)
```

然后可以调用 New 函数实例化新创建的数组类型。

```
var arrVal = reflect.New(arrtype).Elem()
```

由于 New 函数创建的实例是指针类型,所以要调用 Elem 方法获取指针所指向的真实实例。最后,可以给数组的元素赋值。

```
arrVal.Index(0).SetString("Item_1")
arrVal.Index(1).SetString("Item_2")
arrVal.Index(2).SetString("Item_3")
arrVal.Index(3).SetString("Item_4")
arrVal.Index(4).SetString("Item_5")
```

调用 Interface 方法获取真实的数组实例,接着用类型断言将其转换为[5]string 类型,并且枚举它的元素列表。

```
theArr, ok := arrVal.Interface().([5]string)
if ok {
    // 枚举元素
    for i, e := range theArr {
        fmt.Printf("%d - %s\n", i, e)
    }
}
```

枚举出来的元素如下:

```
0 - Item_1
1 - Item_2
2 - Item_3
3 - Item_4
4 - Item_5
```

12.4.3 创建结构体类型

使用 StructOf 函数将动态创建新的结构体,在调用该函数时,需要提供一个 StructField 列表。此列表包含结构体中的字段。在目前的 Go 语言版本中,只能为新的结构体生成字段列表,尚不支持生成方法列表。

StructOf 函数将忽略 StructField 对象的 Offset 和 Index 字段的值,也就是说,结构体中字段的位置和字节偏移量都由编译器决定。因此,在使用 StructField 对象的时候,不需要设置 Offset 和 Index 字段的值,一般指定字段名称(Name)和字段类型(Type)即可。

在下面的示例中，动态创建了结构体类型，它包含四个字段，然后将其实例化，并为每个字段赋值。

步骤 1：准备需要的字段信息（四个字段）。

```go
var fds = []reflect.StructField{
    reflect.StructField{
        Name: "Header",
        Type: reflect.TypeOf("zzz"), // string
    },
    reflect.StructField{
        Name: "Data",
        Type: reflect.TypeOf([]byte{}), // []byte
    },
    reflect.StructField{
        Name: "Size",
        Type: reflect.TypeOf(0), // int
    },
    reflect.StructField{
        Name: "Position",
        Type: reflect.PtrTo(reflect.TypeOf(uint(0))), // * uint
    },
}
```

步骤 2：使用已准备好的字段信息，动态创建新的结构体。

```go
newStruct := reflect.StructOf(fds)
```

步骤 3：创建新结构体类型的实例。

```go
structVal := reflect.New(newStruct).Elem()
```

New 函数创建的是指向对象实例的指针，需要通过 Elem 方法获得指针所指向的对象。

步骤 4：设置结构体实例的字段值。

```go
structVal.Field(0).SetString("test")
structVal.Field(1).SetBytes([]byte("c2a5de"))
structVal.Field(2).SetInt(6)
var v uint = 60
structVal.Field(3).Set(reflect.ValueOf(&v))
```

步骤 5：本示例的运行结果如下：

```
动态创建的结构体：
struct { Header string; Data []uint8; Size int; Position * uint }

结构体实例的值：
{Header:test Data:[99 50 97 53 100 101] Size:6 Position:0xc0000a00d0}
```

12.4.4 动态创建和调用函数

要动态创建新的函数类型，可以调用 FuncOf 函数。

```
func FuncOf(in []Type, out []Type, variadic bool) Type
```

其中，in 表示函数的输入参数列表，out 表示的是函数的返回值（输出）列表。variadic 参数是个布尔值，若为 true，则表明此函数的最后一个参数是个数可变的参数（即带有...的参数）；若为 false，则表示此函数所有输入参数都是固定参数。

FuncOf 函数只是创建函数类型（用 Type 表示），不包括函数体部分。要构建函数体逻辑，需要调用以下函数：

```
func MakeFunc(typ Type, fn func(args []Value) (results []Value)) Value
```

typ 指定函数的类型，fn 是一个匿名函数，用于构建函数体逻辑。当目标函数被调用时，目标函数的输入参数传递给 fn，而目标函数的返回将通过 fn 返回。

MakeFunc 函数调用成功后，返回引用函数实例（包含函数体）的 Value 对象，再使用 Value 对象的 Call 方法来调用目标函数。

在下面的示例中，首先动态创建一个函数类型：两个 float32 类型的输入参数，返回值为 string 类型。接着使用 MakeFunc 函数构建函数体，执行逻辑是将两个输入参数相减，再把结果以字符串形式返回。

步骤 1：准备新函数类型的输入参数列表。

```
var (
    p1 = reflect.TypeOf(float32(0.01))
    p2 = reflect.TypeOf(float32(0.01))
    pins = []reflect.Type{p1, p2}
)
```

步骤 2：准备函数的返回值列表。

```
var ret = reflect.TypeOf("")
var pouts = []reflect.Type{ret}
```

步骤 3：调用 FuncOf 函数，创建新的函数类型。

```
myFunc := reflect.FuncOf(pins, pouts, false)
```

步骤 4：调用 MakeFunc 函数，构建函数体逻辑。

```
funcInst := reflect.MakeFunc(myFunc, func(in []reflect.Value) []reflect.Value {
    // 取出两个参数的值
    f1 := in[0].Float()
    f2 := in[1].Float()
```

```
    // 将两个值相减
    fr := f1 - f2
    // 将结果转换为字符串
    str := fmt.Sprintf("%.2f", fr)
    // 封装返回值
    retv := reflect.ValueOf(str)
    return []reflect.Value{retv}
})
```

步骤 5：尝试调用函数。

```
var input1, input2 float32 = 0.9, 0.7
cr := funcInst.Call([]reflect.Value{
    reflect.ValueOf(input1),
    reflect.ValueOf(input2),
})
```

步骤 6：向屏幕输出调用结果。

```
var resval = cr[0].String()
fmt.Printf("输入参数:%.2f,%.2f\n", input1, input2)
fmt.Printf("函数调用结果:%s\n", resval)
```

步骤 7：运行代码，输出结果如下：

```
刚创建的函数类型:
func(float32, float32) string

输入参数:0.90,0.70
函数调用结果:0.20
```

在调用 FuncOf 函数时，如果 variadic 参数设置为 true，那么输入参数列表中的最后一个元素必须是切片类型。例如：

```
// 第一个参数,类型:int
p1 := reflect.TypeOf(0)
// 第二个参数,类型:bool
p2 := reflect.TypeOf(true)
// 第三个参数
// 此参数个数可变,类型:[]string
p3 := reflect.TypeOf([]string{})

// 第一个返回值,类型:int
rt1 := reflect.TypeOf(0)
// 第二个返回值,类型:bool
rt2 := reflect.TypeOf(true)

// 构造输入/输出参数列表
```

```
pin : = []reflect.Type{p1, p2, p3}
pout : = []reflect.Type{rt1, rt2}

// 创建函数类型
t : = reflect.FuncOf(pin, pout, true)
```

调用 FuncOf 函数后,产生的新函数类型为:

```
func(int, bool, ...string) (int, bool)
```

12.4.5 生成通用函数体

MakeFunc 函数生成的函数体逻辑实质上是一个函数实例,可以赋值给类型符合的函数变量。以下示例演示了使用 MakeFunc 函数生成这样的函数逻辑:函数接收两个参数,然后返回两个参数之和。

为了简化代码,本示例仅支持的参数/返回值类型为 int32、int64、float32、float64,即

```
func (int32, int32) int32
func (int64, int64) int64
func (float32, float32) float32
func (float64, float64) float64
```

首先,定义 initFunc 函数,该函数通过 iFn 参数接收函数变量的指针。接着使用 MakeFunc 函数生成函数实例。最后,将生成的函数实例赋值给 iFn 参数所指向的变量,即让函数变量引用新创建的函数实例。

```
func initFunc(iFn interface{}) {
    var fnVal = reflect.ValueOf(iFn)
    if fnVal.Kind() != reflect.Ptr {
        fmt.Println("请传递函数变量的内存地址")
        return
    }
    // 取得指针所指向的对象
    fnVal = fnVal.Elem()
    // 函数体逻辑
    var fnBody = func(ip []reflect.Value) (outs []reflect.Value) {
        outs = []reflect.Value{}
        if len(ip) != 2 {
            fmt.Println("函数应该有两个参数")
            return
        }
        // 验证两个参数的类型是否相同
        if ip[0].Kind() != ip[1].Kind() {
            fmt.Println("两个参数的类型不一致")
            return
        }
```

```
        // 取出两参数的值
        // 然后进行"+"运算
        var result interface{}
        switch ip[0].Kind() {
        case reflect.Int32:
            a := int32(ip[0].Int())
            b := int32(ip[1].Int())
            result = a + b
        case reflect.Int64:
            a := int64(ip[0].Int())
            b := int64(ip[1].Int())
            result = a + b
        case reflect.Float32:
            a := float32(ip[0].Float())
            b := float32(ip[1].Float())
            result = a + b
        case reflect.Float64:
            a := float64(ip[0].Float())
            b := float64(ip[1].Float())
            result = a + b
        default:
            result = nil
        }
        // 处理返回值
        resval := reflect.ValueOf(result)
        outs = append(outs, resval)
        return
    }

    // 构建函数实例
    funcInst := reflect.MakeFunc(fnVal.Type(), fnBody)
    // 让传递进来的函数变量引用函数实例
    fnVal.Set(funcInst)
}
```

再定义四个函数类型的变量。

```
var (
    addInt32 func(int32, int32) int32
    addInt64 func(int64, int64) int64
    addFloat32 func(float32, float32) float32
    addFloat64 func(float64, float64) float64
)
```

用前面定义的 initFunc 函数分别给这些函数变量赋值(即初始化)。

```
initFunc(&addInt32)
initFunc(&addInt64)
initFunc(&addFloat32)
initFunc(&addFloat64)
```

依次调用这四个函数。

```
var a1, a2 int32 = 150, 25
r1 := addInt32(a1, a2)
fmt.Printf("%d + %d = %d\n", a1, a2, r1)

var b1, b2 int64 = 98900000, 45231002
r2 := addInt64(b1, b2)
fmt.Printf("%d + %d = %d\n", b1, b2, r2)

var c1, c2 float32 = 0.0021, 1.0099
r3 := addFloat32(c1, c2)
fmt.Printf("%f + %f = %f\n", c1, c2, r3)

var d1, d2 float64 = -770.00000542, 230.90005
r4 := addFloat64(d1, d2)
fmt.Printf("%f + %f = %f\n", d1, d2, r4)
```

调用结果如下：

```
150 + 25 = 175
98900000 + 45231002 = 144131002
0.002100 + 1.009900 = 1.012000
-770.000005 + 230.900050 = -539.099955
```

12.5   结构体的 Tag

在定义结构体类型时，可以在字段后面加上一个字符串，称为 Struct Tag。Tag 主要用来补充附加信息。

Tag 由多个 key-value 构成，并以空格来分隔，key 和 value 之间用英文的冒号分隔。其格式如下：

```
key1:"value1" key2:"value2" key3:"value3" ……
```

value 必须放在一对双引号中。为了避免字符转义，Tag 字符串可以用"`"字符来包装，就像下面这样：

```
`key1:"value1" key2:"value2" key3:"value3"`
```

在 reflect 包中定义了 StructTag 类型，表示 Tag 实例。

```
type StructTag string
```

从定义上可以看出，StructTag 是以字符串为基础的新类型。为了便于访问 Tag 中的条目，StructTag 类型提供以下两个方法：

（1）Get：根据 key 获取对应的 value。

（2）Lookup：根据 key 查找 value。如果找到,返回值 ok 为 true,并将结果存到 value 中;如果找不到,则 ok 为 false。

下面的示例演示了如何通过字段的 Tag 来为用户名和密码设置限制条件。当程序对用户信息进行检查时,会从 Tag 中读出相应的限制条件,如果所设置的用户名和密码与限制条件不符,则会输出错误信息。

步骤 1：定义 User 结构体。

```
type User struct {
    Username string `maxlen:"10"`
    Password string `minlen:"8" mask:"*"`
}
```

在 Username 字段的 Tag 中,maxlen 表示用户名的最大长度为 10 个字符,同样,在 Password 字段的 Tag 中,minlen 表示密码的最小长度为 8 个字符。mask 指定密码的掩码,掩码用于在屏幕输出密码时隐藏真实的密码内容,输出形如"*****"的文本。

步骤 2：定义 validateUser 函数,用于检查用户名和密码是否满足限制条件。

```
func validateUser(u User) {
    var typofUser = reflect.TypeOf(u)
    var valofUser = reflect.ValueOf(u)
    // 读出 Tag
    tagUn := typofUser.Field(0).Tag
    tagPwd := typofUser.Field(1).Tag
    // 解析用户名最大长度
    maxLenofUn, _ := strconv.ParseInt(tagUn.Get("maxlen"), 10, 0)
    // 解析密码最小长度
    minLenofPwd, _ := strconv.ParseInt(tagPwd.Get("minlen"), 10, 0)
    // 读取两个字段的值
    var usrName = valofUser.Field(0).String()
    var pssWd = valofUser.Field(1).String()
    // 开始验证
    unLen := utf8.RuneCountInString(usrName)
    pwdLen := utf8.RuneCountInString(pssWd)
    if unLen > int(maxLenofUn) {
        fmt.Printf("用户名 %s 长度超过 %d\n", usrName, maxLenofUn)
        return
    }
    if pwdLen < int(minLenofPwd) {
        // 获取密码掩码
        maskChar := tagPwd.Get("mask")
        // 生成类似"* * * * * * * *"的密码字符串
        displayPwd := strings.Repeat(maskChar, pwdLen)
        fmt.Printf("密码 %s 的长度不符,至少需要 %d 个字符\n", displayPwd, minLenofPwd)
        return
```

```
    }
    fmt.Println("用户信息符合要求")
}
```

步骤 3：创建第一个 User 实例，并为字段赋值，然后调用 validateUser 函数进行检查。

```
var u1 User
u1.Username = "jk__056546595xlase"
u1.Password = "65656565656"
validateUser(u1)
```

u1 对象设置的用户名过长，检查结果为：

```
用户名 jk__056546595xlase 长度超过 10
```

步骤 4：创建第二个 User 实例，并为字段赋值，然后进行检查。

```
var u2 User
u2.Username = "Jack"
u2.Password = "321"
validateUser(u2)
```

u2 对象的密码长度不符合要求，检查结果为：

```
密码 *** 的长度不符，至少需要 8 个字符
```

步骤 5：创建第三个 User 实例，并为字段赋值，然后进行检查。

```
var u3 User
u3.Username = "Alice"
u3.Password = "UTU9ocg210359m82"
validateUser(u3)
```

u3 对象完全满足限制条件的要求，所以顺利通过检查。

【思考】

1. 如何列出某个结构体类型的字段信息？
2. 如何动态调用函数？

第 13 章

字符串处理

本章主要内容如下：

- 打印文本；
- 格式化输出；
- 读取输入文本；
- 实现 Stringer 接口；
- 连接、替换、折分字符串；
- 查找子字符串；
- 修剪、重复字符串；
- 字符串与数值之间的转换；
- 切换大小写；
- 使用 Builder 构建字符串。

微课视频

13.1　打印文本

在 fmt 包中，Print 函数用于打印（输出）文本信息。依据输出目标的不同，Print 函数可以划分为三组，详见表 13-1。

表 13-1　Print 函数分组

按应用目标分组	函数	说　　明
将文本信息输出到标准输出流，一般是输出到屏幕上	Print	将传入函数的对象转化为字符串，以默认格式直接输出到屏幕上
	Println	直接输出对象，在末尾自动加上换行符
	Printf	可以通过格式控制符定制对象的输出形式
将文本输出到文件，或者实现了 io.Writer 接口的对象	Fprint	以默认格式直接输出对象
	Fprintln	以默认格式直接输出对象，末尾自动加上换行符
	Fprintf	使用格式控制符定制对象的输出格式
生成文本信息，仅以字符串形式返回给调用者，无输出	Sprint	用默认格式将对象转化为字符串，并返回给调用者
	Sprintln	用默认格式将对象转化为字符串，并在末尾加上换行符，然后将该字符串返回
	Sprintf	用指定的格式控制符处理对象，并以字符串形式返回

简单地概括,就是函数名称中以"ln"结尾的函数在输出时会自动加上换行符(\n);以"f"结尾的函数可以自行指定输出格式;不带后缀的函数只能用默认格式输出文本。注意:只有以"ln"结尾的函数才会自动添加换行符。

下面的代码调用 Print 函数分三次输出,最后屏幕上输出的文本为"你好,小明"。

```
fmt.Print("你好")
fmt.Print(",")
fmt.Print("小明")
```

也可以一次性输出。

```
fmt.Print("你好,小明")
```

所有 Print 函数的最后一个参数都是...interface{},表明它是个数可变的参数,而且支持任意类型。因此,可以这样输出三个类型完全不同的对象:

```
var (
    a int64 = 655985696
    b bool = true
    c float32 = 0.000556
)

fmt.Print(a, b, c)
```

屏幕上输出的内容如下:

```
655985696 true 0.000556
```

从上述结果可知:Print 函数在输出多个对象时是以空格为分隔符的。

下面的代码可以对比函数带换行符和不带换行符的区别。

```
fmt.Print("第一项")
fmt.Print("第二项")
fmt.Print("第三项")
fmt.Print("第四项")

fmt.Println("第一项")
fmt.Println("第二项")
fmt.Println("第三项")
fmt.Println("第四项")
```

输出的文本如下:

```
----- 不带换行符 -----
第一项第二项第三项第四项

----- 带换行符 -----
第一项
```

```
第二项
第三项
第四项
```

下面再看一个示例：将文本输出到 abc.txt 文件中。

```
// 创建新文件
file, err := os.Create("abc.txt")
// 判断是否发生错误
if err != nil {
    fmt.Println(err)
    return
}

// 向文件写入三行文本
fmt.Fprintln(file, "第一行")
fmt.Fprintln(file, "第二行")
fmt.Fprintln(file, "第三行")

// 向文件写入三个不同类型的值
var x, y, z = -2000, 0.25, 12 + 4i
fmt.Fprint(file, x, y, z)
```

os.Create 函数使用指定的文件名创建新文件。如果文件已存在，则清空文件中的内容；如果文件不存在，就创建文件。Create 函数返回 File 实例的指针，由于 File 实现了 io.Writer 接口，所以能够传递给 Fprintln 和 Fprint 函数。

执行上述代码后，abc.txt 文件中的内容如下：

```
第一行
第二行
第三行
-2000 0.25 (12 + 4i)
```

13.2 格式化输出

Printf、Fprintf 和 Sprintf 函数都可以使用格式控制符来格式化待输出的对象。Go 语言的格式控制符与 C 语言类似。

格式化控制符以百分号(%)开头，并用一个字母来表示数据类型，例如：

```
%s:字符串类型
%d:十进制整数类型(int、int8、int64 等)
%f:浮点数类型(float32、float64)
%c:单个字符(rune)
%x 或 %X:十六进制数值
……
```

如果字符串中需要出现"%",可以连用两个百分号(%%),这样编译器不会将其作为格式控制符处理,而是直接输出百分号。例如:

```
fmt.Printf("上证指数上涨了%f%%", 0.52)
```

"%f"是格式控制符,格式化浮点数值 0.52,"%%"不会进行任何格式化处理,只是输出字符"%",所以最后输出的文本如下:

```
上证指数上涨了0.520000%
```

13.2.1　格式化整数值

对于 int、uint、int32、uint64、int8、uint16 等整数类型,可以使用特定于整数的格式化控制符来转化为文本。常用的整数值控制符有:

```
%b:二进制数值
%d:十进制数值
%o:八进制数值.注意格式符号为小写字母 o。
%O:八进制数值,带有"0o"前缀.注意格式符号是大写字母 O。
%x:十六进制数值,字母部分使用小写,例如 6c5ea2。
%X:十六进制数值,字母部分使用大写,例如 BC6E2F。
```

请看下面示例:

```
var num int32 = 6037029
fmt.Println("int32 原数值:", num)
fmt.Printf("二进制:%b\n", num)
fmt.Printf("八进制:%o\n", num)
fmt.Printf("十进制:%d\n", num)
fmt.Printf("十六进制(小写):%x\n", num)
fmt.Printf("十六进制(大写):%X\n", num)
```

输出结果如下:

```
int32 原数值: 6037029
二进制:10111000001111000100101
八进制:27017045
十进制:6037029
十六进制(小写):5c1e25
十六进制(大写):5C1E25
```

格式控制符在字符串中可以看作占位符,输出的时候会用实际的数据内容替换控制符。例如:

```
fmt.Printf("我叫%s,今年%d 岁\n", "小明", 21)
```

格式控制符"%s"需要 string 类型的值,在生成输出文本时会被"小明"替换,"%d"表示需要整数类型的值(int、int32 等),生成输出文本时被 21 替换,最后得到新的字符串"我叫小明,今年 21 岁"。

13.2.2 格式化浮点数值

用于 float32 和 float64 类型的格式化控制符主要有以下几个:

%f:标准浮点数,有小数点,但没有指数
%e 或 %E:科学记数法,有指数部分。%e 表示指数部分使用小写字母(如 1.123e + 5,+5 为指数),%E 表示指数部分用大写字母(如 1.23E − 7,−7 为指数)
%g:用于格式化指数(科学记数法)较大的浮点数。指数小于 6 时使用 %f 格式,指数在 6 以上(包含6)时使用 %e 格式

下面两行代码以科学记数法形式输出文本信息。

```
fmt.Printf("%e\n", 2357.123)
fmt.Printf("%E\n", 0.0000772)
```

结果如下:

```
2.357123  e + 03                      // 2.357123 × 10^3
7.720000  E − 05                      // 7.72 × 10^{-5}
```

下面的示例演示了 %g 控制符根据指数自动选择输出格式的情况。

```
var (
    a float32 = 1.234567e − 3
    b float32 = 1.654321234e + 7
)
fmt.Printf("%g\n%g\n", a, b)
```

结果如下:

```
0.001234567                           // %f
1.6543212e + 07                       // %e
```

13.2.3 格式化字符串

对于 string 类型的值,格式化时应使用 %s 控制符,而 rune 类型(单个字符)的值则应使用 %c 控制符。

下面的代码演示了 %s 控制符的用法。

```
fmt.Printf("今天的天气:%s\n", "中雨")
```

如果要格式化的对象是单个字符,可以用 %c 控制符。

```
var a, b, c, d, e = '春', '眠', '不', '觉', '晓'
fmt.Printf("%c %c %c %c %c\n", a, b, c, d, e)
```

如果被格式化的对象不是字符串类型却使用了%s控制符，程序在运行阶段不会报错，但会输出"%!s"以提示被格式化的类型不是字符串。例如：

```
var h uint32 = 55660
fmt.Printf("幸运数字是:%s\n", h)
```

运行代码后输出的文本信息如下：

```
幸运数字是:%!s(uint32 = 55660)
```

若确实要以字符串形式输出 uint32 类型的值，可以将对象转换为字符串类型，以使类型匹配。

```
var h uint32 = 55660
// 将 32 位无符号整数值转换为字符串
hs := strconv.FormatUint(uint64(h), 10)
fmt.Printf("幸运数字是:%s\n", hs)
```

注意下面的转换方法会得到错误结果。

```
hs := string(h)
```

直接将整数值转换为字符串，得到的是编码与此整数值相等的 Unicode 字符，而不是与数值相同的字符串。

另外，使用%q控制符可以呈现带双引号（英文的双引号）的文本。例如：

```
var str = "Fade in"
fmt.Printf("Please check %q option", str)
```

输出文本如下：

```
Please check "Fade in" option
```

13.2.4　格式化布尔类型的值

%t控制符支持将布尔类型的值转化为字符串"true"或"false"。例如：

```
var r1 = 3 > 5
fmt.Printf("3 大于 5 吗?%t\n", r1)
var r2 = 100 % 13 != 0
fmt.Printf("100 ÷ 13 有余数吗?%t\n", r2)
```

输出结果如下：

```
3 大于 5 吗?false
100 ÷ 13 有余数吗?true
```

13.2.5 %T 与 %v 格式控制符

要在输出的文本中呈现对象的类型,可以使用%T 控制符。此处字母 T 为大写,注意与小写字母 t 的区别。%t 表示布尔值的字符串形式,%T 表示对象所属的类型名称。

下面的代码定义了 10 个变量并完成初始化,然后分别输出它们的类型。

```go
var (
    n1 = uint(15)
    n2 = false
    n3 = complex64(27 - 3i)
    n4 = "hot"
    n5 = int16(-7)
    n6 = uint64(936600300)
    n7 = float32(-0.93)
    n8 = struct {
        f1 uint
        f2 byte
    }{500, 20} // 匿名结构体
    n9 = []byte("c4857da2")
    n10 = int32(88)
)

// 输出变量值的类型
fmt.Printf("n1 的数据类型:%T\n", n1)
fmt.Printf("n2 的数据类型:%T\n", n2)
fmt.Printf("n3 的数据类型:%T\n", n3)
fmt.Printf("n4 的数据类型:%T\n", n4)
fmt.Printf("n5 的数据类型:%T\n", n5)
fmt.Printf("n6 的数据类型:%T\n", n6)
fmt.Printf("n7 的数据类型:%T\n", n7)
fmt.Printf("n8 的数据类型:%T\n", n8)
fmt.Printf("n9 的数据类型:%T\n", n9)
fmt.Printf("n10 的数据类型:%T\n", n10)
```

运行代码后,得到以下输出:

```
n1 的数据类型:uint
n2 的数据类型:bool
n3 的数据类型:complex64
n4 的数据类型:string
n5 的数据类型:int16
n6 的数据类型:uint64
n7 的数据类型:float32
n8 的数据类型:struct { f1 uint; f2 uint8 }
n9 的数据类型:[]uint8
n10 的数据类型:int32
```

byte 类型实际上是 uint8 类型的别名,因此%T 控制符输出的类型名称是[]uint8,而不是[]byte。

%v 控制符会使用默认的格式打印对象的值。此控制符有三种用法:

(1)%v:用默认的格式打印对象。

(2)%＋v:这主要是用于结构体对象。使用%v 只打印字段的值,若使用%＋v,则可以打印字段名称。

(3)%♯v:打印出来的对象值是一个有效的 Go 语言表达式。

下面的代码演示了%v、%＋v 与%♯v 之间的区别。

```
type cat struct {
    name string
    age int
}

// 实例化 cat
var c = cat{"Jim", 3}
fmt.Printf("用 % %v 控制符输出 cat 对象:%v\n", c)
fmt.Printf("用 % +v 控制符输出 cat 对象:% +v\n", c)
fmt.Printf("用 % #v 控制符输出 cat 对象:% #v\n", c)
```

上述代码中,首先定义了 cat 结构体,其中包含字段 name 和 age,然后实例化了一个 cat 对象,最后分别以%v、%＋v、%♯v 格式将其输出。

运行结果如下:

```
用 %v 控制符输出 cat 对象:{Jim 3}
用 % +v 控制符输出 cat 对象:{name:Jim age:3}
用 % #v 控制符输出 cat 对象:main.cat{name:"Jim", age:3}
```

通过以上输出结果可以发现:当使用%v 控制符时,只输出了两个字段的值——Jim 和 3;当使用%＋v 控制符时,输出了字段名 name 和 age;当使用%♯v 控制符时,不仅输出了字段名和字段值,还输出了类型名称,而且 name 字段的值 Jim 也包含在一对双引号中。%♯v 控制符输出的是一个 Go 语言表达式,若把此输出放到 Go 代码文档中,能够重新实例化 cat 对象。就像下面这样:

```
var x = main.cat{name:"Jim", age:3}
```

13.2.6　输出包含前缀的整数值

对二进制、八进制、十六进制的整数值,在格式化输出时,可以包含前缀。二进制数值以"0b"开头;八进制数值以"0"开头;十六进制数值以"0x"或"0X"开头。

在表示整数的格式控制符前加上"♯",表示输出为文本时加上前缀,例如%♯b、%♯x 等。十进制数值无前缀,因此不需要使用%♯d。

下面的示例演示了％＃b、％＃o、％＃x的用法。

```
var x = 35000
fmt.Printf("十进制:% d\n", x)
fmt.Printf("二进制:% #b\n", x)
fmt.Printf("八进制:% #o\n", x)
fmt.Printf("十六进制:% #x\n", x)
```

运行结果如下：

```
十进制:35000
二进制:0b1000100010111000
八进制:0104270
十六进制:0x88b8
```

对于十六进制,如果希望输出的文本中包含大写字母,可以使用％＃X控制符。

13.2.7　设置输出内容的宽度

在格式控制符前加上一个整数值,用于设置对象被格式化后的文本长度(宽度)。例如％15d,表示将格式化十进制整数值,生成文本的长度为15个字符,如果实际使用的字符不够15个,其余空间将由空格填充。

下面的示例将演示设置输出内容宽度的方法。

步骤 1：定义 email 结构体。

```
type email struct {
    from, to string
    subject string
    senddate string
}
```

步骤 2：创建 email 类型的切片实例,并初始化。

```
var msgs = []email{
    email{
        from:          "jack@126.com",
        to:            "dg02@126.net",
        subject: "进度表",
        senddate: "2020 - 4 - 2",
    },
    email{
        from:          "abcd@test.org",
        to:            "let2915@21cn.com",
        subject:       "工序更改记录",
        senddate:      "2020 - 3 - 17",
```

```
        },
        email{
            from:       "ok365@opengnt.cn",
            to:         "37025562@tov.edu.cn",
            subject:    "课程安排",
            senddate:   "2019 - 12 - 24",
        },
        email{
            from:       "hack@123.net",
            to:         "6365056@qq.com",
            subject:    "最新地图",
            senddate:   "2020 - 3 - 6",
        },
        email{
            from:       "chenjin@163.com",
            to:         "doudou@1211.org",
            subject:    "送货清单",
            senddate:   "2019 - 7 - 12",
        },
    }
```

步骤 3：输出切片中所有 email 对象的字段值。

```
fmt.Printf("%12s%15s%18s%12s\n", "发件人", "收件人", "标题", "发送日期")
fmt.Println("------------------------------------------------------------ ")
for _, ml := range msgs {
    fmt.Printf("%16s%24s%12s%15s\n", ml.from, ml.to, ml.subject, ml.senddate)
}
```

步骤 4：输出的结果如下：

发件人	收件人	标题	发送日期
jack@126.com	dg02@126.net	进度表	2020 - 4 - 2
abcd@test.org	let2915@21cn.com	工序更改记录	2020 - 3 - 17
ok365@opengnt.cn	37025562@tov.edu.cn	课程安排	2019 - 12 - 24
hack@123.net	6365056@qq.com	最新地图	2020 - 3 - 6
chenjin@163.com	doudou@1211.org	送货清单	2019 - 7 - 12

步骤 5：如果宽度设置为负值，表示字符串左对齐（默认是右对齐）。

```
fmt.Printf("%-16s%-23s%-20s%-16s\n", "发件人", "收件人", "标题", "发送日期")
......
for _, ml := range msgs {
    fmt.Printf("%-20s%-24s%-15s%-16s\n", ml.from, ml.to, ml.subject, ml.senddate)
}
```

步骤 6：再次运行示例，结果如下：

发件人	收件人	标题	发送日期
jack@126.com	dg02@126.net	进度表	2020 - 4 - 2
abcd@test.org	let2915@21cn.com	工序更改记录	2020 - 3 - 17
ok365@opengnt.cn	37025562@tov.edu.cn	课程安排	2019 - 12 - 24
hack@123.net	6365056@qq.com	最新地图	2020 - 3 - 6
chenjin@163.com	doudou@1211.org	送货清单	2019 - 7 - 12

13.2.8　控制浮点数的精度

浮点数值的精度（保留的小数位）设置方法如下：

```
%.nf
```

n 表示要设置的精度，精度前面的小数点（.）不能省略。例如，%.3f 表示设置精度为 3
（保留 3 位小数）。

下面的代码定义了一个浮点类型的变量并赋值，随后分别以 2、4、5 的精度将其输出。

```
var v = 13.50105485217

fmt.Printf("精度为 2:%.2f\n", v)
fmt.Printf("精度为 4:%.4f\n", v)
fmt.Printf("精度为 5:%.5f\n", v)
```

结果如下：

```
精度为 2:13.50
精度为 4:13.5011
精度为 5:13.50105
```

输出的字符宽度与浮点数精度可以同时使用，格式为：

```
%<宽度>.<精度>f
```

请看下面示例。

```
var v = 1234.8765432

fmt.Printf("宽度为 20,精度为 3:%20.3f\n", v)
fmt.Printf("宽度为 6,左对齐,精度为 2:% - 6.2f\n", v)
```

输出内容如下：

```
宽度为 20,精度为 3:                1234.877
宽度为 6,左对齐,精度为 2:1234.88
```

13.2.9　参数索引

在调用类似 Printf 的函数时,用于格式化处理的对象将传递给函数的第二个参数。此参数个数可变,其索引从 1 开始计算(在 Printf 函数的参数列表中,从第二个参数开始传递对象)。

格式化控制符可以引用参数的索引,就像下面这样:

```
fmt.Printf("%[2]s: %[1]d", 120, "item")
```

%[2]s 会使用可变参数列表的第二个值,即字符串"item";同理,%[1]d 会使用整数值 120。最后格式化得到的文本信息为"item:120"。

下面的代码将整数值 5000 依次以二进制、八进制、十六进制输出。

```
fmt.Printf("十进制:%d\n二进制:%#[1]b\n八进制:%#[1]o\n十六进制:%#[1]x\n", 5000)
```

第一个格式控制符%d 默认会查找可变参数列表中的第一个参数,所以此控制符不需要添加索引。

得到的输出结果如下:

```
十进制:5000
二进制:0b1001110001000
八进制:011610
十六进制:0x1388
```

如果不使用索引,那么可变参数的个数和顺序必须跟字符串中格式化控制符出现的次数和顺序相同。上述例子中,如果不使用索引,那么整数值 5000 就要传递四次。

```
fmt.Printf("十进制:%d\n二进制:%#b\n八进制:%#o\n十六进制:%#x\n", 5000, 5000,
5000, 5000)
```

13.2.10　通过参数来控制文本的宽度和精度

对浮点数值进行格式化时,文本宽度值与精度值也可以通过索引从 Printf 函数的可变参数列表中获取相应的值。需要注意的是,如果 Printf 函数中的参数被用于设置文本宽度和精度,那么其类型必须是 int。

用于设置文本宽度和精度的索引后面需要加上"＊"符号(星号),这是为了标识这些值不参与格式化处理。

下面的示例会通过变量 width 和 prec 来控制格式化后输出文本的宽度和精度,第一次调用 Printf 函数后,会修改变量的值,然后接着输出。

```
var (
    width = 7        // 宽度
    prec = 2         // 精度
)
var x float32 = - 0.085216

// 第一次输出
fmt.Printf("%[1]*.[2]*f\n", width, prec, x)

// 修改宽度
width = 12
// 第二次输出
fmt.Printf("%[1]*.[2]*f\n", width, prec, x)

// 修改宽度和精度
width = 20
prec = 5
// 第三次输出
fmt.Printf("%[1]*.[2]*f\n", width, prec, x)
```

结果如下：

```
  - 0.09
     - 0.09
        - 0.08522
```

13.3 读取输入文本

与 Print 函数类似，fmt 包也提供了几组 Scan 函数，用于读取输入信息，详见表 13-2。

表 13-2　Scan 函数分组

按应用目标分组	函数	说　　明
从标准输入流中读取信息，通常是键盘输入	Scan	读取输入的内容并分配给参数序列。每个参数以空格分隔；换行符"\n"也被视为空格
	Scanln	读取输入的内容，遇到换行符就会终止读入
	Scanf	读取输入的内容，并根据格式化字符串指定的参数来提取内容
输入信息从给出的字符串实例中提取	Sscan	从给出的字符串中读入内容
	Sscanln	从给出的字符串中读入内容，若遇到换行符就会终止
	Sscanf	依据指定的格式来读入内容
从文件或者实现 io. Reader 接口的流中读取信息	Fscan	从文件或其他流对象中读入内容
	Fscanln	从文件或流中读入内容，若遇到换行符则终止读取
	Fscanf	依据指定的格式从文件或流中读入内容

13.3.1 读取键盘输入的内容

本小节通过一个示例来阐述 Scanln 函数的使用。该示例将实现这样的功能：运行程序后，先分别输入两个整数，然后输入运算法则，具体如下：

（1）＋：加法运算

（2）－：减法运算

（3）＊：乘法运算

（4）/：除法运算

最后程序打印出计算结果。

下面是实现步骤。

步骤 1：定义两个 int 类型的变量，用于存储输入的整数。

```
var num1, num2 int
```

步骤 2：定义变量 op，表示运算法则。

```
var op string
```

步骤 3：调用 Scanln 函数，读取键盘输入的整数值。

```
// 读入第一个整数
fmt.Print("请输入第一个整数:")
fmt.Scanln(&num1)
// 读入第二个整数
fmt.Print("请输入第二个整数:")
fmt.Scanln(&num2)
```

步骤 4：读取键盘输入的运算法则。

```
fmt.Print("请输入运算法则:")
fmt.Scanln(&op)
```

在调用 Scanln 函数时，注意传递参数时要使用指针类型，即提取变量的地址。因为函数调用后会修改变量的值，所以要按地址来传递参数。

步骤 5：执行计算操作，用 switch 语句来分析运算法则。

```
var result int
// 分析并完成计算
switch op {
case "+":
    result = num1 + num2
case "-":
    result = num1 - num2
case "*":
    result = num1 * num2
```

```
case "/":
    result = num1 / num2
default:
    // 如果输入的运算法则无效
    // 则默认进行加法运算
    op = "+"
    result = num1 + num2
}
```

步骤 6：输出计算结果。

```
fmt.Printf("\n计算结果:%d %s %d = %d\n", num1, op, num2, result)
```

运行示例。输入 100，按回车键继续；输入 50，按回车键；接着输入"+"，按回车键。得到计算结果如下：

```
请输入第一个整数:100
请输入第二个整数:50
请输入运算法则:+

计算结果:100 + 50 = 150
```

再次运行示例。输入 25，按回车键确认；再输入 4，按回车键；接着输入"＊"，按回车键。得到以下计算结果：

```
请输入第一个整数:25
请输入第二个整数:4
请输入运算法则:*

计算结果:25 * 4 = 100
```

以同样方式操作，计算 3000 / 60 的结果。

```
请输入第一个整数:3000
请输入第二个整数:60
请输入运算法则:/

计算结果:3000 / 60 = 50
```

13.3.2 从文件中读入文本

Fscanln 函数可以从文件中逐行读取文本，即对于同一个输入流对象，每调用一次 Fscanln 函数，就会向前读取一行文本。如果到达文件末尾，就会返回 EOF 错误。

下面示例实现功能：从一个名为"data.txt"的文件中读出所有内容，每读出一行，就把该行的文本输出到屏幕上。

```
fileName := "data.txt"
// 打开文件
var file, err = os.Open(fileName)
if err != nil {
    fmt.Printf("错误:%v\n", err)
    return
}
// 当代码执行完当前上下文后自动释放资源
defer file.Close()
// 从文件读入文本
fmt.Println("从文件中读到的内容如下:")
err = nil
// 存储读入的一行文本
var line string
// 统计读入的行数
var lineNo uint
for {
    _, err = fmt.Fscanln(file, &line)
    // 行数递增
    lineNo++
    if err == io.EOF {
        // 已到达文件末尾,跳出循环
        break
    }
    fmt.Printf("%-4d %s\n", lineNo, line)
}
```

本示例中是通过 for 循环来不断地读取文件的内容,直到发生 EOF 错误(到达文件末尾)为止。

示例执行结果如下:

```
从文件中读到的内容如下:
1    《望天门山》
2    作者:李白
3    天门中断楚江开
4    碧水东流至此回
5    两岸青山相对出
6    孤帆一片日边来
```

从结果中可以看到,程序从 data.txt 文件中读取了 6 行文本。

13.3.3 以特定的格式读取文本

Scanf 函数(包括 Fscanf、Sscanf 函数)可以用格式化的方式来读入文本,被格式化的内容会存放到传递给 Scanf 函数的参数中。Scanf 函数的格式化功能没有 Printf 函数那么强大,能用的格式化控制符较少。Scanf 函数不支持%p(指针)、%T(获取类型)控制符,也不支持浮点类型的精度设置(仅支持宽度设置)。

Scanf 函数是通过空格来分隔参数的,例如:

```
var a string
var b int
fmt.Scanf("%s%d", &a, &b)
```

以上代码调用 Scanf 函数可以读取字符串与十进制数值。在输入时,第一个参数与第二个参数之间需要有空格,例如:

```
abc 123
```

确认输入后,abc 会赋值给变量 a,123 赋值给变量 b。如果 abc 和 123 之间没有空格,就会将整个输入文本赋值给变量 a,变量 b 未赋值(保留默认值 0)。

```
abc123                    // 结果:a = abc123,b = 0
```

如果输入的是"abc1 23",那么赋值给变量 a 的是"abc1",赋值给变量 b 的是"23"。

```
abc1 23                   // 结果:a = abc1,b = 23
```

在 Scanf 函数中使用%s 控制符容易引发问题。例如:

```
var y, m, d string
fmt.Scanf("%s年%s月%s日", &y, &m, &d)
```

由于键盘输入的所有内容都可以被认为是字符,所以,如果没有遇到空格,那么在输入的文本中,从%s 匹配的位置开始后面所有字符都会被读到一个参数中。

上述例子期待的效果是输入"2010 年 10 月 2 日",然后把 2010 赋值给变量 y,把 10 赋值给变量 m,把 2 赋值给变量 d,然而,实际的运行结果是:

```
2010 年 10 月 2 日             // 结果:y= 2010 年 10 月 2 日, m =,d=
```

也就是说,输入的所有内容都赋值给了 y,m 和 d 未被赋值。

如果将上面的代码做以下修改,就能顺利读取。

```
var y, m, d int
fmt.Scanf("%d年%d月%d日", &y, &m, &d)
```

变量的类型声明为 int,并使用%d 控制符。这样改动后,Scanf 函数只扫描输入文本中的十进制数字,与%d 控制符不兼容的字符被忽略。再次运行程序,就能从输入文本中识别出年、月、日了。

```
2015 年 10 月 3 日             // 结果:y = 2015,m = 10,d = 3
```

13.4　实现 Stringer 接口

fmt 包公开了一个 Stringer 接口,该接口只有一个 String 方法。定义代码如下:

```
type Stringer interface {
    String() string
}
```

实现此接口可以自定义类型的字符串表示形式。当类型对象被传递到 Print 函数、Println 函数或者使用%s 格式控制符的 Printf 函数中打印时,会输出由开发人员自定义的字符串。

接下来请看示例。本示例定义了一个名为 Product 的结构体。

```
type Product struct {
    Pid uint
    ProdName string
    ProdDate string
    ProdColer string
}
```

然后为 Product 结构体定义了一个 String 方法,返回自定义的字符串。

```
func (p Product) String() string {
    return fmt.Sprintf("产品编号:%d,产品名称:%s,产品颜色:%s,生产日期:%s", p.Pid,
p.ProdName, p.ProdColer, p.ProdDate)
}
```

随后,实例化一个 Product 对象,并初始化各字段的值。

```
var vp = Product{
    Pid:        41920014,
    ProdName:   "试验产品 C",
    ProdColer:  "白色",
    ProdDate:   "2017 - 9 - 27",
}
```

然后分别使用 Println 函数,带%v 和%s 格式控制符的 Printf 函数输出该对象。

```
fmt.Println(vp)
fmt.Printf("%v\n", vp)
fmt.Printf("%s\n", vp)
```

运行该示例后,能看到三行代码的输出结果完全相同。

```
产品编号:41920014,产品名称:试验产品 C,产品颜色:白色,生产日期:2017 - 9 - 27
产品编号:41920014,产品名称:试验产品 C,产品颜色:白色,生产日期:2017 - 9 - 27
产品编号:41920014,产品名称:试验产品 C,产品颜色:白色,生产日期:2017 - 9 - 27
```

使用%s 和%v 格式控制符时，都会调用对象的 String 方法来获得自定义的字符串内容。Print、Println 函数默认使用%v 控制符来格式化对象，与 Printf("%v"，vp)函数的调用结果相同。

13.5　连接字符串

将多个字符串实例连接成单个实例，最简单的方法是使用"＋"运算符。例如：

```
var s = "黄河" + "之" + "水" + "天上来"
```

变量 s 为 string 类型，由四个字符串实例连接而成，即"黄河之水天上来"。

"＋"运算符适合用于连接数量较少的字符串实例，如果要操作的字符串对象数量较大，推荐使用 strings 包公开的 Join 函数，此函数接收[]string 类型的参数，以指定的分隔符来连接字符，可轻松完成大批量的字符串的拼接操作。

Join 函数的签名如下：

```
func Join(elems []string, sep string) string
```

elems 参数用于指定要连接的字符串对象列表；sep 参数指定分隔符。在连接字符串时，Join 函数会把 sep 参数指定的内容插入到 elems 参数中每个字符串对象的连接处。

例如，下面代码将多个字符串实例以"♯"为分隔符进行连接。

```
var strs = []string{
    "SP",
    "LP",
    "CD",
    "VHS",
    "LD",
    "VCD",
    "DVD",
}

var out = strings.Join(strs, "#")
```

如果希望将字符串实例直接连起来而不出现分隔符，那么可以将 sep 参数设置为空字符串。例如：

```
var cts = []string{"abcd", "efg", "hijk"}
out = strings.Join(cts, "")
```

连接后，变量 out 变成"abcdefghijk"。

13.6 替换字符串

下面的示例代码将字符串"一天又一天"中的"天"替换为"年"。

```
var a = "一天又一天"
var b = strings.Replace(a, "天", "年", 2)
fmt.Printf("原字符串:%s\n", a)
fmt.Printf("替换之后:%s\n", b)
```

得到的输出结果为：

```
原字符串:一天又一天
替换之后:一年又一年
```

Replace 函数的功能是将字符串中部分内容替换为新的字符串。函数签名如下：

```
func Replace(s string, old string, new string, n int) string
```

参数 s 是原字符串对象(待替换的字符串)；参数 old 指定要被替换的内容；参数 new 指定新的内容；参数 n 表示在原字符串中进行替换操作的次数。例如上述示例中,原字符串中有两处"天",将参数 n 设置为 2,表明将两个"天"都替换为"年"。如果参数 n 设置为 1,那么只替换第一个"天",变成"一年又一天"。

参数 n 也可以设置为 0,表示替换次数不受限制。

若要替换原字符串中所有匹配的内容,还可以使用 ReplaceAll 函数。此函数无须指定替换次数,它会把在原字符串中找到的内容全部替换为新内容。

下面的示例将原字符串中所有字母"g"替换为"t"。

```
str := "dog dog dog"
str2 := strings.ReplaceAll(str, "g", "t")
fmt.Printf("原字符串:%s\n", str)
fmt.Printf("替换之后:%s\n", str2)
```

执行结果如下：

```
原字符串:dog dog dog
替换之后:dot dot dot
```

13.7 拆分字符串

要将某个字符串实例拆分为多个子串,一般需要提供分隔符作为依据。例如：

```
one $$ two $$ three $$ four $$ five
```

可以将分隔符设定为"$$",便可以拆分出五个字符串：one、two、three、four、five。

strings 包中与拆分字符串相关的函数有四个：

（1）Split：依据分隔符拆分字符串，并去掉分隔符。

（2）SplitAfter：依据分隔符拆分字符串，拆分点在分隔符之后，并且保留分隔符。

（3）SplitN：依据分隔符拆分字符串，并去掉分隔符。此函数可以指定拆分后字符串实例的数量（即子串的个数）。如果已拆分的字符串实例个数已达到指定的数量，那么余下的部分将不再拆分。

（4）SplitAfterN：依据分隔符拆分字符串，保留分隔符，并且可以指定拆分结果的数量，情况与 SplitN 函数类似。

下面的示例演示了这四个函数的用法。

```
var s = "ABC♯DEFG♯HIJ♯KLMN♯OPQ♯RST♯UVW♯XYZ"

var res = strings.Split(s, "♯")
fmt.Printf("以"♯"为隔符,拆分整个字符串:\n%s\n\n", strings.Join(res, "、"))

res = strings.SplitN(s, "♯", 2)
fmt.Printf("以"♯"为分隔符拆分字符串,但只拆分两次:\n%s\n\n", strings.Join(res, "、"))

res = strings.SplitAfter(s, "♯")
fmt.Printf("在分隔符之后拆分,保留分隔符:\n%s\n\n", strings.Join(res, "、"))

res = strings.SplitAfterN(s, "♯", 3)
fmt.Printf("在分隔符之后拆分,保留分隔符,仅拆分三次:\n%s\n", strings.Join(res, "、"))
```

在调用 SplitN 函数时，第三个参数设置为 2，即将原字符串拆分为两个子串。因此只有第一个"♯"出现的地方被拆分，其余部分被保留。拆分后，子串中的第一个元素为"ABC"，第二个元素为"DEFG♯HIJ♯KLMN♯OPQ♯RST♯UVW♯XYZ"。

SplitAfterN 函数的处理方式与 SplitN 函数相似。第三个参数设置为 3，表示原字符串被拆分为三段。所以只有前两个"♯"出现的地方被处理，余下的内容被保留。由于"♯"被保留，所以拆分后产生的三个子串依次为："ABC♯""DEFG♯""HIJ♯KLMN♯OPQ♯RST♯UVW♯XYZ"。

示例的运行结果如下：

```
以"♯"为隔符,拆分整个字符串:
ABC、DEFG、HIJ、KLMN、OPQ、RST、UVW、XYZ

以"♯"为分隔符拆分字符串,但只拆分两次:
ABC、DEFG♯HIJ♯KLMN♯OPQ♯RST♯UVW♯XYZ

在分隔符之后拆分,保留分隔符:
ABC♯、DEFG♯、HIJ♯、KLMN♯、OPQ♯、RST♯、UVW♯、XYZ

在分隔符之后拆分,保留分隔符,仅拆分三次:
ABC♯、DEFG♯、HIJ♯KLMN♯OPQ♯RST♯UVW♯XYZ
```

13.8　查找子字符串

在原字符串中查找子字符串有多种方式,可以大体归纳为以下几种:

(1) 包含。指定的子字符串是否存在于原字符串中,如 Contains、ContainsRune 函数;或者子字符串是否出现在原字符串的首部或尾部,即前缀/后缀,如 HasPrefix、HasSuffix 函数。

(2) 索引。查找子字符串在原字符串中的位置,如 Index、LastIndex 等函数。

(3) 统计。计算子字符串在原字符串中出现的次数,如 Count 函数。

13.8.1　查找前缀与后缀

HasPrefix 函数的签名如下:

```
func HasPrefix(s, prefix string) bool
```

它的功能是判断字符串 s 是否以 prefix 开头,如果是,就返回 true,否则返回 false。对应地,还有一个 HasSuffix 函数:

```
func HasSuffix(s, suffix string) bool
```

它用于判断字符串 s 是否以 suffix 结尾,若是,则返回 true,否则返回 false。

请看下面的例子。

```
var s = "stick"
res := strings.HasPrefix(s, "st")
fmt.Printf(""stick"是否以"st"开头? % t\n", res)

s = "flush"
res = strings.HasPrefix(s, "tr")
fmt.Printf(""flush"是否以"tr"开头? % t\n", res)
```

该例子首先判断字符串"stick"是否以"st"开头,然后判断"flush"是否以"tr"开头。判断结果如下:

```
"stick"是否以"st"开头?true
"flush"是否以"tr"开头?false
```

判断"photo"是否以"ch"结尾。

```
s = "photo"
res = strings.HasSuffix(s, "ch")
fmt.Printf(""photo"是否以"ch"结尾? % t\n", res)
```

将得到以下结果：

```
"photo"是否以"ch"结尾?false
```

13.8.2 查找子字符串的位置

Index 函数与 LastIndex 函数都支持在原字符串中查找子字符串的索引，只是查找的方向不同。Index 函数返回子字符串第一次出现的索引，LastIndex 函数则返回子字符串最后一次出现的索引。如果原字符串中找不到子字符串，就返回－1。

例如，在字符串"明日复明日，明日何其多。我生待明日，万事成蹉跎"中找出"明日"所在的位置（即索引，索引从 0 开始计算）。代码如下：

```
var text = "明日复明日,明日何其多。我生待明日,万事成蹉跎"
// 查找"明日"第一次出现的位置
index1 := strings.Index(text, "明日")
fmt.Printf(""明日"第一次出现的位置:%d\n", index1)
// 查找"明日"最后一次出现的位置
index2 := strings.LastIndex(text, "明日")
fmt.Printf(""明日"最后一次出现的位置:%d\n", index2)
// 查找"昨日"在字符串中的位置
index3 := strings.Index(text, "昨日")
fmt.Printf(""昨日"在字符串中的位置:%d\n", index3)
```

执行代码后，得到结果如下：

```
"明日"第一次出现的位置:0
"明日"最后一次出现的位置:45
"昨日"在字符串中的位置:-1
```

此时会发现，"明日"最后一次出现的索引是 45，并不符合预期结果，因为最后一个"明"字的位置是 16，其索引应该是 15。

原因在于 Index 函数（包括 LastIndex 函数）返回的索引是字符串中的字节位置，而不是字符的位置。这时可以编写一个函数来处理，例如下面的 runeIndexOf 函数。

```
func runeIndexOf(src string, byteIndex int) int {
    if byteIndex <= 0 {
        return byteIndex
    }
    theBuffer := []byte(src)[:byteIndex]
    // 再转为字符串
    str := string(theBuffer)
    // 转为 rune 切片
    rs := []rune(str)
    // 返回字符个数
    return len(rs)
}
```

其原理和处理过程如下：

(1) 运用切片([]byte)的特性截取原字符串中的一段字节。字节范围从 0 到 Index/LastIndex 函数找到的索引处(byteIndex 参数的值)。

(2) 把截取到的字节序列转换成字符串。

(3) 把字符串转换成[]rune,即把字符串打散成由单个字符元素组成的切片(函数中的rs 变量)。

(4) 调用 len 函数计算出 rs 的长度。这个长度就是要查找字符的索引。

现在,将示例中查找子串位置的代码修改一下,在调用 Index/LastIndex 函数后,再调用 runeIndexOf 函数转化索引。

```
index1 := strings.Index(text, "明日")
index1 = runeIndexOf(text, index1)
……
index2 := strings.LastIndex(text, "明日")
index2 = runeIndexOf(text, index2)
……
index3 := strings.Index(text, "昨日")
index3 = runeIndexOf(text, index3)
……
```

再次运行示例,就能得到预期的结果了。

```
"明日"第一次出现的位置:0
"明日"最后一次出现的位置:15
"昨日"在字符串中的位置:-1
```

13.9 修剪字符串

修剪字符串即去掉字符串首部或尾部的特定字符。例如在处理键盘输入的用户名和密码时,经常会在字符串的首尾意外地输入空格。所以,程序在获取到输入的文本时,应当将字符串首尾的空格符修剪掉。

13.9.1 去除前缀和后缀

strings 包中以"Trim"开头的函数都可用于修剪字符串。其中,TrimPrefix 和 TrimSuffix 函数用于剪掉字符串的前缀或后缀。

例如,FTP 地址一般是以"ftp://"打头,可以使用 TrimPrefix 函数将其去掉。

```
var str = "ftp://am:321@192.168.1.13"
var str2 = strings.TrimPrefix(str, "ftp://")
fmt.Printf("修剪前:%s\n修剪后:%s\n", str, str2)
```

修剪结果如下：

```
修剪前:ftp://am:321@192.168.1.13
修剪后:am:321@192.168.1.13
```

下面的示例演示如何使用 TrimSuffix 函数去掉文件扩展名。

```
files := []string{
    "dx.xct",
    "sc_u.xct",
    "op_v6.xct",
    "etacl.xct",
}

fmt.Println("文件列表:")
for _, f := range files {
    fmt.Println(f)
}

// 去除扩展名
var prcdFiles = make([]string, 0)
for _, f := range files {
    nf := strings.TrimSuffix(f, ".xct")
    prcdFiles = append(prcdFiles, nf)
}

fmt.Println("\n去掉扩展名后:")
for _, f := range prcdFiles {
    fmt.Println(f)
}
```

其中核心代码为调用 TrimSuffix 函数的 for 循环。

```
for _, f := range files {
    nf := strings.TrimSuffix(f, ".xct")
    prcdFiles = append(prcdFiles, nf)
}
```

将已经修剪过的文件名存入 prcdFiles 变量中。该变量初始化时是一个长度为 0 的切片，随后调用 append 函数来添加元素。

文件名修剪结果如下：

```
文件列表:
dx.xct
sc_u.xct
op_v6.xct
etacl.xct
```

```
去掉扩展名后:
dx
sc_u
op_v6
etacl
```

13.9.2 去除字符串首尾的空格

TrimSpace 函数的功能是去掉字符串首尾的空格。例如:

```
str := " 山顶千门次第开 "
str2 := strings.TrimSpace(str)
fmt.Printf("原字符串:% #v\n", str)
fmt.Printf("去掉首尾的空格:% #v\n", str2)
```

％#v 控制符可以使用 Go 语言表达式来呈现对象——此处主要的作用是为字符串加上双引号,这样才能直观地看到空格是否被删除。

空格去除前后对比如下:

```
原字符串:      "山顶千门次第开 "
去掉首尾的空格:"山顶千门次第开"
```

13.9.3 修剪指定的字符

以下函数都可以自定义要被修剪的字符:

(1) Trim:在字符串的首部和尾部同时修剪。只要被指定的字符出现在原字符串的首部或尾部,都会修剪掉。

(2) TrimLeft:只在原字符串的首部修剪掉指定的字符。

(3) TrimRight:在原字符串的尾部修剪掉指定的字符。

下面的代码执行后,整个字符串都会被修剪掉,最后的结果就是一个空白的字符串。

```
var s = "上海自来水来自海上"
var s2 = strings.Trim(s, "海水上来自")
fmt.Printf("修剪前:% q\n", s)
fmt.Printf("修剪后:% q\n", s2)
```

Trim 函数的第二个参数用于指定要修剪的字符列表,类型为字符串。参数中的字符出现顺序不影响 Trim 函数的执行,只要此参数中任意一个字符出现在原字符串的首部或尾部,都会被去除。

上述示例的执行结果如下:

```
修剪前:"上海自来水来自海上"
修剪后:""
```

其处理过程如下：

（1）去掉首尾的"上"，得到字符串"海自来水来自海"。

（2）去掉首尾的"海"，得到字符串"自来水来自"。

（3）去掉首尾的"自"，得到字符串"来水来"。

（4）去掉首尾的"来"，得到字符串"水"。

（5）最后，"水"也被去掉，所以结果是空字符串。

下面的示例将字符串"www. example. org"中的"www. "和". org"去掉，保留"example"。

```
var s = "www.example.org"
var s2 = strings.Trim(s, "www.org")
fmt.Printf("处理前:%s\n", s)
fmt.Printf("处理后:%s\n", s2)
```

运行结果如下：

```
处理前:www.example.org
处理后:example
```

接下来看一个 TrimRight 函数的例子。该例子将去除字符串尾部的阿拉伯数字。

```
var s = "id_562043"
var s2 = strings.TrimRight(s, "0123456789")
fmt.Printf("处理前:%s\n", s)
fmt.Printf("处理后:%s\n", s2)
```

执行代码后会得到以下结果：

```
处理前:id_562043
处理后:id_
```

13.10　重复字符串

Repeat 函数的功能是将输入字符串重复指定的次数，组成新的字符串实例并返回。
例如，下面的代码会将字符串"ABC"变成"ABCABCABC"。

```
var str = "ABC"
var s2 = strings.Repeat(str, 3)
fmt.Printf("原字符串:%s\n", str)
fmt.Printf("重复三次:%s\n", s2)
```

处理结果如下：

```
原字符串:ABC
重复三次:ABCABCABC
```

要注意的是,Repeat 函数并非可以无限制地重复的,如果重复的次数过大,超出了可分配内存的有效空间,就会引发运行时错误。例如:

```
var s = "^_^"
var s2 = strings.Repeat(s, 6259706268)
fmt.Println(s2)
```

运行后会得到以下错误:

```
runtime: VirtualAlloc of 18779119616 bytes failed with errno=1455
fatal error: out of memory
```

13.11　字符串与数值之间的转换

strconv 包提供的 API 可实现字符串与其他基础类型之间的转换。例如字符串转换为浮点数值,整数值转换为字符串等。

要将字符串转换为整数值,可以使用以下两个函数:

```
func ParseInt(s string, base int, bitSize int) (int64, error)
func ParseUint(s string, base int, bitSize int) (uint64, error)
```

两个函数的功能相同,唯一的区别是 ParseInt 函数返回的是有符号的整数,而 ParseUint 函数返回的是无符号的整数。

参数 s 是要进行转换的字符串。base 参数指定转换成整数时所使用的进制,可用值有 2、8、10、16。如果 base 参数为 0,会根据字符串的前缀来选择进制,即"0b"为二进制,"0"或"0o"为八进制,"0x"为十六进制,十进制数值不需要前缀。

bitSize 参数指定产生整数值的位数,即 0 表示 int 或 uint 类型的值,8 表示 int8 或者 uint8,16 表示 int16 或 uint16,32 表示 int32 或 uint32,64 表示 int64 或 uint64。

将字符串转换为浮点数值,需要用到以下函数:

```
func ParseFloat(s string, bitSize int) (float64, error)
```

其中,bitSize 指定位数,32 表示 float32 类型,64 表示 float64 类型。

下面举三个例子。

第一个例子是将十六进制整数字符串转换为 32 位整数。

```
var str = "0xb20d8a"
var n, err = strconv.ParseInt(str, 0, 32)
// 处理错误
if err != nil {
    fmt.Println(err)
    return
```

```
}
fmt.Printf("%q -> %v\n", str, int32(n))
```

字符串中包含了十六进制的前缀"0x",因此在调用 ParseInt 函数时,第二个参数直接赋值为 0。

第二个例子是将二进制数值字符串转换为 8 位无符号整数。

```
str = "111"
n2, err := strconv.ParseUint(str, 2, 8)
if err != nil {
    fmt.Println(err)
    return
}
fmt.Printf("%q -> %v\n", str, uint8(n2))
```

由于字符串"111"没有带"0b"前缀,函数不能自动识别为二进制整数值,所以在调用 ParseUint 函数时,第二个参数要明确指定为 2。

最后一个例子是将字符串转换为 32 浮点数值。

```
str = "0.20205"
n3, err := strconv.ParseFloat(str, 32)
if err != nil {
    fmt.Println(err)
    return
}
fmt.Printf("%q -> %.6f\n", str, float32(n3))
```

ParseXXX 函数都有两个返回值:第一个返回值是转换成功后的数值;第二个返回值是错误信息 error。因此在调用 ParseXXX 函数后可以判断一下 error 是否为 nil,若为 nil 表明函数调用成功;若不为 nil 表明发生了错误。

13.12　切换大小写

要切换字符串的大小写,需要用到 strings 包里面的两个函数。

```
func ToUpper(s string) string          // 转换为大写
func ToLower(s string) string          // 转换为小写
```

请看一个简单例子。

```
// 大写 -> 小写
var x = "CXPKH"
var y = strings.ToLower(x)
fmt.Printf("%q转换为小写后:%v\n", x, y)

// 小写 -> 大写
```

```
x = "capture"
y = strings.ToUpper(x)
fmt.Printf("%q 转换为大写后:%v\n", x, y)
```

注意 ToUpper 和 ToLower 函数只对字母有效,如果处理的是数字、特殊符号、汉字或其他非字母的 Unicode 字符,这两个函数将不起作用。例如:

```
x = "前进 123"
y = strings.ToUpper(x)
fmt.Printf("%q 转换为大写后:%v\n", x, y)
```

执行代码后,ToUpper 函数将原字符串返回。

```
"前进 123"转换为大写后:前进 123
```

对于非英文字母(但也是字母)也是有效的。例如:

```
x = "ΩЙТЦ"
y = strings.ToLower(x)
fmt.Printf("%q 转换为小写后:%v\n", x, y)
```

转换结果如下:

```
"ΩЙТЦ"转换为小写后: ωйтц
```

13.13　使用 Builder 构建字符串

不管是使用"＋"运算符,或是 Join 函数来构建字符串,都会产生多次的内存复制操作(创建新的字符串实例,再将旧的字符串实例复制进去)。Builder 类型通过维护内存中的缓冲区来构建新字符串实例,只有当写入的数据超出缓冲区的容量时才会重新分配内存,因此 Builder 类型的性能会更好。

创建 Builder 实例后,可以调用以下方法写入内容:

(1) Write:以字节序列的方式写入。

(2) WriteByte:只写入一个字节。

(3) WriteString:直接写入字符串。

(4) WriteRune:只写入一个字符。

还可以调用以下方法手动增加缓冲区的容量:

```
func Grow(n int)
```

一般不需要直接调用,因为在写入内容时,Builder 对象会自动增长容量。调用 Grow 方法后产生的新缓冲区容量为:

$$c_2 = c_1 \times 2 + n$$

其中,c_1 表示原缓冲区的容量,c_2 表示新缓冲区的容量,n 表示要增加的容量(即 Grow 方法的参数)。也就是说,旧缓冲区的容量翻倍再加上 n 的值,就是新缓冲区的容量。

字符串构建完毕后,调用 Builder 对象的 String 方法可以获取字符串实例。若将 Builder 对象直接传递给 Print、Println 等函数,它会自动输出其中的字符串内容,因为 Builder 类型存在 String 方法,实现了 Stringer 接口。

请看下面例子。

```
var bd = new(strings.Builder)
// 开始构建字符串
bd.WriteString("你好")
bd.WriteRune('\n')
bd.WriteString("小明")
// 输出字符串
fmt.Printf("刚创建的字符串:\n%s\n", bd)
```

调用 new 函数即可创建 Builder 类型的实例,返回类型为指针(* Builder),然后就可以调用 Write、WriteString 等方法写入内容,最后将新字符串实例输出。

其结果如下:

```
刚创建的字符串:
你好
小明
```

【思考】

1. 调用 Printf 函数打印某个浮点数值,要求保留三位小数,请问格式控制符应该如何写。

2. 如何把字符串"xdt%kvc%opt%sta"以"%"为分隔符进行拆分?

3. 如何去掉字符串尾部的空格?

第 14 章

常用数学函数

本章主要内容如下：

- 求绝对值；
- 最大值与最小值；
- 三角函数与反三角函数；
- 幂运算；
- 开平方/立方根；
- 大型数值；
- 随机数。

微课视频

14.1　求绝对值

Abs 函数接收一个 float64 类型的参数，然后返回它的绝对值。

Abs 函数使用方法比较简单，请参考以下例子。

```
var (
    x1 float64 = -23.00
    x2 float64 = 18.02
    x3 float64 = 15
    x4 float64 = -3000
    x5 float64 = 0.56
)

// 计算绝对值
r1 := math.Abs(x1)
r2 := math.Abs(x2)
r3 := math.Abs(x3)
r4 := math.Abs(x4)
r5 := math.Abs(x5)

// 输出结果
fmt.Printf("%.2f 的绝对值:%.2f\n", x1, r1)
```

```
fmt.Printf("%.2f 的绝对值:%.2f\n", x2, r2)
fmt.Printf("%.2f 的绝对值:%.2f\n", x3, r3)
fmt.Printf("%.2f 的绝对值:%.2f\n", x4, r4)
fmt.Printf("%.2f 的绝对值:%.2f\n", x5, r5)
```

Abs 函数在 math 包中定义,使用前要将 math 包导入。

```
import (
    ......
    "math"
)
```

上述代码执行结果如下:

```
-23.00 的绝对值:23.00
18.02 的绝对值:18.02
15.00 的绝对值:15.00
-3000.00 的绝对值:3000.00
0.56 的绝对值:0.56
```

14.2　最大值与最小值

使用 Max 和 Min 函数可以返回两个浮点数的最大值和最小值。例如:

```
var (
    num1 float64 = 8515.33
    num2 float64 = 124.09
)

fmt.Printf("数值:%.2f、%.2f\n", num1, num2)
fmt.Printf("较大的值:%.2f\n", math.Max(num1, num2))
fmt.Printf("较小的值:%.2f\n", math.Min(num1, num2))
```

运行结果如下:

```
数值:8515.33、124.09
较大的值:8515.33
较小的值:124.09
```

这两个函数也可以用于整数值的比较,但要进行类型转换。

```
var (
    a int32 = -900
    b int32 = -200
)
// 注意类型转换
```

```
mx := int32(math.Max(float64(a), float64(b)))
mn := int32(math.Min(float64(a), float64(b)))

fmt.Printf("数值:%d、%d\n", a, b)
fmt.Printf("最大值:%d\n", mx)
fmt.Printf("最小值:%d\n", mn)
```

结果如下:

```
数值:-900、-200
最大值:-200
最小值:-900
```

当将 int32 类型的数值传递给 Max 或 Min 函数时,要将其转换为 float64 类型。函数调用成功后,返回的类型为 float64,需转换回 int32 类型。

Go 语言的类型转换格式如下:

```
<目标类型>(x)
```

例如,要将 x 的值转换为 int8 类型,其表达式应为:

```
int8(x)
```

14.3 三角函数与反三角函数

常用的三角函数有:

(1) Sin:计算正弦值。

(2) Cos:计算余弦值。

(3) Tan:计算正切值。

(4) 双曲线的三角函数:Sinh、Cosh、Tanh。

(5) Sincos:同时计算正弦、余弦值,即 Sin、Cos 函数的结合。

标准库并未提供余切函数(Cot),可以通过三角函数之间的运算关系间接求得。例如正切与余切的倒数关系。

$$Cotx = \frac{1}{Tanx}$$

另一组函数为反三角函数,包括:

(1) Asin:反正弦函数。

(2) Acos:反余弦函数。

(3) Atan:反正切函数。

(4) Atan2:计算方位角,即从原点到点(x,y)形成的直线与 x 轴的夹角。

不管是三角函数还是反三角函数,所使用的均为弧度角。角度制与弧度制的转换公式如下:

$$r=\frac{\pi}{180}\times d,其中,d 为角度,r 为弧度,\pi 是圆周率$$

下面的代码将计算 30°的正弦与余弦值。

```
var d float64 = 30.0
// 转换为弧度角
var r = d * math.Pi / 180
// 计算正弦值
var s = math.Sin(r)
// 计算余弦值
var c = math.Cos(r)
fmt.Printf("角度:%.2f\n", d)
fmt.Printf("正弦值:%.2f\n余弦值:%.2f\n", s, c)
```

math.Pi 是一个常量值,代表圆周率的值。三角函数的输入参数和返回值均为 float64 类型。
执行代码后会得到以下结果:

```
角度:30.00
正弦值:0.50
余弦值:0.87
```

也可以调用 Sincos 函数一次性完成正弦、余弦的计算。

```
var d float64 = 45.0
// 转换为弧度角
r := math.Pi / 180 * d
// 求正弦、余弦值
var s, c = math.Sincos(r)
fmt.Printf("角度:%.1f\n", d)
fmt.Printf("正弦值:%.1f\n", s)
fmt.Printf("余弦值:%.1f\n", c)
```

Sincos 函数返回两个值:第一个值为 x 的正弦值,第二个值为 x 的余弦值。
下面的代码计算某个点的方位角。

```
// 坐标点
var x, y float64 = 15.28, 54.72
// 计算夹角
rad := math.Atan2(y, x)
// 转换为角度
d := rad * 180 / math.Pi
fmt.Printf("点 (%.2f, %.2f) 与 x 轴的夹角:%.2f\n", x, y, d)
```

计算结果如下:

```
点 (15.28, 54.72) 与 x 轴的夹角:74.40
```

14.4　幂运算

Pow 函数用于计算 x 的 y 次方，参数与返回值皆为 float64 类型。定义如下：

```
func Pow(x, y float64) float64
```

其中，x 为底数，y 为指数。

下面代码依次求 3^4、2^6、20^{-2} 的结果。

```
// 计算 3 的 4 次方
var bs, exp float64 = 3, 4
result := math.Pow(bs, exp)
fmt.Printf("%.0f 的 %.0f 次方:%.0f\n", bs, exp, result)

// 计算 2 的 6 次方
bs, exp = 2, 6
result = math.Pow(bs, exp)
fmt.Printf("%.0f 的 %.0f 次方:%.0f\n", bs, exp, result)

// 计算 20 的 -2 次方
bs, exp = 20, -2
result = math.Pow(bs, exp)
fmt.Printf("%.0f 的 %.0f 次方:%.4f\n", bs, exp, result)
```

计算结果如下：

```
3 的 4 次方:81
2 的 6 次方:64
20 的 -2 次方:0.0025
```

另外，还可以使用 Pow10 函数来计算以 10 为底数的幂运算。

```
fmt.Printf("10 的 8 次方:%.0f\n", math.Pow10(8))
fmt.Printf("10 的 3 次方:%.0f\n", math.Pow10(3))
```

14.5　开平方/立方根

开平方根使用 Sqrt 函数，开立方根使用 Cbrt 函数。例如：

```
// 开平方根
n := float64(400)
r := math.Sqrt(n)
fmt.Printf("%.0f 开平方根后:%.0f\n", n, r)
// 开立方根
n = 125
```

```
r = math.Cbrt(n)
fmt.Printf("%.0f 开立方根后:%.0f\n", n, r)
```

Sqrt、Cbrt 函数的参数与返回值都是 float64 类型。上述代码的执行结果如下：

```
400 开平方根后:20
125 开立方根后:5
```

14.6 大型数值

math/big 包中公开了一些实用 API,用于表示大型整数值和浮点数值。当基础类型无法容纳要使用的数值时,应改用 big 包中提供的新类型。例如 Int、Float 等。

14.6.1 大型整数值之间的运算

若希望让下面两个整数值完成加、减法运算,这样编写代码会发生错误。

```
var (
    a uint64 = 8000006554217002143024
    b uint64 = 6676225236988563328930
)
c1 := a + b
c2 := a - b
fmt.Printf("%d + %d = %d\n", a, b, c1)
fmt.Printf("%d - %d = %d\n", a, b, c2)
```

运行程序会得到如下的错误信息：

```
constant 8000006554217002143024 overflows uint64
constant 6676225236988563328930 overflows uint64
```

原因是数值太大,已经超过 uint64 类型的有效范围。

解决方案只能使用 big 包中的 Int 类型。下面的代码将重新实现上述两个整数进行加、减运算的功能。

```
// 两个整数值的字符串形式
var (
    num1 = "8000006554217002143024"
    num2 = "6676225236988563328930"
)
// 实例化 Int 对象,使用指针类型( * Int)
var bigInt1 = new(big.Int)
var bigInt2 = new(big.Int)
// 将两个字符串表示的值设置到 Int 对象中
bigInt1.SetString(num1, 10)
```

```
bigInt2.SetString(num2, 10)
// 进行加法运算
var res1 = new(big.Int)
res1.Add(bigInt1, bigInt2)
fmt.Printf("%d + %d = %d\n", bigInt1, bigInt2, res1)
// 进行减法运算
var res2 = new(big.Int)
res2.Sub(bigInt1, bigInt2)
fmt.Printf("%d - %d = %d\n", bigInt1, bigInt2, res2)
```

由于基础的整数类型（例如 int64、uint64）均无法容纳两个大型整数值，所以只能用字符串来表示。

```
num1 = "8000006554217002143024"
num2 = "6676225236988563328930"
```

然后，调用 Int 实例的 SetString 方法将整数值设置到 Int 实例中。如果要设置的值未超出基础类型的有效范围，是可以使用 SetInt64 和 SetUint64 方法的。

两个大型整数值进行加减运算后，其结果也是大型数值，因此也需要使用 Int 对象来存储计算结果。加法运算调用 Add 方法，减法运算调用 Sub 方法。

```
res1.Add(bigInt1, bigInt2)
res2.Sub(bigInt1, bigInt2)
```

运行上述程序，将得到以下计算结果：

```
8000006554217002143024 + 6676225236988563328930 = 14676231791205565471954
8000006554217002143024 - 6676225236988563328930 = 1323781317228438814094
```

big 包中的类型对象一般会使用指针类型（如 *Int、*Float 等）。一方面，指针类型仅引用对象的地址，保证在调用各种方法（如上面用到的 Add 方法）过程中所传递的都是唯一的实例；另一方面，这些类型实例存储的数值很大，占用内存空间也比较多，不适宜频繁复制（非指针类型变量在赋值时会复制对象，而指针类型变量仅复制对象的内存地址）。

14.6.2　阶乘运算

阶乘的计算结果往往较大，极有可能超出基础整数类型的范围，因此使用 big.Int 类型来存储阶乘运算的结果较为合适。

big.Int 类型是可以直接进行阶乘运算的，因为它有一个名为 MulRange 的方法，其签名如下：

```
func MulRange(a int64, b int64) *Int
```

它的功能是产生[a,b]范围内的所有整数的积（包含 a 和 b）。运用这个方法便可以轻

松完成阶乘运算,即将求积的整数范围设定在[1,n]或[2,n]。例如,要求5的阶乘,可以这样调用方法:

```
MulRange(1, 5)
或者
MulRange(2, 5)
```

下面的示例分别求30和50的阶乘。

```
var c = new(big.Int)
// 求 30 的阶乘
c.MulRange(1, 30)
fmt.Printf("30!= %d\n", c)
// 求 50 的阶乘
c.MulRange(1, 50)
fmt.Printf("50!= %d\n", c)
```

计算结果如下:

```
30!= 265252859812191058636308480000000
50!= 30414093201713378043612608166064768844377641568960512000000000000
```

14.6.3　使用大型浮点数值

big 包中的 Float 类型与 Int 类型相似,专用于存储大型的浮点数值。

下面的代码将创建 Float 对象,并设置一个大型的浮点数值。

```
var strfloat = "0.0012345678902345678923456789"
var bigFloat = new(big.Float)
// 设置精度
bigFloat.SetPrec(50)
// 设置浮点数值
bigFloat.SetString(strfloat)
// 打印到屏幕上
fmt.Printf("%.50f\n", bigFloat)
```

SetPrec 方法用来设置浮点数值的精度,上述代码中设置为 50。随后调用 SetString 方法将字符串表示的浮点数设置到 Float 对象中。

浮点数值打印结果如下:

```
0.00123456789023456726950289663591320277191698551178
```

由于二进制运算存在误差,打印出来的数值与原值会有差异。

Float 结构体还定义了一些可进行常见运算的方法。例如,Add 方法支持加法运算,Sub 方法支持减法运算。

下面的示例将演示大型浮点数值的四则运算。

步骤 1：定义两个 float64 类型的变量，作为 Float 对象的原始数值。

```
var (
    a float64 = 1550.797220660354896132160489549963189232654585896489465456159657
    b float64 = 0.0016200166894105953690156
)
```

步骤 2：创建三个 Float 对象实例。

```
var (
    bigFa = new(big.Float)
    bigFb = new(big.Float)
    bigRes = new(big.Float) // 存放计算结果
)
```

步骤 3：设置精度。

```
bigFa.SetPrec(100)
bigFb.SetPrec(100)
bigRes.SetPrec(100)
```

步骤 4：设置原始数值。

```
bigFa.SetFloat64(a)
bigFb.SetFloat64(b)
```

如果数值很大，超过了 float64 类型的可容纳范围，则可以使用字符串来表示数值，再调用 SetString 方法来设置。

步骤 5：完成四则运算。

```
// 加
bigRes.Add(bigFa, bigFb)
fmt.Printf("%.15f + %.15f = %.15f\n", bigFa, bigFb, bigRes)

// 减
bigRes.Sub(bigFa, bigFb)
fmt.Printf("%.15f - %.15f = %.15f\n", bigFa, bigFb, bigRes)

// 乘
bigRes.Mul(bigFa, bigFb)
fmt.Printf("%.15f * %.15f = %.15f\n", bigFa, bigFb, bigRes)

// 除
bigRes.Quo(bigFa, bigFb)
fmt.Printf("%.15f / %.15f = %.15f\n", bigFa, bigFb, bigRes)
```

步骤 6：运行示例，结果如下所示：

```
1550.797220660354924 + 0.001620016689411 = 1550.798840677044334
1550.797220660354924 - 0.001620016689411 = 1550.795600643665513
1550.797220660354924 * 0.001620016689411 = 2.512317379361341
1550.797220660354924 / 0.001620016689411 = 957272.373054734186086
```

14.7 随机数

实际上，计算机通过特定算法产生的并非真正意义上的随机数，只是一种模拟，因此也称为"伪随机数"。相对地，真随机数则是指客观世界中自然产生的随机行为，如掷硬币、随机抽查产品等。

math/rand 包实现了生成伪随机数的 API，可以产生区间在[0,1]的浮点数，或者特定范围内的整数。rand 包也支持随机生成整数序列和"洗牌"程序。

14.7.1 生成随机浮点数

rand. Float32 和 rand. Float64 两个函数的功能相同，都是产生区间在[0.0，1.0)的随机数。区别是返回值的类型，Float32 函数返回的是 float32 类型的浮点数，而 Float64 函数返回的则是 float64 类型的浮点数。

下面的示例分别使用上述两个函数生成五个随机数。

```
fmt.Println(" ------ 32 位浮点数 ------ ")
for i := 0; i < 5; i++{
    var n = rand.Float32()
    fmt.Println(n)
}

fmt.Println("\n ------ 64 位浮点数 ------ ")
for i := 0; i < 5; i++{
    var n = rand.Float64()
    fmt.Println(n)
}
```

生成结果如下：

```
 ------ 32 位浮点数 ------
0.6046603
0.9405091
0.6645601
0.4377142
0.4246375


 ------ 64 位浮点数 ------
```

```
0.6868230728671094
0.06563701921747622
0.15651925473279124
0.09696951891448456
0.30091186058528707
```

14.7.2 生成随机整数

用于生成随机整数的函数较多,可以分为两组。

第一组不需要指定生成数值的最大值,其范围由所返回的类型决定。

(1) Int:返回值为 int 类型。随机产生非负整数,范围为从 0 到 int 类型的最大正数值。

(2) Int31:返回值为 int32 类型。由于产生的随机整数为非负值,因此要去除一个表示符号的二进制位,故产生的整数值为 31 位。

(3) Int63:返回值为 int64 类型。去除一个表示符号的二进制位,所以产生的随机整数为 63 位。

(4) Uint32:返回值为 uint32 类型。由于是无符号整数,不需要去除符号位,故产生的随机整数值为 32 位。

(5) Uint64:返回值为 uint64 类型。无符号整数不需要去除符号位,所以产生的随机整数值为 64 位。

第二组函数需要指定一个最大值,所产生的整数值范围为[0,n),即包括 0,但不包括 n。

(1) Intn:返回值为 int 类型。参数 n 限制产生随机整数的最大值(不包含)。若 n≤0,则会发生错误。

(2) Int31n:返回值为 int32 类型。参数 n 指定产生随机数的最大值(不包含)。若 n≤0,则会发生错误。

(3) Int63n:返回值为 int64 类型。参数 n 限制随机数的最大值(不包含)。若 n≤0,则会发生错误。

下面的示例分别产生 int 和 int32 类型的随机整数(各生成六个数)。

```
fmt.Println("------ 产生 int 类型的随机整数 ------")
for i : = 0; i < 6; i++{
    in : = rand.Int()
    fmt.Println(in)
}

fmt.Println()
fmt.Println("------ 产生 int32 类型的随机整数 ------")
for i : = 0; i < 6; i++{
    in : = rand.Int31()
    fmt.Println(in)
}
```

代码执行结果如下：

```
------ 产生 int 类型的随机整数 ------
5577006791947779410
8674665223082153551
6129484611666145821
4037200794235010051
3916589616287113937
6334824724549167320

------ 产生 int32 类型的随机整数 ------
140954425
336122540
208240456
646203300
1106410694
1747278511
```

下面的示例将演示生成 100 以内的随机整数。

```
for i : = 0; i < 7; i++{
    n : = rand.Intn(100)
    fmt.Println(n)
}
```

生成结果如下：

```
81
87
47
59
81
18
25
```

14.7.3 设置随机数种子

先看一个例子。

```
package main

import (
    "fmt"
    "math/rand"
)

func main() {
    for x : = 0; x < 6; x++{
```

```
        fmt.Println(rand.Int())
    }
}
```

随后把上述程序运行三遍,得到以下结果:

```
// 第一遍
5577006791947779410
8674665223082153551
6129484611666145821
4037200794235010051
3916589616287113937
6334824724549167320

// 第二遍
5577006791947779410
8674665223082153551
6129484611666145821
4037200794235010051
3916589616287113937
6334824724549167320

// 第三遍
5577006791947779410
8674665223082153551
6129484611666145821
4037200794235010051
3916589616287113937
6334824724549167320
```

执行完三遍程序代码后,会发现每次产生的随机数的次序是一样的。

在相同的平台/操作系统上,以相同的算法、相同的种子所产生的随机数序列是完全相同的。因为机器并不能实现客观世界中真正的随机事件,只能通过算法产生伪随机数。

若希望程序每次运行时都产生不同的随机数序列,只要使用不同的种子值来初始化随机数生成器即可。种子值是一个整数值,比较好的一个办法是用系统的当前时间来设置随机数种子。方法是调用 time.Now 函数获得当前时间,然后调用 time.Time 对象的 Unix 方法获得一个整数值,该数值是从 1970 年 1 月 1 日起至今的总秒数,即 Unix 时间戳。

下面的示例实现了在每次运行时都会设置一次随机数种子,然后再生成随机数序列。

```
// 获取时间戳
timestamp := time.Now().Unix()
// 设置随机数种子
rand.Seed(timestamp)

// 产生随机数
for x := 0; x < 5; x++{
```

```
    num := rand.Int()
    fmt.Println(num)
}
```

将上述程序运行三遍,对比一下每次运行产生的随机整数。

```
// 第一遍
3929521635098922683
5819510240259551881
3804936314662245508
1278724564809875943
2485552516896232358

// 第二遍
4154970519674019262
365927249397820588
3423440148071022175
6834036949020946307
465779008660472683

// 第三遍
7249403154602702690
7831640469759703128
8007185422737703794
8527961509177330156
3439308859040024057
```

可以看到,只要每次使用的种子不同,所产生的随机数序列就不相同。

14.7.4　生成随机全排列

调用 Perm 函数可以生成一个包含 n 个元素的整数切片实例,其中每个元素的范围为 $[0, n)$。例如,下面的代码将产生一个包含 5 个随机整数的切片实例,并且每个元素的值均小于 5。

```
var ints = rand.Perm(5)
for _, v := range ints {
    fmt.Println(v)
}
```

得到结果如下:

```
0
4
2
3
1
```

若是调用 Perm 函数时指定参数 n 为 3,即

```
rand.Perm(3)
```

那么产生的切片实例会包含 3 个元素,并且每个元素的值都小于 3。

14.7.5 "洗牌"程序

Shuffle 函数的功能是随机产生两个索引值,可以用于交换集合(如切片)中的两个元素,即"洗牌"程序。它模拟现实世界中扑克牌的洗牌操作——随机打乱元素的顺序。

Shuffle 函数的签名如下:

```
func Shuffle(n int, swap func(i, j int))
```

参数 n 指定原集合中的元素个数。参数 swap 是函数类型,该函数要求有两个 int 类型的输入参数,表示被随机交换顺序的两个元素的索引。开发人员可以通过这个函数来调整元素的顺序。Shuffle 函数只负责调用 swap 参数所引用的函数,而不关心函数内部是如何实现的,这就把"洗牌"行为与重排序行为分离,使逻辑处理更加灵活。

下面的示例将一个 int 类型的切片实例进行三轮"洗牌"。

```
var list = []int{1, 2, 3, 4, 5, 6, 7}
fmt.Printf("原次序:\n%v\n\n", list)
// 用于交换元素顺序的函数
var swap = func(i, j int) {
    list[i], list[j] = list[j], list[i]
}
// 开始"洗牌"
var ln = len(list)
// 第一轮
rand.Shuffle(ln, swap)
fmt.Printf("第一轮:\n%v\n\n", list)
// 第二轮
rand.Shuffle(ln, swap)
fmt.Printf("第二轮:\n%v\n\n", list)
// 第三轮
rand.Shuffle(ln, swap)
fmt.Printf("第三轮:\n%v\n\n", list)
```

程序执行后,会输出以下内容:

```
原次序:
[1 2 3 4 5 6 7]

第一轮:
[1 3 7 2 4 6 5]

第二轮:
[4 7 2 3 6 5 1]
```

第三轮：
[3 5 4 6 1 2 7]

也可以自定义交换顺序的方式。下面的示例也实现了对切片的"洗牌"，但是第一个元素和最后一个元素的顺序始终不变。

```
var list = []int{1, 2, 3, 4, 5, 6, 7, 8}
n := len(list) // 元素个数
fmt.Printf("原顺序:% v\n", list)
// 用于交换元素顺序的函数
swap := func(i, j int) {
    if i != 0 && i != (n-1) && j != 0 && j != (n-1) {
        list[i], list[j] = list[j], list[i]
    }
}
// 开始洗牌
fmt.Println(" ------ 洗牌 ------ ")
// 设置种子值
rand.Seed(time.Now().Unix())
for x := 1; x <= 5; x++{
    fmt.Printf("第 % d 次:", x)
    rand.Shuffle(n, swap)
    fmt.Printf(" % v\n", list)
}
```

五轮洗牌的结果如下：

```
原顺序:[1 2 3 4 5 6 7 8]
------ 洗牌 ------
第 1 次:[1 4 6 3 7 2 5 8]
第 2 次:[1 7 5 3 6 4 2 8]
第 3 次:[1 6 5 2 7 4 3 8]
第 4 次:[1 4 6 5 7 2 3 8]
第 5 次:[1 3 6 5 2 7 4 8]
```

从结果中可以看到，元素 1、8 的位置始终不变。

14.7.6　生成随机字节序列

使用 Read 函数可以生成随机字节序列，其长度取决于传递给函数的切片实例的长度。

Read 函数的调用非常简单，可以通过以下示例来掌握。该示例先创建一个文件，然后使用 Read 函数生成 100 个随机字节，并将这些字节写入文件，最后从刚写入的文件中重新读出这 100 个字节。

步骤 1：调用 os.Create 函数创建新文件，文件名为 test.data。

```
var file, err = os.Create("test.data")
if err != nil {
```

```
    fmt.Printf("错误:%v\n", err)
    return
}
```

Create 函数返回两个值：若文件创建成功,返回一个 File 实例的指针,稍后可用于读写文件内容,并且错误信息为 nil;若创建失败,则返回错误信息,错误信息为有效的 error 对象,用以描述错误类型和发生错误的原因。

步骤 2：生成 100 个随机字节。

```
rand.Seed(time.Now().Unix())
buffer := make([]byte, 100)
rand.Read(buffer)
```

步骤 3：调用 File 实例的 Write 方法,将字节序列写入文件。

```
file.Write(buffer)
file.Close()
```

文件内容写入完成后,应当调用 Close 方法关闭文件的引用。

步骤 4：调用 os.Open 函数,以只读方式打开文件。

```
fileToRead, err := os.Open("test.data")
if err != nil {
    fmt.Printf("错误:%v\n", err)
    return
}
```

步骤 5：通过一个死循环来读取文件,用于缓存内容的[]byte 对象的长度为 16 字节。

```
readBuf := make([]byte, 16)
for {
    n, err := fileToRead.Read(readBuf)
    if err == io.EOF {
        break
    }
    fmt.Printf("%x", readBuf[:n])
}
```

虽然 for 语句是死循环,但在上述代码中,它是有退出条件的。例如：

```
if err == io.EOF {
    break
}
```

EOF 是一种特殊错误信息,表示已经到达文件末尾。因此,一旦发生此类型的错误,表明文件内容已经读取完毕,就可以退出循环。

Read 方法返回的整数值表示真实读到的字节数量,由于 readBuf 对象在创建时指定了长度为 16 字节,但是,并不能保证每次读出来的内容长度都是 16 字节(如果文件所剩余的内容不足 16 字节,那么真实读到的长度可能小于 16),所以在输出时要通过切片语法截取有效的部分。例如:

```
readBuf[:n]                      // 等同于 readBuf[0:n]
```

步骤 6:示例运行结果如下:

成功创建 test.data 文件
已生成随机字节序列:
6f3cca91c1fbea0fa60b4a6422856a555e8f481e914c2033281ab962137a5df37cb4182ee51f3740a77c02e
9829a0448726bee1839e240cffcac7bb77b71cd10cc27ca9b5704b9d86107803f8d40ee5e8dedb
281f7a97be89d93d6807cfc9dc5780118a2
文件写入完毕

正在读取文件……
文件内容:
6f3cca91c1fbea0fa60b4a6422856a555e8f481e914c2033281ab962137a5df37cb4182ee51f3740a77c02e
9829a0448726bee1839e240cffcac7bb77b71cd10cc27ca9b5704b9d86107803f8d40ee5e8dedb
281f7a97be89d93d6807cfc9dc5780118a2

【思考】

1. 如何求绝对值?

2. 如何对 64 开平方根?

3. 求 7 的阶乘。

第 15 章

排　序

本章主要内容如下：

- 基本排序函数；
- 实现递减排序；
- 按字符串的长度排序；
- Interface 接口。

15.1　基本排序函数

在 sort 包中,封装了若干个函数,可以直接用于对切片对象进行排序。支持的切片类型有：[]int、[]float64 和[]string。

这些函数分别是：

（1）Ints：对整数类型的切片对象进行排序。可以使用 IntsAreSorted 函数检验是否已进行过排序。

（2）Float64s：对浮点数类型的切片对象排序。可以使用 Float64sAreSorted 函数检验是否已进行过排序。

（3）Strings：对字符串类型的切片对象进行排序。可以使用 StringsAreSorted 函数验证是否已进行过排序。

以上各函数都是递增排序——从小到大进行排序。

下面的示例分别演示了上述三个函数的使用。

```
// 整数列表的排序
var intNums = []int{780, - 5, 20, 375, 196, 86, - 455, 67}
fmt.Printf("排序前: % v\n", intNums)
sort.Ints(intNums)
fmt.Printf("排序后: % v\n", intNums)

// 浮点数列表的排序
var floatNums = []float64{0.01472, - 2.881652, 4.13, 0.0021, 19.7789, 5.99}
fmt.Printf("排序前: % v\n", floatNums)
```

```
sort.Float64s(floatNums)
fmt.Printf("排序后:%v\n", floatNums)

// 字符串列表的排序
var strList = []string{"zero", "bus", "six", "just", "as", "flash"}
fmt.Printf("排序前:%v\n", strList)
sort.Strings(strList)
fmt.Printf("排序后:%v\n", strList)
```

本示例依次对[]int、[]float64、[]string 三种类型的对象实例进行排序,排序前后的对比结果如下:

```
——————— 整数列表 ———————
排序前:[780 −5 20 375 196 86 −455 67]
排序后:[−455 −5 20 67 86 196 375 780]

——————— 浮点数列表 ———————
排序前:[0.01472 −2.881652 4.13 0.0021 19.7789 5.99]
排序后:[−2.881652 0.0021 0.01472 4.13 5.99 19.7789]

——————— 字符串列表 ———————
排序前:[zero bus six just as flash]
排序后:[as bus flash just six zero]
```

15.2 实现递减排序

sort.Slice 函数可以通过 less 参数所引用的自定义函数来实现排序。此排序方案具有一定的灵活性——不仅可以实现默认的递增排序,也可以实现递减排序。

Slice 函数的签名如下:

```
func Slice(slice interface{}, less func(i, j int) bool)
```

slice 参数虽然定义为空接口类型(interface{}),但它要求必须是切片类型(或基于切片类型定义的新类型),否则在运行阶段会引发错误。less 参数要求函数具有两个 int 类型的输入参数,它们代表将要进行比较的两个元素的索引,如果索引为 i 的元素比索引为 j 的元素小,就返回 true,否则返回 false。

下面的示例将通过 Slice 函数分别实现切片对象的递增和递减排序。

步骤 1:初始化[]int 类型的对象。

```
var nums = []int{17, 81, 3, 437, 69, 13, 97}
```

步骤 2:定义两个匿名函数,分别实现递增(升序)和递减(降序)排序。

```
// 用于递增排序的函数
```

```
var increaseFun = func(i, j int) bool {
    return nums[i] < nums[j]
}
// 用于递减排序的函数
var decreaseFun = func(i, j int) bool {
    return !(nums[i] < nums[j])
}
```

如果要实现递增排序,那么 nums[i]＜nums[j]应当返回 true;如果要实现递减排序,让其返回相反的结果,即 nums[i]＜nums[j]返回 false。

步骤 3:将切片元素进行递增排序。

```
sort.Slice(nums, increaseFun)
fmt.Printf("递增:%v\n", nums)
```

步骤 4:将切片元素进行递减排序。

```
sort.Slice(nums, decreaseFun)
fmt.Printf("递减:%v\n", nums)
```

步骤 5:运行示例程序,排序结果如下:

```
切片:[17 81 3 437 69 13 97]
递增:[3 13 17 69 81 97 437]
递减:[437 97 81 69 17 13 3]
```

15.3 按字符串的长度排序

以下示例实现了按字符串的长度进行递增排序,其核心也是 Slice 函数的应用。

步骤 1:初始化一组字符串。

```
var strs = []string{"ststst", "ffff", "dxd", "egfegfegfegf", "kp", "u"}
```

步骤 2:调用 Slice 函数,less 参数为自定义的匿名函数。

```
sort.Slice(strs, func(i, j int) bool {
    return len(strs[i]) < len(strs[j])
})
```

在 less 参数引用的匿名函数中,索引分别为 i、j 的元素并不是直接比较。因为本示例的排序依据是字符串的长度,所以还应调用 len 函数。

步骤 3:运行示例程序,排序结果如下:

```
原来的字符串列表:
```

```
[]string{"ststst", "ffff", "dxd", "egfegfegfegf", "kp", "u"}
```

按字符串长度递增排序后：

```
[]string{"u", "kp", "dxd", "ffff", "ststst", "egfegfegfegf"}
```

15.4 Interface 接口

sort 包中的 Interface 接口适用于自定义类型，如结构体。实现该接口可以由开发人员根据实际需要完成排序行为。

Interface 接口定义如下：

```
type Interface interface {
    // 列表中元素的个数
    Len() int
    // 实现排序规则.看看索引为 i 的元素是否小于索引为 j 的元素
    Less(i, j int) bool
    // 交换元素位置
    Swap(i, j int)
}
```

Len 方法返回元素的个数。Less 方法与 15.2 节和 15.3 节中 Slice 函数中的 less 参数相似，用于确定索引为 i 的元素是否比索引为 j 的元素小，如果是，就返回 true；如果不是，就返回 false。Swap 方法用来交换两个元素的位置，即调整顺序。

Interface 接口进行排序时调用 sort 包中的 Sort 函数，并把实现了 Interface 接口的对象传递给函数。

举一个例子，将 int32 整数列表中的元素按照被 8 整除后的余数来排序。

步骤 1：定义一个新类型 Int32Nums，它是以 []int32 类型为基础的。

```
type Int32Nums []int32
```

由于不能对内置类型和现有类型定义方法，所以必须先定义一个新的类型，之后才能实现 Interface 接口。

步骤 2：实现 Len 方法，返回元素个数。

```
func (x Int32Nums) Len() int {
    return len(x)
}
```

步骤 3：定义 Less 方法，完成排序条件。

```
func (x Int32Nums) Less(i, j int) bool {
    m1 := x[i] % 8
```

```
    m2 := x[j] % 8
    return m1 < m2
}
```

先分别求得位于索引 i、j 处的元素与 8 整除后的余数,再比较两个余数的大小。

步骤 4:实现 Swap 方法,交换元素位置。

```
func (x Int32Nums) Swap(i, j int) {
    x[i], x[j] = x[j], x[i]
}
```

步骤 5:初始化 Int32Nums 对象,因为它是以[]int32 为基础的,所以初始化方式与[]int32 相同。

```
var dx = Int32Nums{27, 102, 58, 47, 85}
```

步骤 6:调用 Sort 函数,执行排序。

```
sort.Sort(dx)
```

步骤 7:本示例的排序结果如下:

```
原列表:[27 102 58 47 85]
排序后:[58 27 85 102 47]
```

下面再看一个示例,该示例将实现按照商品的入库时间排序。

步骤 1:定义 goods 结构体,表示商品信息。

```
type goods struct {
    id    uint32              // 商品编号
    name string              // 商品名称
    qty   uint16              // 商品数量
    time int64               // 入库时间
}
```

time 字段使用 int64 表示时间,可以使用 Unix 时间戳。

步骤 2:基于[]goods 类型定义新类型——goodsCollection。

```
type goodsCollection []goods
```

步骤 3:实现 Interface 接口的方法:

```
func (c goodsCollection) Len() int {
    return len(c)
}
func (c goodsCollection) Less(i, j int) bool {
```

```
    return c[i].time < c[j].time
}
func (c goodsCollection) Swap(i, j int) {
    c[i], c[j] = c[j], c[i]
}
```

注意在实现 Less 方法时，进行比较的是 goods 对象的 time 字段。

步骤 4：初始化一组商品信息。

```
var mygoods = goodsCollection{
    goods{
        id:    7201,
        name: "商品 A",
        qty:   18,
        time: time.Date(2019, time.May, 11, 12, 4, 12, 0, time.Local).Unix(),
    },
    goods{
        id:    7202,
        name: "商品 B",
        qty:   200,
        time: time.Date(2018, time.September, 21, 16, 30, 22, 0, time.Local).Unix(),
    },
    goods{
        id:    7203,
        name: "商品 C",
        qty:   102,
        time: time.Date(2020, time.January, 2, 17, 3, 10, 0, time.Local).Unix(),
    },
    goods{
        id:    7204,
        name: "商品 D",
        qty:   70,
        time: time.Date(2019, time.June, 20, 15, 45, 0, 0, time.Local).Unix(),
    },
    goods{
        id:    7205,
        name: "商品 E",
        qty:   65,
        time: time.Date(2017, time.November, 28, 9, 16, 13, 0, time.Local).Unix(),
    },
    goods{
        id:    7206,
        name: "商品 F",
        qty:   178,
        time: time.Date(2019, time.March, 11, 14, 37, 10, 0, time.Local).Unix(),
    },
}
```

步骤 5：调用 Sort 函数执行排序。

```
sort.Sort(mygoods)
```

步骤 6：运行示例,其排序结果如下：

```
--------- 排序前 ---------
7201 - 商品 A      入库时间戳:1557547452
7202 - 商品 B      入库时间戳:1537518622
7203 - 商品 C      入库时间戳:1577955790
7204 - 商品 D      入库时间戳:1561016700
7205 - 商品 E      入库时间戳:1511831773
7206 - 商品 F      入库时间戳:1552286230

--------- 排序后 ---------
7205 - 商品 E      入库时间戳:1511831773
7202 - 商品 B      入库时间戳:1537518622
7206 - 商品 F      入库时间戳:1552286230
7201 - 商品 A      入库时间戳:1557547452
7204 - 商品 D      入库时间戳:1561016700
7203 - 商品 C      入库时间戳:1577955790
```

【思考】

1. 请将下面整数进行降序排列。

```
5,58,61,200,17,199
```

2. 如何按字符串的长度排序？

第 16 章

输入与输出

本章主要内容如下：

- 简单的内存缓冲区；
- 与输入/输出有关的接口类型；
- Buffer 类型；
- Copy 函数；
- MultiReader 函数和 MultiWriter 函数；
- SectionReader。

微课视频

16.1 简单的内存缓冲区

内存缓冲区可以将数据临时存放在内存中，以供程序读写。当应用程序退出后，数据就会丢失。相较于磁盘文件，直接在内存中读写数据具有更高的效率，适合在程序需要时存放少量数据，不宜使用过于庞大的数据，毕竟内存空间是有限的。

最简单的内存缓冲区就是使用 byte 类型的数组/切片。例如：

```go
// 初始化[]byte 实例,长度为 0
var buffer = make([]byte, 0)
// 向缓冲区添加数据
buffer = append(buffer, []byte("一二三四五")...)
buffer = append(buffer, []byte("六七八九十")...)

// 输出
fmt.Printf("缓冲区中的数据:%v\n", buffer)
fmt.Printf("转换为字符串后:%s\n", string(buffer))
```

运行结果如下：

```
缓冲区中的数据:[228 184 128 228 186 140 228 184 137 229 155 155 228 186 148 229 133 173 228
184 131 229 133 171 228 185 157 229 141 129]
转换为字符串后:一二三四五六七八九十
```

调用 make 函数创建[]byte 实例时设置其长度为 0,这是为了防止出现空字节。因为长度不为 0 的[]byte 实例会使用数值 0 来初始化元素列表,当调用 append 函数后会把新的数据追加到原数据的末尾,这会导致最终的缓冲区出现一段空白内容。假设初始化[]byte 实例时设置长度为 3,那么它会产生 3 字节——0、0、0,随后追加 4 字节——1、2、3、4,最后整个缓冲区变为 0、0、0、1、2、3、4,即出现了 3 个空字节。

16.2 与输入/输出有关的接口类型

io 包中提供了一组接口类型,以便于开发人员对输入/输出行为进行封装。直接对 byte 类型的数组/切片进行处理不具备规范性和统一性,代码散乱,不利于代码的重复利用和维护。

实现 io 包中的接口可以使读写行为形成独立的功能模块,开发人员可以"拿来就用",不必去关心其内部是如何实现的,只需要调用相关的方法即可。

常用的接口类型有:

(1) Reader:公开 Read 方法,实现从数据流中读取部分字节。

(2) Writer:公开 Write 方法,实现将字节序列写入数据流中。

(3) Closer:公开 Close 方法,当读写操作完成后关闭数据流,清除对象引用或清理内存。

(4) Seeker:公开 Seek 方法,可以修改当前位置。调用 Seek 方法后再调用 Read 或 Write 方法,就会从新设置的位置开始处理。

(5) ReadWriter:Reader 与 Writer 的组合,即公开 Read 和 Write 方法,同时支持读与写操作。

(6) ReadCloser:Reader 与 Closer 的组合,同时公开 Read 和 Close 方法。

(7) WriteCloser:Writer 与 Closer 的组合,同时公开 Write 和 Close 方法。

(8) ReadWriteCloser:Reader、Writer、Closer 的组合,同时公开 Read、Write、Close 方法。

(9) ReadWriteSeeker:Reader、Writer、Seeker 的组合,同时公开 Read、Write、Seek 方法。

16.2.1 实现读写功能

下面的示例实现了 Write 和 Read 方法——支持写入数据和读取数据功能。

步骤 1:定义一个新的结构体,命名为 myBuffer,它包含两个字段。

```go
type myBuffer struct {
    // 记录当前读写位置
    curPos int
    // 封装的内部数据缓冲区
    innerBuf []byte
}
```

myBuffer 内部通过一个 []byte 类型的字段来存储写入的数据。curPos 字段存储当前的位置,如果为 0,则表示当前位置在缓冲区的开始位置,当调用完 Write 或 Read 方法后,curPos 字段的值会增加。

步骤 2:实现 Write 方法,用于写入数据。

```go
func (b *myBuffer) Write(p []byte) (n int, err error) {
    if p == nil || len(p) == 0 {
        n = 0
        err = nil
        return
    }
    // 如果内部缓冲区未初始化
    if b.innerBuf == nil {
        b.innerBuf = make([]byte, len(p))
        // 将当前位置移到开始位置
        b.curPos = 0
    }
    // 分析一下内部缓冲区是否可容纳新写入的数据
    avdSpc := cap(b.innerBuf) - len(b.innerBuf)
    if avdSpc < len(p) {
        // 重新分配空间
        newBuf := make([]byte, b.curPos + len(p))
        // 复制原缓冲区中的数据
        copy(newBuf, b.innerBuf[:b.curPos])
        // 替换旧的缓冲区
        b.innerBuf = newBuf
    }
    n = copy(b.innerBuf[b.curPos:], p)
    b.curPos += n
    return
}
```

Write 方法的代码需要完成三件事:首先,检查参数 p 传递的内容是否有效;接着,检查内部的缓冲区(即 innerBuf 字段所引用的对象)是否有足够的容量来存放新写入的数据,如果容量不够,就创建一个新的 []byte 实例并复制旧的数据;最后,将新的数据存入缓冲区中。

copy 是标准库中的内置函数,其签名如下:

```go
func copy(dst, src []Type) int
```

该函数的功能是复制切片实例的元素。dst 参数为目标对象(接收元素的切片实例),src 参数为源对象(被复制元素的切片实例)。copy 函数的返回值为成功复制的元素个数。

步骤 3:实现 Read 方法,从缓冲区中读出数据。

```go
func (b *myBuffer) Read(p []byte) (n int, err error) {
    if p == nil || len(p) == 0 {
```

```
        n = 0
        err = nil
        return
    }
    if b.innerBuf == nil {
        err = errors.New("错误:未发现可用的数据")
        return
    }
    // 计算缓冲区剩余的字节数
    avalidBytes := len(b.innerBuf) - b.curPos
    if avalidBytes == 0 {
        // 可用字节数为0,表示已到达末尾
        err = io.EOF
        return
    }
    // 复制字节序列
    n = copy(p, b.innerBuf[b.curPos:])
    b.curPos += n
    return
}
```

读取数据时,要注意验证当前位置是否已经到达缓冲区的末尾,如果是,则表明无数据可读,此时 err 返回值应当引用一个 io.EOF 对象。EOF 是一个有着特殊用途的错误信息,它表示读写位置已到达缓冲区(或文件)的末尾,后面没有可读的内容。

步骤 4:定义一个 Reset 方法,它的作用是把 curPos 字段的值设置为 0,即回到缓冲区开头。在数据写入完毕后,需要调用此方法,使 Read 方法能够顺利读出数据。

```
func (b * myBuffer) Reset() {
    b.curPos = 0
}
```

步骤 5:定义一个名为 CreateNewBuffer 的函数,作用是创建 myBuffer 实例并初始化。

```
func CreateNewBuffer()  * myBuffer {
    return &myBuffer{
        curPos: 0,
        innerBuf: make([]byte, 16),
    }
}
```

myBuffer 结构体的实例方法皆使用指针类型,所以 CreateNewBuffer 方法返回新实例的内存地址。使用指针类型能够保证在读写操作过程中,myBuffer 实例的唯一性,即 CreateNewBuffer 函数所返回的 myBuffer 实例,在调用 Write、Read 方法时不会进行自我复制。例如,实例 A 在调用 Write 实例方法时,如果进行了自我复制,就会产生新的实例 B,此时数据被写入实例 B 中,而不是原来的实例 A,这会导致实例 A 中没有存入有效的数据,无法用 Read 方法读取。

步骤 6：调用前面定义的 CreateNewBuffer 函数初始化一个 myBuffer 实例，并赋值给 bf 变量。

```
var bf = CreateNewBuffer()
```

步骤 7：一次性写入 36 字节。

```
var data = make([]byte, 36)
n : = len(data)
for i : = 0; i < n; i++{
    data[i] = byte(i + 1)
}
bf.Write(data)
```

被写入的 36 字节是通过 for 循环产生的。

步骤 8：调用 Reset 方法，把当前位置重新移到缓冲区的开始处。

```
bf.Reset()
```

步骤 9：从 myBuffer 实例中读出刚刚写入的 36 字节。

```
var temp = make([]byte, 5)
for {
    c, err : = bf.Read(temp)
    if err == io.EOF {
        // 已到末尾
        break
    }
    fmt.Println(temp[:c])
}
```

上面代码是通过循环来多次读取内容，每次读入 5 字节，直到读完为止（出现 EOF 错误）。

步骤 10：运行示例，结果如下：

```
读出来的数据：
[1 2 3 4 5]                     // 第1轮
[6 7 8 9 10]                    // 第2轮
[11 12 13 14 15]               // 第3轮
[16 17 18 19 20]               // 第4轮
[21 22 23 24 25]               // 第5轮
[26 27 28 29 30]               // 第6轮
[31 32 33 34 35]               // 第7轮
[36]                            // 第8轮
```

16.2.2　嵌套封装

在实现 io 包中的接口类型时,可以在自定义类型中包装其他现有的类型,即自定义的类型代码中可以调用其他现有类型的成员。

下面通过一个示例说明这一点。此示例定义了两个结构体——TextFileWriter 和 TextFileReader,前者用来写入文本(字符串类型的数据),后者用于读取文本。这两个结构体中都包含了一个名为 file 的字段,它的类型是 os 包中的 File 结构体。随后在自定义的 WriteString 方法中会调用 File 类型的 WriteString 方法写入数据,在 ReadString 方法中会调用 File 类型的 Read 方法读取数据,并使用 strings 包中的 Builder 类型来组建字符串。

步骤 1:定义 TextFileWriter 结构体。

```go
type TextFileWriter struct {
    // 引用打开的文件
    file * os.File
}
```

步骤 2:定义 WriteString 方法,向文件写入字符串数据。此方法实现了 StringWriter 接口。

```go
func (w * TextFileWriter) WriteString(s string) (int, error) {
    if w.file == nil {
        return 0, errors.New("还没有打开文件")
    }
    return w.file.WriteString(s)
}
```

步骤 3:定义 Close 方法,用于关闭文件,释放资源。

```go
func (w * TextFileWriter) Close() error {
    return w.file.Close()
}
```

步骤 4:定义 CreateWriter 函数,根据提供的文件名创建 TextFileWriter 实例。

```go
func CreateWriter(filename string) * TextFileWriter {
    file, err := os.Create(filename)
    if err != nil {
        return nil
    }
    return &TextFileWriter{file: file}
}
```

步骤 5:定义 TextFileReader 结构体。

```go
type TextFileReader struct {
    file * os.File
}
```

步骤 6：定义 ReadString 方法，读取文件中所有内容，并以字符串形式返回。

```go
func (r * TextFileReader) ReadString() (string, error) {
    if r.file == nil {
        return "", errors.New("还没有打开文件")
    }
    // 组建字符串
    var bd = new(strings.Builder)
    var bf = make([]byte, 32)
    for {
        n, err := r.file.Read(bf)
        if err == io.EOF {
            break
        }
        bd.Write(bf[:n])
    }
    // 返回字符串
    return bd.String(), nil
}
```

在读取的时候，可以先以字节序列的形式分多次读入，然后写入 Builder 对象中，由 Builder 对象负责组建字符串。

步骤 7：定义 Close 方法，关闭文件，释放资源。

```go
func (r * TextFileReader) Close() error {
    return r.file.Close()
}
```

步骤 8：定义 CreateReader 函数，可根据文件名创建 TextFileReader 实例。

```go
func CreateReader(filename string) * TextFileReader {
    file, err := os.Open(filename)
    if err != nil {
        return nil
    }
    return &TextFileReader{file: file}
}
```

步骤 9：声明一个字符串类型的常量，表示稍后要使用的文件名。

```go
const fileName = "notes.txt"
```

步骤 10：将文本内容写入文件。

```go
var wt = CreateWriter(fileName)
wt.WriteString("桃花庵外东风软\n")
wt.WriteString("桃花庵内晨妆懒\n")
wt.WriteString("庵外桃花庵内人\n")
```

```
wt.WriteString("人与桃花隔不远\n")
// 关闭文件
wt.Close()
```

步骤 11：从文件中读出刚写入的文本。

```
// 读取文本
var rd = CreateReader(fileName)
var content, err = rd.ReadString()
if err != nil {
    fmt.Println("错误:", err)
    rd.Close()
    return
}
// 关闭文件
rd.Close()
fmt.Printf("从文件中读到的文本:\n%s", content)
```

步骤 12：运行示例程序,结果如下：

```
从文件中读到的文本:
桃花帘外东风软
桃花帘内晨妆懒
帘外桃花帘内人
人与桃花隔不远
```

16.3   Buffer 类型

Buffer 类型是一个结构体,位于 bytes 包中,它实现内存缓冲区的基本功能——支持读写操作。Buffer 类型是标准库实现的类型,开发者可以直接使用。

Buffer 实例有以下几种初始化方式：

(1) 调用 bytes 包中提供的 NewBuffer 函数创建 Buffer 实例,并使用已有的字节序列去初始化。

(2) 调用 NewBufferString 函数,创建 Buffer 实例,并用一个字符串来初始化。

(3) 直接声明变量(用 var 关键字),Buffer 实例将被初始化为空缓冲区。

(4) 使用 new 函数创建 Buffer 实例并返回其地址,即指针类型(* Buffer),Buffer 实例被初始化为空的缓冲区。

下面的示例演示了 Buffer 的使用,分三次将数据写入 Buffer 实例。

```
// 初始化 Buffer 对象
var bf bytes.Buffer
// 写入第一批数据
var data = []byte{1, 2, 3, 4, 5, 6}
```

```
bf.Write(data)
// 写入第二批数据
data = []byte{7, 8, 9, 10}
bf.Write(data)
// 写入第三批数据
data = []byte{11, 12, 13, 14, 15}
bf.Write(data)

// 获取全部数据
var all = bf.Bytes()
fmt.Printf("缓冲区中的数据:\n%v", all)
```

Bytes 方法返回缓冲区中未被读取的所有字节。在本示例中,由于未曾调用过 Read 方法,所以 Bytes 方法返回的是缓冲区中的全部数据。

示例运行结果如下:

```
缓冲区中的数据:
[1 2 3 4 5 6 7 8 9 10 11 12 13 14 15]
```

16.4　Copy 函数

在程序开发过程中,经常要从一个地方读出数据,然后写到另一个地方。这实际上是一种复制操作,如果数据比较多,要多次调用 Read 方法从数据源读取内容,再调用 Write 方法写入数据目标。就像下面这样:

```
// 用于临时存放数据的缓冲区
var buffer = make([]byte, 16)
// 多次读写
for {
    n, err := reader.Read(buffer)
    if err == io.EOF {
        // 一直读到末尾
        break
    }
    writer.Write(buffer[:n])
}
```

如果每次复制数据的时候都要将上述代码重复写一遍,就过于烦琐了。io 包公开了 Copy 函数,它封装了数据复制功能,可以直接调用。该函数的签名如下:

```
func Copy(dst Writer, src Reader) (written int64, err error)
```

只要赋值给 src 的类型实现了 Reader 或 ReaderFrom 接口,dst 实现 Writer 或 WriterTo 接口即可。

在下面的示例中,程序代码会将现有文件中的所有内容复制到标准输出流(屏幕输出)中。

步骤 1:新建一个文件,命名为 demo. txt,然后输入以下内容。

```
青青子衿,悠悠我心
但为君故,沉吟至今
```

输入完成后将文件保存到与程序代码相同的目录下。

步骤 2:声明 fileName 常量,用于存放文件名。

```
const fileName = "demo.txt"
```

步骤 3:打开文件,获得 os. File 对象。

```
var reader, err = os.Open(fileName)
if err != nil {
    fmt.Println(err)
    return
}
```

步骤 4:复制操作的目标是标准输出流,可以从 os. Stdout 成员获得其引用。

```
var writer = os.Stdout
```

步骤 5:调用 Copy 函数,执行复制。

```
_, err = io.Copy(writer, reader)
if err != nil {
    fmt.Println(err)
}
```

步骤 6:运行示例程序,结果如下:

```
------ 从文件中复制的内容 ------
青青子衿,悠悠我心
但为君故,沉吟至今
```

需要注意的是,io. Copy 函数与内置的 copy 函数并不相同,copy 函数用于复制切片中的元素,而 io. Copy 函数则用于复制字节流。

16.5 MultiReader 函数和 MultiWriter 函数

MultiReader 函数实现从多个数据源(实现 Reader 接口的对象)读取数据,其读入顺序与 Reader 对象提供的顺序一致。

下面看一个例子。

```
// 四个 Reader 对象
var (
    rd1 = strings.NewReader("第一个数据源\n")
    rd2 = strings.NewReader("第二个数据源\n")
    rd3 = strings.NewReader("第三个数据源\n")
    rd4 = strings.NewReader("第四个数据源\n")
)

var mtRd = io.MultiReader(rd1, rd2, rd3, rd4)

// 将数据复制到标准输出流
io.Copy(os.Stdout, mtRd)
```

上述示例将从四个数据源头读取内容，然后写入标准输出流中，此处可直接使用 Copy 函数。

strings.NewReader 函数创建新的 strings.Reader 实例，strings.Reader 类型专用于读取字符串内容并通过给定的字符串来初始化，然后可以通过 Read 方法来读取。

代码运行结果如下：

```
------ 从多个源中读到的内容 ------
第一个数据源
第二个数据源
第三个数据源
第四个数据源
```

MultiWriter 函数的功能是将数据写入到多个 Writer 对象中。其特点是相同的内容依次写入各个 Writer 对象中。

下面的例子中，将一组随机生成的字节分别写入到三个文件中。

```
var (
    // 三个 Writer 对象
    wt1, _ = os.Create("file-1.txt")
    wt2, _ = os.Create("file-2.txt")
    wt3, _ = os.Create("file-3.txt")
)

// 退出时自动关闭文件
defer wt1.Close()
defer wt2.Close()
defer wt3.Close()

// 生成随机字节
data := make([]byte, 24)
rand.Read(data)

// 写入数据
```

```
writer := io.MultiWriter(wt1, wt2, wt3)
var n, err = writer.Write(data)
// 若发生错误,则输出错误信息
if err != nil {
    fmt.Println(err)
}
fmt.Printf("已成功向三个文件写入%d个字节\n", n)
```

16.6 SectionReader

SectionReader 类型可以从数据来源中"截取"一部分用于读取操作,大型数据(例如大文件)很适合使用 SectionReader 来读取。

指向 SectionReader 实例的指针需要调用以下函数来获取。

```
func NewSectionReader(r ReaderAt, off int64, n int64) *SectionReader
```

r 参数引用其他数据来源(例如大型文件的数据流),要求实现 ReaderAt 接口,即公开 ReadAt 方法,使数据流支持从指定位置开始读取内容。off 参数表示偏移量——开始读取内容的位置(从 0 开始计算),n 参数指定要读取的数据量,即要读多少个字节。

下面示例演示了 SectionReader 的使用。

```
// 原始数据
var dataSrc = strings.NewReader("ABCDEFGHIJKLMNOPQRSTUVWXYZabcdefghijklmnopqrstuvwxyz")

fmt.Println("原数据:")
io.Copy(os.Stdout, dataSrc)
// 截取 off = 12,n = 7
rd := io.NewSectionReader(dataSrc, 12, 7)
fmt.Println("\n\n第一次截取:")
io.Copy(os.Stdout, rd)
// 截取 off = 30,n = 13
rd = io.NewSectionReader(dataSrc, 30, 13)
fmt.Println("\n\n第二次截取:")
io.Copy(os.Stdout, rd)
```

strings.NewReader 函数会使用提供的字符串对象来创建 Reader 实例。第一次调用 NewSectionReader 函数会从偏移量 12 处开始截取 7 字节;第二次则从偏移量 30 处开始截取 13 字节。

示例运行结果如下:

```
原数据:
ABCDEFGHIJKLMNOPQRSTUVWXYZabcdefghijklmnopqrstuvwxyz

第一次截取:
```

```
MNOPQRS
```

第二次截取：
```
efghijklmnopq
```

【思考】

1. 如何将数据写入 Buffer 对象？
2. 如何将数据同时写入多个文件？

第 17 章

文件与目录

本章主要内容如下：

- 文件操作；
- 创建和删除目录；
- 硬链接与符号链接；
- WriteFile 函数与 ReadFile 函数；
- 临时文件；
- 更改程序的工作目录。

微课视频

17.1　文件操作

常见的文件操作有创建和删除文件、重命名文件、读取与写入内容、获取文件信息等。

在 Go 语言的标准库中，与文件操作相关的 API 主要集中在两个包中——io/ioutil 和 os。其中，以 os 包中的 API 为核心，io/ioutil 包中的函数（如 ReadFile、WriteFile）只是对 os 包中一些特定功能的封装，可直接调用，以简化代码。

下面介绍在文件操作中比较重要的两个类型。

第一个类型是 os. File，该结构体实现了 io. Reader、io. Writer、io. StringWriter、io. Seeker、io. ReaderAt、io. Closer 等接口，支持读取和写入数据，也支持在数据流中进行定位。

第二个类型是 FileInfo，它以接口的形式公开，标准库内部会依据不同的操作系统平台配置各自的实现版本。开发人员不必关心其内部实现的是哪个版本，因为对于外部访问都是以 FileInfo 接口进行的。该接口定义如下：

```
type FileInfo interface {
    // 获取文件名
Name() string
    // 文件大小(以字节为单位)
Size() int64
    // 文件权限的标志位
    Mode() FileMode
    // 修改时间
```

```
ModTime() time.Time
    // 判断是否为目录对象,如果目标对象是文件,则返回false
IsDir() bool
    // 基于系统层面的附加数据(如文件属性),其类型取决于所运行的操作系统
Sys() interface{}
}
```

FileInfo 对象可以通过调用 File 对象的 Stat 方法或者调用 os.Stat 函数来获取。

17.1.1 Create 函数与 Open 函数

Create 函数与 Open 函数可以轻松地完成创建与读写操作,不必关心如何设置权限标志位。

Create 函数以可读可写的权限打开目标文件。如果目标文件不存在,将创建之,并赋予读写权限;如果文件已经存在,则清空其内容。若顺利调用,将返回 File 对象,否则返回指向 PathError(描述错误信息的类型)对象的指针。

Open 函数仅以只读方式打开文件,返回的 File 对象只支持读取文件内容。如果发生错误,返回值列表中将包含指向 PathError 对象的指针。

在使用完 File 对象后,应该尽可能早地调用 Close 方法,以便及时释放其所占用的资源。

下面看一个使用 Create、Open 函数的例子。该例先创建了一个名为 testdata 的文件,然后写入三行文本,最后再把 testdata 文件中的内容读出来,并输出到屏幕上。

调用 Create 函数,创建新文件。

```
myfile, err := os.Create("testdata")
```

检查是否发生错误,如果未能成功创建文件,就无法进行后面的操作了。

```
if err != nil {
    fmt.Println("错误:", err)
    return
}
```

若新文件顺利创建,就向其写入内容。

```
    var content = `第一行文本
第二行文本
第三行文本`
    myfile.WriteString(content)
```

File 类型实现 StringWriter 接口,如果写入的内容是文本(例如本示例),可直接调用 WriteString 方法。

写入完毕,调用 Close 方法关闭文件。

```
myfile.Close()
```

文件的读取操作与写入操作相似,调用 Open 函数以只读方式打开文件,然后调用 Read 方法读取数据。本示例将使用 io.Copy 函数直接将文件内容复制到 Buffer 对象中。

```
myfile, err = os.Open("testdata")
// 检查一下是否有错误
if err != nil {
    fmt.Println("错误:", err)
    return
}
// 读取内容
var data = new(bytes.Buffer)
io.Copy(data, myfile)
// 关闭文件
myfile.Close()
```

由于文件内容已经被复制到 Buffer 对象中,所以此时可直接关闭文件。后面向屏幕输出消息时使用的是 Buffer 对象中的数据,不再需要占用文件资源。

```
fmt.Printf("从文件中读到的内容:\n%s\n", data.Bytes())
```

运行本例代码,屏幕输出结果为:

```
从文件中读到的内容:
第一行文本
第二行文本
第三行文本
```

17.1.2　重命名文件

Rename 函数的签名如下:

```
func Rename(oldpath, newpath string) error
```

它的功能是重命名文件。该函数实际执行的操作是移动(Move)——将文件从 oldpath 移动到 newpath。所以 Rename 函数不仅可以重命名文件,也可以移动文件。

下面的示例先创建名为 file1.txt 的文件,然后写入字符串"test",关闭文件,接着调用 Rename 函数将文件重命名为 file2.txt。

```
// 创建新文件
file, err := os.Create("file1.txt")
if err != nil {
    fmt.Println(err)
    return
}
// 写入内容
file.WriteString("test")
```

```
file.Close()

// 重命名文件
err = os.Rename("file1.txt", "file2.txt")
if err != nil {
    fmt.Println(err)
}
```

　　如果希望将文件从一个目录移动到另一个目录，那么只需在调用 Rename 函数时 newpath 参数指向新的路径且不改变文件名。例如：

```
err := os.Rename("fd/first/abc.txt", "fd/second/abc.txt")
if err != nil {
    fmt.Println("错误:", err)
}
```

　　上面的代码将文件 abc.txt 从 first 目录移动到 second 目录下。若将代码做以下修改，就会在移动文件的同时重命名。

```
err := os.Rename("fd/first/abc.txt", "fd/second/xyz.txt")
```

　　其含义是将文件 abc.txt 从 first 目录移动到 second 目录，并重命名为 xyz.txt。

17.1.3　获取文件信息

　　调用 Stat 函数后会得到一个实现 FileInfo 接口的对象实例，通过此对象能获取一些常规的文件信息——例如文件名、文件大小、修改时间等。

　　下面的示例先创建文件并写入内容，接着用 Stat 函数来获取文件的大小和修改时间。

```
// 创建文件
var file, err = os.Create("myfile")
if err != nil {
    fmt.Println("错误:", err)
    return
}
// 写入内容
var data = []byte{202, 17, 49, 173, 142, 58, 99, 81, 132, 45, 18, 61, 72, 60, 7, 53, 103, 235,
252, 40, 26, 80, 128}
file.Write(data)
// 关闭文件
file.Close()

// 获取文件信息
info, err := os.Stat("myfile")
if err != nil {
    fmt.Println("错误:", err)
    return
}
```

```
fmt.Printf("文件名:%s\n", info.Name())
fmt.Printf("文件大小:%d\n", info.Size())
// 提取修改时间参数
var tm = info.ModTime()
// 依次获取 Time 对象的年、月、日、时、分、秒部分
var y, m, d, h, M, s = tm.Year(), tm.Month(), tm.Day(), tm.Hour(), tm.Minute(), tm.Second()
fmt.Printf("修改时间:%d-%d-%d %d:%d:%d\n", y, m, d, h, M, s)
```

运行结果如下:

```
文件名:myfile
文件大小:23
修改时间:2020-5-2 12:16:38
```

调用 File 对象的 Stat 方法与调用 Stat 函数,在结果上是一样的。因此上面示例也可以
直接调用 File 对象的 Stat 方法来获取文件信息。

```
info, err := file.Stat()
```

17.1.4 OpenFile 函数

多数情况下,Create 和 Open 函数可满足文件读写的需求。不过,有时候可能需要一些
较为灵活的操作方式,例如以特定的权限创建文件或者以可读可写/只读方式打开文件等。

OpenFile 函数的定义如下:

```
func OpenFile(name string, flag int, perm FileMode) (*File, error)
```

name 参数指定要打开的文件名。flag 参数是一个整数值,指定以何种模式打开文件,
常用的值有:

(1) O_APPEND:采用追加模式。打开文件后,会从文件的末尾写入内容,原有的内容
不会被清除。

(2) O_TRUNC:打开文件后,会清除文件内容。

(3) O_RDONLY:以只读方式打开文件。文件打开后只能读取内容,不能写入内容。

(4) O_WRONLY:打开文件后,只用于写入内容。

(5) O_RDWR:文件既可读,亦可写。

(6) O_CREATE:打开文件时,如果文件不存在,会自动创建。

OpenFile 函数的 perm 参数用于授予新文件权限(flag 参数包含 O_CREATE 模式),
虽然该参数类型声明为 FileMode,而实际上在传递参数值时可以使用 32 位的整数值,因为
FileMode 是基于 uint32 定义的新类型。

```
type FileMode uint32
```

perm 参数将用 UNIX/Linux 权限标志位来为新文件设置权限。权限值可分为 9 个二进制位，每三个二进制位为一组，分别表示文件所有者、所在用户组以及其他用户的权限。每一组有三个权限位，即 rwx。r 代表可读权限，w 代表可写权限，x 代表可以执行的权限（如果当前文件是可执行文件）。因此，这 9 个权限标志位合起来就是 rwxrwxrwx。

举个例子，假设文件的所有者（创建文件的用户）具有读与写的权限，用户组具有可读可写的权限，而其他用户只能读取文件，那么其权限标志位为 rw-rw-r--。不具备的某个权限标志位将用--来表示，例如上述例子中，其他用户只有读的权限，所以表示为 r--。

权限值一般使用八进制数值来表示，因为三个二进制位构成一组权限，其范围为[0，7]，正好与八进制范围相同，所以用八进制数值表示较为直观。例如上述例子中的权限值转化为二进制数值为 110 110 100，其八进制数值为 0664。常见的 0777 就是指每个组都具有 rwx 权限（可读可写可执行）。

这里要注意的是，在 Windows 操作系统中只考虑权限值 0200，即检查文件所有者的 w 权限，如果此标志位无效（值为 0），则创建的文件为只读——在文件属性对话框中能看到"只读"选项被选中，如图 17-1 所示。

图 17-1　文件属性为只读

下面的示例将演示以追加模式写入文件内容。

步骤 1：定义常量 fn，代表文件名。

```
const fn = "demo.txt"
```

步骤 2：调用 OpenFile 函数打开文件。

```
file, err : = os.OpenFile(fn, os.O_APPEND|os.O_CREATE, 0244)
if err != nil {
    fmt.Println(err)
    return
}
```

O_APPEND 指定写入时采用追加模式；O_CREATE 表示当目标文件不存在时自动创建。权限值为 0244，即文件所有者具有写入权限，而用户组和其他用户仅有读取文件内容的权限。

步骤 3：从键盘输入读取的要写入文件的内容。

```
var input string
fmt.Print("请输入要写入文件的内容:\n")
// 读取键盘输入的内容
fmt.Scan(&input)
```

步骤 4：将从键盘读入的内容写入文件。

```
file.WriteString(input + "\n")
```

步骤 5：关闭文件。

```
file.Close()
```

步骤 6：运行示例程序，输入"第一次运行"，然接下回车键确认。

步骤 7：再次运行示例程序，输入"第二次运行"，然后按回车键确认。

步骤 8：第三次运行示例程序，输入"第三次运行"，然后按回车键确认。

步骤 9：经过三次写入后，文件内容如下：

```
第一次运行
第二次运行
第三次运行
```

示例程序被执行了三次，即对文件进行了三次写入操作。每次写入的内容都会追加到原有内容的后面，原有内容不会被删除。

若将示例代码中的 O_APPEND 改为 O_TRUNC，即

```
file, err : = os.OpenFile(fn, os.O_TRUNC|os.O_CREATE, 0244)
```

之后运行示例程序，输入"第四次运行"，再按回车键确认。此时会发现，文件内容如下：

第四次运行

这说明文件原来的内容被清除了，只保留最后一次写入的内容。

下面的示例以只读模式打开文件，然后尝试向文件写入内容。

```go
// 以只读模式打开文件
file, err := os.OpenFile("somefile", os.O_RDONLY, 0644)
if err != nil {
    fmt.Println(err)
    return
}

// 尝试写入
data := []byte{21, 32, 100, 96, 14, 70, 52, 65, 10, 28}
n, err := file.Write(data)
if err != nil {
    fmt.Printf("写入错误：%v\n", err)
    file.Close()             //关闭文件
    return
}
fmt.Printf("已向文件写入%d个字节\n", n)
```

由于文件是以只读模式打开，不支持写入操作，所以上述代码运行后会发生以下错误：

write somefile: Access is denied.

17.2 创建和删除目录

在 os 包中，以下两个函数都可以用于创建新目录。

```go
func Mkdir(name string, perm FileMode) error
func MkdirAll(path string, perm FileMode) error
```

这两个函数的区别在于：如果要创建多级目录，Mkdir 函数单次调用只能创建一级目录；MkdirAll 函数可以一次性创建多级目录。

例如，要创建目录 fd01/fd02，如果使用 Mkdir 函数，则需要调用两次。第一次调用创建 fd01 目录，第二次调用创建 fd01/fd02 目录。

```go
err := os.Mkdir("fd01", 0644)
if err != nil {
    fmt.Println(err)
}
err = os.Mkdir("fd01/fd02", 0644)
......
```

如果使用的是 MkdirAll 函数,那么只要调用一次即可。

```
err := os.MkdirAll("fd01/fd02", 0644)
```

Mkdir 和 MkdirAll 函数的第二个参数均用于为新目录设置权限。在上述代码中,权限码 0644(八进制)的含义为:目录所有者具有读写权限,用户所在的组和其他用户仅具有读的权限。

删除目录也有两个相关的函数。

```
func Remove(name string) error
func RemoveAll(path string) error
```

这两个函数不仅可以删除目录,也可以用于删除文件,这取决于传递的参数。如果被删除的目标是文件,那么被删除的对象是文件;如果被删除的目标是目录,那么被删除的对象是目录。

Remove 函数每次只能删除一个对象。假设有以下目录结构。

```
DR01
 └─DR02
     └─hot
```

其中,DR01、DR02 是目录,hot 是文件。若要使用 Remove 函数将 DR01 删除,就需要调用三次:第一次删除 DR01/DR02/hot 文件,第二次删除 DR01/DR02 目录,第三次删除 DR01 目录。

```
err := os.Remove("DR01/DR02/hot")
if err != nil {
    // 处理错误
}
err = os.Remove("DR01/DR02")
if err != nil {
    // 处理错误
}
err = os.Remove("DR01")
if err != nil {
    // 处理错误
}
```

RemoveAll 函数在调用时,如果被删除的目标是目录,会连同其包含的文件、子目录,以及子目录中的内容一起被删除。也就是说,RemoveAll 函数会删除目标路径中的所有内容。

例如,上面例子中的 DR01/DR02/hot 路径,调用 RemoveAll 函数时只要指定目标路径为 DR01,就可以将 DR01 目录以及其子级的所有内容删除。

```
err := os.RemoveAll("DR01")
```

17.3 硬链接与符号链接

链接允许为一个文件创建一个或多个文件名(或者称为访问点),访问任意一个链接均可以访问到原始文件。链接可分为硬链接和符号链接。

17.3.1 硬链接

硬链接就是让原始文件拥有一个或多个文件名,这些文件名都指向原始文件的索引(文件系统为每个文件分配的唯一编号,标识文件在硬盘中的数据区域)。实际上,当用户创建一个文件时,这个新文件至少存在一个硬链接——因为文件至少得有一个文件名才能被访问。

硬链接具有以下特点:

(1)为原始文件创建新的硬链接,实际上没有产生新的文件。硬链接的文件索引与原始文件相同。所以,硬链接仅仅是多增加一个文件名罢了。

(2)指向同一文件的硬链接可以位于同一目录下(文件名不相同),也可以位于不同目录中。

(3)可以以一个硬链接为源头创建新的硬链接,新链接依然指向原始文件。

(4)删除一个硬链接对其他硬链接和原始文件无任何影响。

(5)当指向同一个文件的最后一个硬链接被删除后,文件就会被删除。假设文件A(A是原始文件的名字,也属于硬链接)产生了B、C两个硬链接。此时若将A删除,文件仍然存在,因为它还有B、C两个文件名,若将B删除,文件就剩下一个文件名C,把C也删除,此时文件的链接计数为0,所以文件就会被删除。

(6)重命名硬链接后,它所指向的文件不受影响。

在下面的代码中,先创建F1文件并写入一些内容,随后调用os.Link函数创建硬链接F2,再从F2创建硬链接F3。

```
// 创建 F1 文件
myfile, err := os.Create("F1")
if err != nil {
    fmt.Println(err)
    return
}
// 写入文件内容
myfile.WriteString("This is a file.\n")
// 关闭文件
myfile.Close()

// 创建硬链接 F2
```

```
err = os.Link("F1", "F2")
if err != nil {
    fmt.Println(err)
    return
}
// 创建硬链接 F3
err = os.Link("F2", "F3")
if err != nil {
    fmt.Println(err)
    return
}
```

Link 函数用于创建硬链接,其定义如下:

```
func os.Link(oldname string, newname string) error
```

参数 oldname 表示旧的链接(文件名),参数 newname 表示新的链接(文件名)。若硬链接创建成功,函数返回 nil,否则返回一个指向 LinkError 实例的指针,包含错误信息。

上述代码执行后,会产生 F1、F2、F3 三个文件。此时无论访问哪个文件,读到的内容都相同。例如:

```
myfile, _ = os.Open("F3")
fmt.Println("F3 的内容:")
bf := new(bytes.Buffer)
io.Copy(bf, myfile)
fmt.Printf("% s\n", string(bf.Bytes()))
```

从 F3 中读到的内容依然是"This is a file."。
接下来尝试通过 F2 去修改文件,在文件内容的末尾追加文本。

```
myfile, _ = os.OpenFile("F2", os.O_WRONLY | os.O_APPEND, 0644)
myfile.WriteString("This is a text file.\n")
myfile.Close()
```

然后通过 F1 来读取文件内容。

```
myfile, _ = os.Open("F1")
bf.Reset()                    // 清空缓冲区中的数据
fmt.Println("F1 的内容:")
io.Copy(bf, myfile)
fmt.Printf("% s\n", string(bf.Bytes()))
```

读出来的结果为:

```
This is a file.
This is a text file.
```

由于 F1、F2、F3 指向同一个文件,所以通过 F2 修改文件后,从 F1 中也能读取到文件的最新内容,毕竟读写的都是同一个文件,只是文件名不同而已。

17.3.2 符号链接

符号链接(也称为软链接)类似于 Windows 系统中的快捷方式,通过一种特殊的文件类型来保存对原始文件路径的引用。符号链接具有自己的文件索引号,简而言之就是符号链接是用一个文件来保存另一个文件的路径,这一点与硬链接不同。硬链接只是为文件多创建一个文件名,不会产生新的文件。当原始文件被删除后,符号链接将无法使用。

创建符号链接使用 Symlink 函数,其使用方法与 Link 函数相同。

下面的示例先创建文件 Srcfile,并写入 5 字节,然后调用 Symlink 函数为 Srcfile 文件创建符号链接。

```go
// 创建新文件
file, err := os.Create("Srcfile")
if err != nil {
    fmt.Println(err)
    return
}
// 写入内容
var data = []byte{1, 2, 3, 4, 5}
file.Write(data)
// 关闭文件
file.Close()

// 创建符号链接
err = os.Symlink("Srcfile", "myLink")
if err != nil {
    fmt.Println(err)
    return
}
```

17.4 WriteFile 函数与 ReadFile 函数

这两个函数位于 io/ioutil 包中,WriteFile 函数封装了 os.OpenFile 函数和 os.File.Write 方法的调用,ReadFile 函数封装了 os.Open 函数的调用。在读写文件的时候使用这两个函数可以化繁为简,提高编码效率。

ReadFile 函数的签名如下:

```go
func ReadFile(filename string) ([]byte, error)
```

此函数会读取文件中的所有内容并以[]byte 类型返回。

WriteFile 函数的签名如下:

```
func WriteFile(filename string, data []byte, perm os.FileMode) error
```

此函数会把 data 参数指定的数据一次性写入文件。要注意的是,同一个文件如果要分多次写入,就不能调用 WriteFile 函数。因为该函数每次调用时都会将现有的文件内容清空。例如下面的例子,调用了三次 WriteFile 函数向 demo.txt 文件写入内容,执行完代码后,打开 demo.txt 文件查看,其内容只有"KLMN",前两次写入的内容都会被清空。

```
ioutil.WriteFile("demo.txt", []byte("ABCD"), 0644)
ioutil.WriteFile("demo.txt", []byte("OPQRS"), 0644)
ioutil.WriteFile("demo.txt", []byte("KLMN"), 0644)
```

下面的示例使用 WriteFile 函数向文件写入若干字节,然后使用 ReadFile 函数将文件内容读出来。

```
var bts = []byte{0xa6, 0x57, 0xc5, 0xf3, 0xe9, 0x12}
// 将内容写入文件
ioutil.WriteFile("CKData", bts, 0666)
// 从文件中读取内容
var cnt, _ = ioutil.ReadFile("CKData")
fmt.Printf("从文件中读到的内容:% #x\n", cnt)
```

屏幕输出的文件内容如下:

```
从文件中读到的内容:0xa657c5f3e912
```

17.5 临时文件

在 io/ioutil 包中有两个与临时文件有关的函数:

```
func TempDir(dir, pattern string) (name string, err error)
func TempFile(dir, pattern string) (f *os.File, err error)
```

TempDir 函数调用成功后会在 dir 参数指定的目录中创建临时目录,并返回临时目录的路径;TempFile 函数则会在 dir 参数指定的目录下创建临时文件,然后返回可用于读写临时文件的 File 对象。

pattern 参数用于指定临时文件(或临时目录)名称的生成方式,有两种格式可选:

(1) 在 pattern 参数所指定的字符串后面加上随机整数。例如,pattern 参数的值为"test",就会生成形如"test342543727"的文件名。

(2) 如果 pattern 参数中出现" * "(星号)字符,那么会把最后一个" * "替换为随机整数。例如,pattern 参数为"tmp- * -dir",就会生成形如"tmp-846674147-dir"的名称。

不管是临时文件还是临时目录,其用途都是临时的数据读写,因此,开发人员在编写程序代码时应当注意,当不再需要临时文件(或临时目录)时要将其删除——这项工作不应该交给用户去完成。

在下面的示例中,先调用 TempFile 创建临时文件,再向临时文件中写入数据。在程序退出前删除临时文件。

```go
// 创建新目录
os.Mkdir("tmp", 0700)
// 创建临时文件
tmpfile, err := ioutil.TempFile("./tmp", "Demo*.tp")
if err != nil {
    fmt.Println(err)
    return
}
fmt.Printf("临时文件%s创建完成\n", tmpfile.Name())
tmpfile.WriteString("abc")
tmpfile.Close()
fmt.Print("按任意键继续……")
fmt.Scanln()
// 删除文件
os.Remove(tmpfile.Name())
```

临时文件创建后,写入了字符串"abc"。随后,程序代码遇到 fmt.Scanln 函数会暂停(等待输入)。接着按下回车键,程序继续运行,在退出之前调用了 Remove 函数,临时文件被删除。

17.6 更改程序的工作目录

应用程序在使用相对路径读写文件时,默认会以工作目录为基准,即文件或子目录会存放到工作目录下。程序在启动时,会把程序可执行文件所在的目录设置为工作目录。在程序代码中,可以调用 os.Chdir 函数来改变工作目录。

下面的代码首先调用 Mkdir 函数在程序的当前目录下创建名为 data 的子目录,然后将 data 目录设置为工作目录。

```go
err := os.Mkdir("data", 0700)
if os.IsNotExist(err) {
    return
}

// 改变工作目录
err = os.Chdir("data")
if err != nil {
    fmt.Println(err)
    return
}
```

使用相对路径创建名为 list 的文件，并写入数据。

```
file, err : = os.Create("list")
if err != nil {
    fmt.Println(err)
    return
}
// 写入测试内容
file.WriteString("demo")
// 关闭文件
file.Close()
```

此时 list 文件会存放在 data 目录下，因为它被设置为工作目录。

【思考】

1. 创建文件"abc.data"，并写入字符串"Hello，Go"。

2. 如何创建和删除目录？

第 18 章

加密与解密

本章主要内容如下：

- Base64 的编码与解码；
- DES 与 AES 算法；
- 哈希算法；
- RSA 算法；
- PEM 编码。

微课视频

18.1　Base64 的编码与解码

　　Base64 是一种使用 64 个可见字符来表示二进制数据的方案。所谓"可见字符"就是能够在屏幕上呈现且人们能看得到的字符，像换行符（\n）就不属于可见字符，而"ABCDabcd456@♯!"均为可见字符，它们可以直接打印到屏幕上。

　　Base64 没有密钥，只是通过索引与字符的映射关系对二进制数据进行编码，因此这种编码方案算不上安全性很高，只要使用索引顺序相同的字符映射表，再通过逆向运算，就可以轻松解码。不过它使用起来方便，普遍用于网络数据的传输，尤其是 HTTP 通信，可以将较为复杂的数据转为一个字符串来传递。

　　在 Go 语言的标准库中，encoding/base64 包提供了 Base64 算法相关的 API，不仅支持常见的标准编码和 URL 编码方式，也支持自定义字符映射表。

18.1.1　内置 Base64 编码方案

　　为了方便调用，encoding/base64 包公开了几个常用的 Encoding 对象，通过它们可以直接对数据进行编码和解码。这几个内置的 Encoding 对象是以变量的形式定义的，它们分别是：

　　（1）StdEncoding：标准编码方案，使用的字符映射表为"ABCDEFGHIJKLMNOPQR-STUVWXYZabcdefghijklmnopqrstuvwxyz0123456789＋/"。这是最常用的 Base64 编码格式。

　　（2）URLEncoding：此为特殊编码方案，专用于 URL 字符串。其字符映射表为"ABCDEFGHIJKLMNOPQRSTUVWXYZabcdefghijklmnopqrstuvwxyz0123456789-_"。与标准

编码方式相比,只是最后两个字符不同。这主要因为字符"＋""/"在 URL 字符串可能有特殊用途,将其改为"－""_"避免冲突。

Base64 的编码规则是:原数据中每 3 字节要转换为 4 字节,即转换后为每 6 位一组。例如:

```
11111111 11111111 11111111
```

转换之后,得到:

```
111111 111111 111111 111111
```

由于每个字节为 8 位,需要用 0 补全,得到:

```
00111111 00111111 00111111 00111111
```

如果原数据的字节数正好是 3 的倍数,可以直接编码;如果不是,就会用"＝"(等号)字符补全——原数据字节数除以 3,若余数为 2,则要用一个"＝"来补全;若余数为 1,就用两个"＝"来补全。"＝"字符就是 Base64 编码默认的填充字符。上述的 StdEncoding 和 URLEncoding 在原数据的字节数不满足 3 的倍数时都会进行填充,但是,下面两个 Encoding 是不使用填充的:

(3)RawStdEncoding:标准编码方案,对于缺少的字节不会用"＝"字符填充。

(4)RawURLEncoding:用 URL 字符串的编码方案,但不会用"＝"字符来填充。

下面的代码演示了基本的 Base64 编码与解码操作。

```go
// 原数据
var testData = "Some Data"
// 编码
var encodeStr = base64.StdEncoding.EncodeToString([]byte(testData))
// 输出结果
fmt.Printf("原数据:% s\n", testData)
fmt.Printf("Base64 编码后:% s\n", encodeStr)
// 解码
var decodeData, err = base64.StdEncoding.DecodeString(encodeStr)
if err != nil {
    fmt.Println("错误:", err)
    return
}
fmt.Printf("解码后:% s\n", string(decodeData))
```

运行后的输出结果如下:

```
原数据:Some Data
Base64 编码后:U29tZSBEYXRh
解码后:Some Data
```

EncodeToString 方法是对原数据进行编码后,以字符串形式返回,如果希望返回字节序列,可以调用 Encode 方法;同理,DecodeString 方法的输入参数是已编码数据的字符串形式,若希望用字节序列作为输入参数,可以调用 Decode 方法。请看下面的示例。

```
var data = []byte("Some Data")
// 编码
// 确定编码后会产生多少个字节
n := base64.StdEncoding.EncodedLen(len(data))
encodeData := make([]byte, n)
base64.StdEncoding.Encode(encodeData, data)
// 输出
fmt.Printf("原数据:%#x\n", data)
fmt.Printf("编码后:%#x\n", encodeData)
// 解码
// 先确定解码后的字节个数
n = base64.StdEncoding.DecodedLen(len(encodeData))
decodeData := make([]byte, n)
base64.StdEncoding.Decode(decodeData, encodeData)
fmt.Printf("解码后:%#x\n", decodeData)
```

运行结果如下:

```
原数据:0x536f6d652044617461
编码后:0x553239745a53424559585268
解码后:0x536f6d652044617461
```

在调用 Encode 方法前,应当先调用 EncodedLen 方法计算 Base64 编码后的字节数,这是为了能让 make 函数正确生成指定大小的[]byte 实例。同样地,在调用 Decode 方法前,也应该调用 DecodedLen 方法计算出解码后的字节数。

特定于 URL 的 Base64 编码方案一般用于编码 URL 参数,即 URL 中"?"字符后面的值。请看下面的例子。

```
var test = "<1, 2, 3, 4, 5>"
// Base64 编码
var ec = base64.URLEncoding.EncodeToString([]byte(test))
// 演示 URL
fmt.Printf("原数据:%s\n", test)
fmt.Printf("编码后:%s\n", ec)
fmt.Printf("URL 样例:http://someone.com/nav?pages=%s\n", ec)
```

上述例子中,演示 URL 为 http://someone.com/nav? pages=<参数值>,其中,参数值为"<1,2,3,4,5>",如果这样传递参数值,容易使参数丢失或不完整(存在 URL 转义问题)。

```
http://someone.com/nav?pages=<1, 2, 3, 4, 5>
```

因此,要先把参数值进行 Base64 编码,得到:

```
PDEsIDIsIDMsIDQsIDU -
```

然后再用编码后的参数值来组成请求 URL。

```
http://someone.com/nav?pages = PDEsIDIsIDMsIDQsIDU -
```

18.1.2   基于流的编码与解码

如果原数据比较大(基于流的形式),例如文件,这时候应当使用实现了 Writer 接口的对象来进行编码,然后使用实现了 Reader 接口的对象来解码。

encoding/base64 包提供了这样的功能。进行编码操作时,可以调用 NewEncoder 函数并提供一个实现了 Writer 接口的对象实例,函数会返回一个专用于 Base64 编码的 Writer 对象,在进行解码操作时,调用 NewDecoder 函数并传递一个实现了 Reader 接口的对象实例,然后函数会返回一个专门解码 Base64 数据的 Reader 对象,通过该对象能读取原始数据。

下面的代码调用 NewEncoder 函数产生一个 Writer 对象,将编码后的内容写入文件。

```go
// 创建文件
file, err := os.Create("encoded.bin")
if err != nil {
    fmt.Println(err)
    return
}
// 准备编码
var b64Writer = base64.NewEncoder(base64.StdEncoding, file)
// 写入要编码的内容
// 可分多次写入
b64Writer.Write([]byte("春江潮水连海平\n"))
b64Writer.Write([]byte("海上明月共潮生\n"))
b64Writer.Write([]byte("滟滟随波千万里\n"))
b64Writer.Write([]byte("何处春江无月明\n"))
b64Writer.Write([]byte("江流宛转绕芳甸\n"))
b64Writer.Write([]byte("月照花林皆似霰\n"))
// 释放资源
b64Writer.Close()
file.Close()
```

NewEncoder 函数返回的对象实现了 Writer 接口,即公开 Write 方法,可多次调用 Write 方法来写入内容。

上述代码执行后,生成 encoded.bin 文件,其内容如下:

5pil5rGf5r2u5rC06L + e5rW35bmzCua1t + S4iuaYjuaciOWFsea9rueUnwrmu5/mu5/pmo/ms6LljYPkuIfph4w-
K5L2V5aSE5pil5rGf5peg5pyI5piOCuaxn + a1geWum + i9rOe7leiKs + eUuArmnIjnhafoirHmnpfnmobkvLzpnLAK

下面的代码将对 encoded.bin 文件的内容解码。

```
// 打开文件
file, err = os.Open("encoded.bin")
if err != nil {
    fmt.Println(err)
    return
}
// 准备解码
var decoder = base64.NewDecoder(base64.StdEncoding, file)
// 解码
fmt.Print("解码后:\n")
io.Copy(os.Stdout, decoder)
// 释放资源
file.Close()
```

解码后得到以下内容：

```
春江潮水连海平
海上明月共潮生
滟滟随波千万里
何处春江无月明
江流宛转绕芳甸
月照花林皆似霰
```

18.1.3　自定义字符映射表

调用 NewEncoding 函数可通过参数来传递字符映射表，base64 包内部定义了两个标准的字符映射表。

```
const encodeStd = "ABCDEFGHIJKLMNOPQRSTUVWXYZabcdefghijklmnopqrstuvwxyz0123456789+/"
const encodeURL = "ABCDEFGHIJKLMNOPQRSTUVWXYZabcdefghijklmnopqrstuvwxyz0123456789-_"
```

开发者也可以向 NewEncoding 函数传递自定义的字符映射表。字符映射表是一个字符串表达式，并且需要满足以下条件：

（1）字符串的总大小必须是 64 字节。

（2）字符串中不能出现换行符——"\n""\r"。

请看下面的示例。

```
// 自定义字符映射表
var encodeStr = "0123456789abcdefghijklmnopqrstuvwxyzABCDEFGHIJKLMNOPQRSTUVWXYZ@#"
// 创建 encoding
custEncoding := base64.NewEncoding(encodeStr)

// 待编码的数据
```

```
    testData := "一二三四五六七"
    // 编码
    var ecStr = custEncoding.EncodeToString([]byte(testData))
    fmt.Printf("原数据:%s\n", testData)
    fmt.Printf("编码后:%s\n", ecStr)

    // 解码
    var decodeData, _ = custEncoding.DecodeString(ecStr)
    fmt.Printf("解码后:%s\n", decodeData)
```

运行结果如下:

```
原数据:一二三四五六七
编码后:Vby0VbGcVby9VpKrVbGkVomJVby3
解码后:一二三四五六七
```

映射字符推荐使用能以一个字节来表示的符号,尽量不使用汉字。因为一个汉字由多个字节构成,映射之后字节次序会被打乱,可能出现乱码,乱码不利于复制和网络传输(容易丢失数据)。解码的时候必须使用与编码时相同的字符映射表,否则无法得到正确结果。

18.2　DES 与 AES 算法

DES(Data Encryption Standard,数据加密标准),是一种通过密钥来进行加密或解密的算法。此算法采用的是分块计算法,每个输入块为 64 位(即 8 字节为一组),计算后输出 64 位的密文。DES 的密钥也是 64 位(实际使用 56 位)。

AES(Advanced Encryption Standard,高级加密标准),此算法用于替代 DES 算法。AES 算法的分块大小为 128 位(即 16 字节),密钥长度可以是 128 位、192 位或 256 位。

在 Go 语言的标准库中,分别用 crypto/des 和 crypto/aes 两个包来封装这两种加密算法,其使用方法相似。

18.2.1　Block 接口

DES 和 AES 算法都是将数据分块进行计算的,位于 crypto/cipher 包下的 Block 接口对分块计算进行了规范。其中包括三个方法:

(1) BlockSize:返回分块的大小。DES 算法返回 8,AES 算法返回 16,单位为字节。

(2) Encrypt:加密指定的数据块。

(3) Decrypt:解密指定的数据块。

不管是输入的数据块,还是输出的数据块,其大小不能小于 BlockSize。

DES 和 AES 算法都需要一个密钥(Key),用于对数据进行加密和解密。密钥不应该对外泄露,因为只要拿到密钥就可以对数据进行解密。DES 算法的密钥是 8 字节,AES 算法的密钥可以为 16(128 位)、24(192 位)、32(256 位)字节。

下面的示例演示了 DES 算法的加密和解密操作。

步骤 1：定义密钥，长度为 8 字节。

```
var key = []byte{
    0x2D, 0x11, 0x25, 0xA4,
    0x8E, 0x74, 0x60, 0x13,
}
```

测试用的密钥可以随意组合，在实际开发中，可以通过哈希算法（如 MD5）获取密钥，也可以自己设计密钥的产生方式。

步骤 2：调用 des 包中的 NewCipher 函数，并传递密钥。成功调用后会获得一个专用于 DES 算法的 Block 对象。

```
block, err := des.NewCipher(key)
if err != nil {
    fmt.Println(err)                    // 如果发生错误，输出错误信息
    return
}
```

步骤 3：准备一组由 12 字节组成的[]byte 对象，此为待加密的明文。

```
var test = []byte{
    0x26, 0x23, 0xF7, 0xA2,
    0x29, 0x33, 0xC4, 0x45,
    0x72, 0x19, 0x9B, 0x42,
}
```

上述的明文数据仅用于测试，可以随意组合。

步骤 4：分配一个新的[]byte 实例，用于存放密文，大小与明文相同。

```
var enc = make([]byte, len(test))
```

步骤 5：调用 Block 对象的 Encrypt 方法进行加密计算。

```
block.Encrypt(enc, test)
```

步骤 6：再分配一个[]byte 实例，用来存放解密后的数据。

```
var dec = make([]byte, len(test))
```

步骤 7：调用 Decrypt 方法，解密数据。

```
block.Decrypt(dec, enc)
```

步骤 8：运行示例，会得到以下结果：

```
加密前：2623f7a22933c44572199b42
加密后：db403350517f6fde00000000
解密后：2623f7a22933c44500000000
```

从输出结果可以看到，解密后的数据与原来的明文相同，但是，最后 4 字节丢失了。这是因为原来明文的大小为 12 字节，比 DES 算法的数据块大小（8 字节）多出 4 字节，所以这 4 字节未能参与计算。

下面的示例演示的是 AES 算法的加密与解密，密钥长度为 256 位（32 字节）。

```go
// 密钥
var key = []byte{
    0x11, 0x2D, 0x64, 0x88, 0xA6, 0xFE, 0x18, 0x3C,
    0xE5, 0x51, 0x08, 0x9E, 0x63, 0x24, 0x72, 0x10,
    0xE3, 0x7C, 0x0B, 0x16, 0x73, 0x26, 0x17, 0x38,
    0x65, 0x6A, 0xD2, 0x48, 0x57, 0x9F, 0xC8, 0x13,
}

// 待加密的数据
var srcData = make([]byte, aes.BlockSize)
copy(srcData, []byte("你好,世界"))

// 创建 Block 对象
block, err := aes.NewCipher(key)
if err != nil {
    fmt.Println(err)
    return
}

// 加密
fmt.Printf("原文：% s\n", srcData)
var enc = make([]byte, len(srcData))
block.Encrypt(enc, srcData)
fmt.Printf("加密后：% x\n", enc)

// 解密
var dec = make([]byte, len(srcData))
block.Decrypt(dec, enc)
fmt.Printf("解密后：% s\n", dec)
```

其运行的结果如下：

```
原文：你好,世界
加密后：f4e80e4bbe96335958cd9cd8e9b34d10
解密后：你好,世界
```

AES 算法加密的数据块大小由常量 aes.BlockSize 定义，即 16 字节。因此在准备明文数据时，先创建一个大小为 16 的[]byte 对象，然后再把文本信息复制进去（使用 copy 函数）。这样能确保明文数据的大小保持在 16 字节。

通过上述两个示例，可以总结出 DES/AES 算法基于 Block 的使用方法——先调用 des.NewCipher 或 aes.NewCipher 函数生成 Block 实例，然后调用 Block 对象的 Encrypt 方法加密数据，最后调用 Decrypt 方法解密数据。

18.2.2　BlockMode 模式

BlockMode 模式可以对多个数据块进行加密和解密。在 crypto/cipher 包中，实现了 CBC 加密模式，即 Cipher Block Chaining（密文分组链接模式），每个加密的数据块之间都有关联，不能单独对某一块数据进行操作。

BlockMode 模式在加密/解密时需要将数据进行分组。对于 DES 算法，数据总的大小必须是 8 的整数倍；对于 AES 算法，数据总的大小必须为 16 的整数倍。

调用 cipher 包下的 NewCBCEncrypter 函数产生用于加密的 BlockMode 对象，调用 NewCBCDecrypter 函数则产生用于解密的 BlockMode 对象，然后调用 BlockMode 对象的 CryptBlocks 方法就可以完成加密/解密操作。

下面的例子将使用 BlockMode 模式来完成 DES 算的加密和解密操作。

步骤 1：准备待加密的数据（明文）。

```
dt := []byte("黄河之水天上来")
// 确定数据的大小为 BlockSize 的整数倍
var n int
if len(dt) <= des.BlockSize {
    n = 1
} else {
    n = len(dt) / des.BlockSize
    if len(dt) % des.BlockSize > 0 {
        n++
    }
}
srcdata := make([]byte, des.BlockSize * n)
// 复制数据到新的[]byte 实例中
copy(srcdata, dt)
```

为了保证明文数据的大小为 BlockSize（DES 算法为 8）的整数倍，上面代码创建了大小为 n×8 的[]byte 实例，然后把原始数据复制进去。

步骤 2：准备密钥（key）和初始向量（iv）。

```
// 密钥
var key = []byte{
    0x02, 0xD3, 0x45, 0x87,
    0x32, 0x53, 0x7A, 0x95,
}
```

```
// 随机生成 IV
var iv = make([]byte, des.BlockSize)
rand.Read(iv)
```

本示例将随机生成 iv 中的字节序列,初始向量的大小与 BlockSize 相同(此处是 8 字节)。初始向量用于与第一个分组中的数据进行异或(XOR)运算。在解密时,key 和 iv 也要与加密时一致才能正确解密。

步骤 3:创建 Block 对象。

```
block, err := des.NewCipher(key)
if err != nil {
    fmt.Println(err)
    return
}
```

步骤 4:创建 BlockMode 对象。

```
encBlockmode : = cipher.NewCBCEncrypter(block, iv)
```

NewCBCEncrypter 函数返回的 BlockMode 对象只能用于加密数据。

步骤 5:加密数据。

```
var out = make([]byte, len(srcdata))
encBlockmode.CryptBlocks(out, srcdata)
```

步骤 6:创建用于解密的 BlockMode 对象。

```
decBlockmode : = cipher.NewCBCDecrypter(block, iv)
```

NewCBCDecrypter 函数返回的 BlockMode 对象只可用于解密数据。

步骤 7:解密数据。

```
var dec = make([]byte, len(out))
decBlockmode.CryptBlocks(dec, out)
```

步骤 8:运行示例程序,输出结果如下:

```
数据原文:黄河之水天上来
加密后:22facd4b462486b993ede95e066b2c9dff54019a96c795b5
解密后:黄河之水天上来
```

18.2.3 基于流的加密与解密

当要处理的数据量较大时(例如,加密或解密文件),Block 模式和 BlockMode 模式都不太方便。Go 的标准库提供了专用于流的加密/解密方案。主要包括以下三种类型:

（1）Stream 接口：不同的算法有各自的内部实现类型，对于外部访问，皆以 Stream 类型来读写数据。

（2）StreamReader 结构体：用于以流的方式读取数据。其中，字段 S 引用 Stream 实例，字段 R 引用实现 Reader 接口的对象（例如 os. File 类型）。

（3）StreamWriter 结构体：以流的方式写入数据。其中，字段 S 引用 Stream 实例，字段 W 引用实现 Writer 接口的对象（如 bytes. Buffer、os. File 类型等）。

实现了 Stream 接口的类型为内部类型，未对外公开，所以无法直接创建其实例，需要通过以下几个封装好的函数来获取相应的对象实例：

```
func NewCFBEncrypter(block Block, iv []byte) Stream
func NewCFBDecrypter(block Block, iv []byte) Stream
func NewCTR(block Block, iv []byte) Stream
func NewOFB(b Block, iv []byte) Stream
```

注意 CTR 和 OFB 模式产生的 Stream 对象可同时用于加密和解密。而 CFB 模式则需要区分加密与解密操作。NewCFBEncrypter 函数返回的流对象只用于加密操作，NewCFBDecrypter 函数返回的流对象只用于解密操作。

下面的示例将演示通过 AES 算法对文件进行加密和解密操作，使用 OFB 模式。

新建代码文件，命名为 enc. go，该程序用来加密文件。

```
// 要加密的文件名
var srcFilename = "测试文件.jpg"
// 加密后的文件名
var outFilename = "加密文件.bin"
// 密钥 AES - 192
var key = []byte{
    0x18, 0x5F, 0x02, 0x20, 0x57, 0xB4, 0x13, 0x58,
    0x87, 0xDA, 0x4C, 0x6F, 0x39, 0x28, 0x77, 0x83,
    0x46, 0x9E, 0x74, 0x66, 0x74, 0x81, 0x52, 0x16,
}
// 初始向量,大小与 BlockSize 相同
var iv = make([]byte, aes.BlockSize)
rand.Read(iv)

// -------- 加密 --------
// 打开文件
srcFile, err := os.Open(srcFilename)
if err != nil {
    fmt.Println(err)
    return
}
defer srcFile.Close()
// 创建加密后的文件
outFile, err := os.Create(outFilename)
if err != nil {
```

```
        fmt.Println(err)
        return
    }
    defer outFile.Close()

    // 创建 Block 对象
    block, err := aes.NewCipher(key)
    if err != nil {
        fmt.Println(err)
        return
    }
    // 将 iv 写入文件中,方便解密时读取
    outFile.Write(iv)
    // 创建 Stream 对象
    var stream = cipher.NewOFB(block, iv)
    // 创建 StreamWriter 实例
    strWriter := cipher.StreamWriter{
        S: stream,
        W: outFile,
    }
    defer strWriter.Close()
    // 把文件内容写入(加密)
    io.Copy(strWriter, srcFile)
```

  初始向量(iv)是随机生成的,为了在解密文件时能够使用,上述代码将 iv 的内容写入到加密文件中,然后再写入加密的数据。密钥(key)属于私密信息,为了安全,一般不能把 key 直接写进文件(容易被其他程序读取,得到密钥就可以解密文件)。本示例中的密钥仅用于演示。

  接着创建 dec.go 代码文件,实现文件解密功能。

```
// 已加密的文件名
var encFilename = "加密文件.bin"
// 解密后的文件名
var decFilename = "解密后.jpg"
// 密钥,必须与加密时使用的一致
var key = []byte{
    0x18, 0x5F, 0x02, 0x20, 0x57, 0xB4, 0x13, 0x58,
    0x87, 0xDA, 0x4C, 0x6F, 0x39, 0x28, 0x77, 0x83,
    0x46, 0x9E, 0x74, 0x66, 0x74, 0x81, 0x52, 0x16,
}

// -------- 解密 --------
// 打开已加密的文件
encFile, err := os.Open(encFilename)
if err != nil {
    fmt.Println(err)
    return
}
```

```
// 创建解密后的文件
decFile, err := os.Create(decFilename)
if err != nil {
    fmt.Println(err)
    return
}
defer encFile.Close()
defer decFile.Close()
// 创建 Block 对象
block, err := aes.NewCipher(key)
if err != nil {
    fmt.Println(err)
    return
}
// 从文件中读出 iv
var iv = make([]byte, aes.BlockSize)
encFile.Read(iv)
// 创建 Stream 对象
stream := cipher.NewOFB(block, iv)
// 创建 StreamReader 实例
strReader := cipher.StreamReader{
    S: stream,
    R: encFile,
}
io.Copy(decFile, strReader)
```

在解密文件内容前，应该将前面加密时写入的初始向量（iv）读出来。即

```
var iv = make([]byte, aes.BlockSize)
encFile.Read(iv)
```

要测试以上示例，可以先执行以下命令，运行 enc.go 文件中的代码，将文件加密。

```
go run enc.go
```

然后执行 dec.go 文件中的代码，解密文件。

```
go run dec.go
```

如果解密后得到的文件能正常使用，并且内容与加密前的文件（本示例中为"测试文件.jpg"）相同，就说明加密和解密的过程正确无误。

另外，本示例中使用了 defer 关键字（调用 Close 方法释放文件时），例如：

```
defer outFile.Close()
```

在调用函数或方法时加上 defer 关键字，表示把函数或方法的调用延迟到当前代码的范围结束之时（例如跳出代码所在的函数或者跳出 main 函数）。在本示例中，使用 os.

Open、os. Create 函数打开文件,返回 os. File 实例,并在使用之后释放资源。加上 defer 关键字后,Close 方法不会马上执行,而是等到跳出当前代码范围时自动执行。

18.3 哈希算法

哈希(音译自 Hash)算法是一类非对称加密方案——将任意长度的输入数据换算为固定长度的输出数据。计算结果是散列值,不可逆,即根据哈希算法的结果无法推算出原始数据。

哈希算法在数据校验上应用广泛。例如,从网络下载文件时,经常会提供一个参考的哈希值(常见的有 MD5 和 SHA1 值)。如果文件被正确下载,那么计算出来的哈希值与参考值相同;若计算出来的哈希值与参考值不符,就很有可能是文件没有被正确下载(掉包现象比较常见)。再例如,在网络通信中,也可以运用哈希算法来验证数据在传输过程中是否被篡改。

常用的哈希算法有 MD5、SHA1、SHA256、HMAC 等。

18.3.1 hash. Hash 接口

hash 包下面的 Hash 接口定义如下:

```
type Hash interface {
    // 内嵌 Writer 接口,实现 Write 方法
    io.Writer

    // 将当前 Hash 对象的校验数据追加到参数 b 中,并返回追加后的数据
    Sum(b []byte) []byte

    // 重置 Hash 对象
    Reset()

    // 返回当前 Hash 算法的计算结果长度,以字节为单位
    Size() int

    // 算法在运算时将数据划分为多个块,此方法返回每个块的大小(字节)
    BlockSize() int
}
```

Go 标准库中已实现了 Hash 接口,涵盖常见的哈希算法,如 MD5、SHA1 等。这些算法都被封装到对应的代码包中,如 crypto/md5、crypto/sha256、crypto/sha512 等。

crypto 包对各种内置的哈希算法做了统一封装,使各算法的用法一致。

首先,crypto 包中定义了新类型,名为 Hash。

```
type Hash uint
```

注意,此处的 Hash 类型与前面所说的 Hash 接口不同,它们来自不同的包。

接着,以常数方式定义常见的哈希算法。

```
const (
    MD4         Hash = 1 + iota        // import golang.org/x/crypto/md4
    MD5                                // import crypto/md5
    SHA1                               // import crypto/sha1
    SHA224                             // import crypto/sha256
    SHA256                             // import crypto/sha256
    SHA384                             // import crypto/sha512
    SHA512                             // import crypto/sha512
    ......
)
```

要得到相应算法的 hash.Hash 对象，需调用 New 方法。请看下面例子，该示例依次使用 MD5、SHA1 和 SHA256 算法计算某个字符串对象的校验值。

```
import (
    "crypto"
    _ "crypto/md5"
    _ "crypto/sha1"
    _ "crypto/sha256"
    "fmt"
)

func main() {
    var msg = "A test message"
    // 获取各哈希算法相关的 hash.Hash 对象
    md5 := crypto.MD5.New()
    sha1 := crypto.SHA1.New()
    sha256 := crypto.SHA256.New()
    // 计算校验值
    var data = []byte(msg)
    md5.Write(data)
    sha1.Write(data)
    sha256.Write(data)
    fmt.Printf("原数据:% s\n", msg)
    fmt.Printf("MD5:% x\n", md5.Sum(nil))
    fmt.Printf("SHA1:% x\n", sha1.Sum(nil))
    fmt.Printf("SHA256:% x\n", sha256.Sum(nil))
}
```

运行上述代码后，将得到以下输出：

```
原数据:A test message
MD5:8e2f834e05929cdd36cba8b670d72f1f
SHA1:e1f99259f51ea91f9d083f9c6fe0fb9a4a405709
SHA256:5f5cb37d292599ecdca99a5590b347ceb1d908a7f1491c3778e1b29e4863ca3a
```

在 import 语句中，需要导入 crypto/md5、crypto/sha1 等子包。

```
import (
    "crypto"
    _ "crypto/md5"
    _ "crypto/sha1"
    _ "crypto/sha256"
    ......
)
```

由于在代码中不需要调用这些包中的成员,故而可以在导入时分配一个空白标识(即"_")。每一个子包的代码中都会调用一次 crypto 包下的 RegisterHash 函数,以注册用以创建与算法对应的 hash. Hash 实例。因此,导入它们的目的就是让 crypto. RegisterHash 函数能被调用,否则在运行程序后会发生错误。

例如,md5 包中 RegisterHash 函数的调用代码如下:

```
func init() {
    crypto.RegisterHash(crypto.MD5, New)
}
```

sha256 包中 RegisterHash 函数的调用代码如下:

```
func init() {
    crypto.RegisterHash(crypto.SHA224, New224)
    crypto.RegisterHash(crypto.SHA256, New)
}
```

18.3.2 使用 crypto 子包中的哈希 API

除了使用 crypto 包中统一封装的 Hash. New 方法外,也可以直接调用 crypto 子包中独立封装的 API,具体可参考表 18-1。

表 18-1 **crypto 的子包与公共函数的对应关系**

子　　包	实例化 hash. Hash 对象的函数	哈　希　算　法
crypto/md5	md5. New	MD5
crypto/sha1	sha1. New	SHA1
crypto/sha256	sha256. New	SHA256
	sha256. New224	SHA224,以 SHA256 算法进行运算,然后截取前 224 位作为结果
crypto/sha512	sha512. New	SHA512
	sha512. New384	SHA384,以 SHA512 算法进行运算,然后截取前 384 位作为计算结果
	sha512. New512_224	以 SHA512 算法进行运行,截取前 224 位作为结果
	sha512. New512_256	以 SHA512 算法进行运行,然后截取前 256 位作为结果

下面的示例将演示通过 crypto/sha1 包中封装的 SHA1 算法来计算文件的哈希值。

```
var fileName = "demo.bin"
// 创建文件并写入内容
file, err : = os.Create(fileName)
if err != nil {
    fmt.Println(err)
    return
}
var buffer = make([]byte, 3000)
// 产生随机字节序列
rand.Read(buffer)
file.Write(buffer)
file.Close()

// 计算文件的 SHA1 值
sha1 : = sha1.New()
inputFile, _ : = os.Open(fileName)
// 把文件的内容写入 Hash 对象的缓冲区中
io.Copy(sha1, inputFile)
inputFile.Close()
// 获取哈希值
// Sum 方法传递参数值 nil,表示没有要合并的数据
result : = sha1.Sum(nil)
// 打印结果
fmt.Printf("文件 % s 的 SHA1 值为:\n% x\n", fileName, result)
```

上述代码中,先是创建 demo.bin 文件,然后写入 3000 个随机字节。最后使用 SHA1 算法计算此文件的哈希值。

运行示例后,得到的结果如下:

```
文件 demo.bin 的 SHA1 值为:
a0fb9f2fa19b5edba22fb4a0e32720b72f70e65a
```

还有一种更简单的哈希调用方法,crypto/md5、crypto/sha256 等包中还公开了名为 Sum 的函数,该函数可以直接计算并返回哈希值,详见表 18-2。

表 18-2　哈希算法与 Sum 函数

包	函　　数	哈　希　算　法
crypto/md5	Sum	MD5
crypto/sha1	Sum	SHA1
crypto/sha256	Sum256	SHA256
	Sum224	SHA224
crypto/sha512	Sum512	SHA512
	Sum512_224	用 SHA512 算法运算,截取前 224 位作为结果
	Sum512_256	用 SHA512 算法运算,截取前 256 位作为结果

在下面的示例代码中,依次以 SHA1、SHA256、SHA384、SHA512 算法对字符串对象计算校验码(哈希值)。

```
// 数据原文
var src = []byte("abcdefg--opqrst*+@")

var (
    // SHA1
    sha1Sum = sha1.Sum(src)
    // SHA256
    sha256Sum = sha256.Sum256(src)
    // SHA384
    sha384Sum = sha512.Sum384(src)
    // SHA512
    sha512Sum = sha512.Sum512(src)
)

// 输出结果
fmt.Printf("原文:%s\n", src)
fmt.Printf("sha1校验码:%x\n", sha1Sum)
fmt.Printf("sha256校验码:%x\n", sha256Sum)
fmt.Printf("sha384校验码:%x\n", sha384Sum)
fmt.Printf("sha512校验码:%x\n", sha512Sum)
```

运行后得到的输出如下:

```
原文:abcdefg--opqrst*+@
sha1校验码:e93f21b46b1d406db6f1e64733cbf4ff99cf38d5
sha256校验码:21a0e25a6b7d3a6d97f67c333aa7dd2f7afe01bbaa32713e3376451c99d56e09
sha384校验码:8f374690ea97a31a06eddbe00cb31ae883d5dc61e03522d4d4f2b134bf698bcec90d4328e1-
757953ad0dfd1aa67b58ac
sha512校验码:b78ab7a1eafad29ddc79033351368ccfce34b3079536b5e2847e5b9dc6efb5a2f6d926d8b1-
be1f6bac2a60dab3b89795b29394fe04f99cf005c20995eacf1200
```

18.3.3 HMAC 算法

HMAC 算法的全称为 Hash-based Message Authentication Code,可译为"基于哈希算法的消息验证码"。HMAC 的运算过程使用的是现成的哈希算法,如 MD5、SHA1、SHA256 等,与一般哈希算法不同的是,HMAC 包含密钥。

使用密钥让 HMAC 算法具备较好的安全性,即使数据内容被猜解出来,但在不知道密钥的情况下是无法正确算出校验码的。

crypto/hmac 包提供了两个公开的函数。

第一个函数为 New,其签名如下:

```
func New(h func() hash.Hash, key []byte) hash.Hash
```

与其他哈希算法一样,调用 New 函数能产生对应的 hash. Hash 实例。但 HMAC 算法需要密钥,所以定义了 key 参数。HMAC 支持任意长度的密钥,在 New 函数中会将密钥的长度与 BlockSize(运算时分块的大小,HMAC 的 BlockSize 取决于它使用的哈希算法。例如,若基础算法是 MD5,那么其 BlockSize 就是 64)做比较,如果密钥的长度大于 BlockSize,就会先将密钥做哈希运算,并将结果作为最终的密钥,如果密钥长度较小,会用 0 去填充。

第二个函数是 Equal,它的作用是验证,其签名如下:

```
func Equal(mac1, mac2 []byte) bool
```

参数 mac1 和 mac2 是通过 HMAC 算法计算出来的哈希值(校验码)。如果 Equal 函数返回 true,表明 mac1 和 mac2 相同,即消息内容完好,未被篡改;如果 Equal 函数返回 false,表明 mac1 和 mac2 不一致,即表明消息不完整,有可能是在网络传输过程中发生了"掉包"现象,也有可能被恶意篡改过。

接下来通过一个示例来演示 HMAC 算法的作用。该示例在运行后会随机生成密钥,接着可以通过键盘依次输入两条消息,并比较它们的 HMAC 校验码。

步骤 1:声明变量 Key,用于存放随机生成的密钥。

```
var Key []byte = make([]byte, 64)
```

步骤 2:定义 init 函数,在包代码中加载执行,生成密钥。

```
func init() {
    // 生成密钥
    rand.Seed(time.Now().Unix())
    rand.Read(Key)
    fmt.Printf("生成的密钥:% x\n\n", Key)
}
```

步骤 3:定义 ComputeHMAC 函数,计算消息的 HMAC 值。

```
func ComputeHMAC(msg string) []byte {
    var buf = []byte(msg)
    mHmac : = hmac.New(sha256.New, Key)
    mHmac.Write(buf)
    return mHmac.Sum(nil)
}
```

步骤 4:接收两条输入消息,并计算出各自的校验码。

```
// 第一条消息
fmt.Print("请输入第一条消息:")
var msg01 string
fmt.Scanln(&msg01)
// 计算 HMAC
var hash01 = ComputeHMAC(msg01)
```

```
fmt.Printf("第一条消息的校验码:%x\n", hash01)
// 第二条消息
fmt.Print("请输入第二条消息:")
var msg02 string
fmt.Scanln(&msg02)
// 计算 HMAC
var hash02 = ComputeHMAC(msg02)
fmt.Printf("第二条消息的校验码:%x\n", hash02)
```

步骤 5：验证两条消息是否一致。

```
res : = hmac.Equal(hash01, hash02)
if res {
    fmt.Println("\n 两条消息一致")
} else {
    fmt.Println("\n 两条消息不一致")
}
```

步骤 6：运行示例,第一条消息输入"你好,小王",第二条消息也输入"你好,小王"。由于两条消息内容相同,产生的 HMAC 校验码相同。

```
生成的密钥:c6e26a25506a9c6a783d0b8166a0e2d6a653586b23c0b3a2064e5209d6ea848cecc45bdf107-
01586a261a7dc5a7eeb344dc3d4341ee926501bd9f81e9cb54592

请输入第一条消息:你好,小王
第一条消息的校验码:fc3927790cfa356ef45902c22aaf92925d0f2dce62ffab172ff14cf2d21fdaf4
请输入第二条消息:你好,小王
第二条消息的校验码:fc3927790cfa356ef45902c22aaf92925d0f2dce62ffab172ff14cf2d21fdaf4

两条消息一致
```

步骤 7：再次运行示例程序,第一条消息输入"你好,小张",第二条消息输入"你好,小陈"。两条消息内容不同,产生的 HMAC 值也不同,故两条消息不一致。

```
生成的密钥:a037e44e20a7aafd1edbfff496254f89adcd1383e993643703dff536f5c225c2d0991a518ec6-
0c1f2b7ab8987cdb51eef9f3a8b89567a30acbcf9c85da413e29

请输入第一条消息:你好,小张
第一条消息的校验码:6f0e83e2a817d3fb466cf6ff8e52b4ab40185f84a813074dfd485ad59135a3a6
请输入第二条消息:你好,小陈
第二条消息的校验码:61ce85f7fd24a380a401f4018cde8f57fa353fe6bcb6bb991dab19bfa2554788

两条消息不一致
```

18.4　RSA算法

RSA算法是一种公开密钥的加密体制——加密与解密使用不同的密钥。公钥可以对外公开,通过网络传输,只用于加密;解密需要使用私钥,私钥不能对外公开。

18.4.1　生成密钥

在crypto/rsa包中,有两个结构体与RSA密钥有关。

一个是PublicKey结构体,表示公钥,它的定义如下:

```
type PublicKey struct {
    N * big.Int                      // modulus
    E int                            // public exponent
}
```

另一个是表示私钥的PrivateKey结构体。

```
type PrivateKey struct {
    PublicKey                        // public part.
    D         * big.Int              // private exponent
    Primes    [ ] * big.Int          // prime factors of N, has > = 2 elements.

    ……
}
```

从它们的定义可以发现,公钥其实是私钥的一部分。

调用rsa.GenerateKey函数可以随机生成RSA私钥,函数定义如下:

```
func GenerateKey(random io.Reader, bits int) ( * PrivateKey, error)
```

random参数一般是引用crypto/rand包中的Reader变量。下面示例将随机生成RSA私钥。

```
var myKey * rsa.PrivateKey
myKey, _ = rsa.GenerateKey(rand.Reader, 1024)
```

bits参数指定密钥的位数,一般来说,位数大,安全性相对会高一些。因此,推荐使用1024或2048位的密钥。

为了保证在变量生命周期内密钥实例的唯一性,GenerateKey函数返回指向PrivateKey对象的指针。

由于私钥中包含了公钥的数据,可以从生成的私钥中获取公钥。

```
var pubKey * rsa.PublicKey
pubKey = &myKey.PublicKey
```

18.4.2 加密和解密

RSA 加密有两种方案。

第一种是 PKCS♯1 v1.5 标准,对应以下两个函数:

```
// 加密
func EncryptPKCS1v15(rand io.Reader, pub *PublicKey, msg []byte) ([]byte, error)
// 解密
func DecryptPKCS1v15(rand io.Reader, priv *PrivateKey, ciphertext []byte) ([]byte, error)
```

rand 参数一般引用 crypto/rand 包中的 Reader 变量,使用随机数是为了防止"时序"攻击。加密的时候使用公钥,解密时需要使用私钥。如果密钥是随机生成的,那么,公钥可以从私钥中获取。msg 是要加密的消息,ciphertext 是要解密的消息。

下面通过示例演示基于 PKCS♯1 v1.5 方案的加密与解密过程。

```
// 准备密钥,本例中随机生成密钥
// 生成私钥
var prvKey, _ = rsa.GenerateKey(rand.Reader, 512)
// 从私钥中获取公钥
var pubKey = &prvKey.PublicKey

// 待加密的消息
var msg = "测试内容"
fmt.Printf("原消息:%s\n", msg)

// 加密
var cipherText, _ = rsa.EncryptPKCS1v15(rand.Reader, pubKey, []byte(msg))
fmt.Printf("加密后:%x\n", cipherText)

// 解密
var decText, _ = rsa.DecryptPKCS1v15(rand.Reader, prvKey, cipherText)
fmt.Printf("解密后:%s\n", decText)
```

运行此示例后,能看到以下输出:

```
原消息:测试内容
加密后:7f147e324ffe85fcebb8dea220f5d24be362b84c0df440401e59f021c86726ce44dcd32b78cad43
d110fd962692a5764cbe0cf18747fc0d09895add47f561430
解密后:测试内容
```

另一种 RSA 方案是 OAEP,对应的两个函数如下:

```
// 加密
func EncryptOAEP(hash hash.Hash, random io.Reader, pub *PublicKey, msg []byte, label []byte)
([]byte, error)
// 解密
func DecryptOAEP(hash hash.Hash, random io.Reader, priv *PrivateKey, ciphertext []byte,
label []byte) ([]byte, error)
```

OAEP 是一种优化方案,它增加了两个参数:hash 参数指定要使用的哈希算法,label 参数可以指定任意内容,它不会被加密,仅作为密文的附加内容被传递,如果不需要,可以为空。使用 label 作为附加内容,在一定程度上可以干扰恶意攻击者的破解行为。

下面举一个例子。

```
// 生成私钥
var prvKey, _ = rsa.GenerateKey(rand.Reader, 1024)
// 获取公钥
var pubKey = &prvKey.PublicKey
// 待加密的消息
var msg = "pdr009@163.com"
fmt.Printf("原消息:%s\n", msg)
// 加密
var cipherText, _ = rsa.EncryptOAEP(sha256.New(), rand.Reader, pubKey, []byte(msg), nil)
fmt.Printf("加密后:%x\n", cipherText)
// 解密
var decText, _ = rsa.DecryptOAEP(sha256.New(), rand.Reader, prvKey, cipherText, nil)
fmt.Printf("解密后:%s\n", decText)
```

运行代码后,将得到以下输出内容:

```
原消息:pdr009@163.com
加密后:740e1c315cc70c25ea0b2f97706fb38d8b84b8009938b1e3b7c663294d046c60c866145819ff8633-
69cdd64686f1c299f7d48259de3c6191446c58122bfa6d945185ba806a85cf3c1c3e3d9802fcf125d969fc65-
8aaaaa46620cddc317445c14c65fea3f6e6994e7a4dcec7ea2cad832afa415f5e32be6194c97c01044c4486a
解密后:pdr009@163.com
```

RSA 算法能加密的内容有限,通常用于加密 DES/AES 的密钥或者简短的文本信息。

18.4.3　存储密钥

不管密钥是代码随机生成的或是从第三方提供者处获得,通常会多次使用(动态的临时密钥除外)。所以,应当考虑将密钥导出为可存储的字节序列,这样就能方便地把密钥存放到文件中或者数据库中,待需要用时将其读出。

crypto/x509 包下面提供了相关的函数,可以将 RSA 密钥输出为字节序列,也可以从字节序列重新载入密钥。比较典型的有以下两组函数。

第一组,用于导出密钥。

```
// 导出公钥
func MarshalPKCS1PublicKey(key *rsa.PublicKey) []byte
// 导出私钥
func MarshalPKCS1PrivateKey(key *rsa.PrivateKey) []byte
```

密钥以二进制形式(DER 格式)导出,之后可以作为普通的二进制数据处理,可以存入数据库,也可以写入磁盘文件。MarshalPKCS1PublicKey 函数只导出密钥中的公钥部分,

MarshalPKCS1PrivateKey 函数导出私钥(已包含公钥)。

第二组,用于从二进制数据流中加载并读出密钥。

```
// 加载公钥
func ParsePKCS1PublicKey(der []byte) ( * rsa.PublicKey, error)
// 加载私钥(含公钥)
func ParsePKCS1PrivateKey(der []byte) ( * rsa.PrivateKey, error)
```

下面例子先随机产生了 RSA 密钥,然后将密钥导出,写入文件中,随后又从文件中加载密钥。为了检验密钥是否被正确写入文件以及是否正确地从文件中被读出,本示例会先对消息进行加密,然后使用从文件中加载的密钥进行解密。

步骤 1:随机生成密钥。

```
var prvkey, _ = rsa.GenerateKey(rand.Reader, 512)
//从私钥中取出公钥
var pubkey = &prvkey.PublicKey
```

步骤 2:将密钥导出并存入文件,此处只导出私钥(如果要将密钥公开给客户端使用,应当只导出公钥,不能泄露私钥)。

```
// 导出二进制数据
// 仅转化私钥
keydata := x509.MarshalPKCS1PrivateKey(prvkey)
// 把它写入到文件中
ioutil.WriteFile("myPrvkey", keydata, 0600)
```

步骤 3:为了便于稍后的验证,使用刚生成的密钥对一条消息进行加密。

```
var testmsg = "测试消息"
var cipherdata, _ = rsa.EncryptPKCS1v15(rand.Reader, pubkey, []byte(testmsg))
```

步骤 4:从文件中加载密钥。

```
// 从文件中读出密钥(私钥)
indata, err := ioutil.ReadFile("myPrvkey")
if err != nil {
    fmt.Println(err)
    return
}
// 加载密钥
loadKey, err := x509.ParsePKCS1PrivateKey(indata)
if err != nil {
    fmt.Println(err)
    return
}
```

步骤 5：使用刚加载的密钥解密刚刚被加密的消息。

```
decrdata, err := rsa.DecryptPKCS1v15(rand.Reader, loadKey, cipherdata)
if err != nil {
    fmt.Println(err)
    return
}
fmt.Printf("被解密的消息:%s\n", decrdata)
```

步骤 6：运行示例后，会生成二进制文件 myPrvkey，它是 DER 格式的数据，不能直接以文本形式查看。程序输出被解密的消息：

```
已从文件中加载密钥
被解密的消息:测试消息
```

解密后得到消息内容为"测试消息"，与被加密的内容相同，表明密钥已从文件中正确加载。

18.5 PEM 编码

PEM(Privacy Enhanced Mail)编码实际上是一种以 Base64 编码来存储内容的消息格式。它包含内容的"起点"与"终点"语法。形如：

```
-----BEGIN TEST-----
a2lnaW9lZXdvaWpkdWl5ZmRoNTk2NTQ1OTg0a29plZGZpam1lZxXVoZmR1aTU0
NDVkZ2ZoZ3RoeWpyZ2VyeWpoZzzU2NDR1eWhqOGhnaDdmZzRyNThnOXXJ0aDQ3Zzg1
Zmc0OGZndDQ3
-----END TEST-----
```

PEM 文件以"-----BEGIN TEST-----"开头（即起点语法），以"-----END TEST-----"结尾（即终点语法）。其中，"TEST"表示消息类型或称"标题"，消息类型可以自定义。起点语法与终点语法之间是数据内容，使用 Base64 编码。

encoding/pem 包实现了 PEM 文件的编码与解码功能，比较核心的 API 有：

(1) Block 结构体。Bolck 结构体规范了 PEM 文件的基本结构，其中包括以下字段：

```
type Block struct {
    // 消息的类型(标题),可自定义
    Type string
    // 消息头,可选
    Headersmap[string]string
    // 正文中的数据,用 Base64 编码
    Bytes[]byte
}
```

(2) Encode 函数。编码 PEM 内容，然后写入到一个实现了 io.Writer 接口的对象中。

（3）EncodeToMemory 函数。编码 PEM 内容，并返回其二进制数据（类型为[]byte）。此方案比较灵活，返回的二进制数据既可用于内存处理，也可写入标准输出流或文件。

（4）Decode 函数。解码 PEM 内容，成功后返回指向 Block 实例的指针。

18.5.1　编码与解码

本小节将通过示例来演示 PEM 文件的编码与解码过程。

步骤 1：准备 PEM 正文数据。

```
var content = "小明发来一张贺卡"
```

步骤 2：创建 Block 实例，并设置 Type、Bytes 字段。

```
var block pem.Block
// 消息类型为"DEMO"
block.Type = "DEMO"
// 消息内容
block.Bytes = []byte(content)
```

步骤 3：执行 PEM 编码。

```
var encodeData = pem.EncodeToMemory(&block)
```

消息完成 PEM 编码后的结果如下：

```
-----BEGIN DEMO-----
5bCP5piO5Y+R5p2l5LiA5byg6LS65Y2h
-----END DEMO-----
```

步骤 4：解码的时直接调用 Decode 函数即可。

```
var decblock, _ = pem.Decode(encodeData)
```

Decode 函数返回了两个值，一般只使用第一个值——Block 指针类型，从中可以读出原来的消息正文，第二个返回值（[]byte 类型）存放的是除了 PEM 数据以外的内容（保留数据）。有关此问题，本书会在 18.5.2 节中阐述。

步骤 5：在屏幕上输出解码后的相关信息。

```
fmt.Print("解码后的消息:\n")
fmt.Printf("消息类型:%s\n", decblock.Type)
fmt.Printf("消息正文:%s\n", decblock.Bytes)
```

运行之后，得到的输出内容如下：

```
消息类型:DEMO
消息正文:小明发来一张贺卡
```

18.5.2　解码后的保留数据

假设某个 PEM 文件的内容如下：

```
-----BEGIN MY NAME-----
546L5aSn5bGx
-----END MY NAME-----
Hello, Jim
```

在"BEGIN XXX"和"END XXX"之间内容为 PEM 数据，不过，读者会看到，此文件的最后多了一个字符串——"Hello，Jim"。如果调用 pem.Decode 方法对此文件进行 PEM 解码，会返回两个值。第一个值为 PEM 解码后的消息，即从"BEGIN XXX"到"END XXX"的内容；第二个值就是剩余的内容，即"Hello.Jim"。

下面代码将完成对此文件的解码。

```
    var pemData = `
-----BEGIN MY NAME-----
546L5aSn5bGx
-----END MY NAME-----
Hello, Jim`

    var msgblock, other = pem.Decode([]byte(pemData))
    // 输出
    fmt.Printf("消息类型：% s\n", msgblock.Type)
    fmt.Printf("消息正文：% s\n", msgblock.Bytes)
    fmt.Printf("其他内容：% s\n", other)
```

运行结果如下：

```
消息类型:MY NAME
消息正文:王大山
其他内容:Hello, Jim
```

"Hello，Jim"就是 Decode 函数返回的第二个值。

18.5.3　消息头

Block 结构体的 Headers 字段用于为 PEM 消息指定消息头，作为文件的附加内容。该字段为映射（map）类型，编码后的格式与 HTTP-HEADER 类似，形如：

```
key1: value1
key2: value2
key3: value3
```

消息头位于"BEGIN XXX"标签之后，消息正文之前。消息头与正文之间一般用空白行分隔。

请看示例。

```go
// 消息正文
var msg = "演示数据"
// 消息头
var headers = map[string]string{
    "ver": "1.0",
    "sender": "Jack",
    "copyto": "Tom",
}

// 编码
block := pem.Block{
    Type: "EMSG",
    Bytes: []byte(msg),
    Headers: headers,
}
pem.Encode(os.Stdout, &block)
```

编码后的 PEM 文档包含三个消息头。上述代码的输出内容如下：

```
-----BEGIN EMSG-----
copyto: Tom
sender: Jack
ver: 1.0

5ryU56S65pWw5o2u
-----END EMSG-----
```

【思考】

1. 求"123456zyxw"的 MD5 值。

2. 如何随机产生 RSA 密钥？

3. 如何将密钥写入 PEM 文件？

第 19 章

命令行参数

本章主要内容如下：
- os. Args 变量；
- 命令行参数分析 API——flag 包。

微课视频

19.1　os. Args 变量

命令行参数是紧跟在程序命令名称后的一组字符串，一般用空格分隔。例如，以下面的方式调用 cmd 程序。

```
cmd abc － s － t gsg
```

其中，"abc" "-s" "-t" "gsg"就是命令行参数。

命令行参数是出于功能或逻辑处理需求而传递给应用程序的数据，应用程序可以根据这些参数做出不同的响应。

假设要调用 wget 命令（Linux 命令）下载文件，wget 程序必须知道文件从哪里下载。为此，在调用命令时需要把一个指向在线文件位置的 URL 传递给 wget 程序，wget 程序启动后读取到这个参数，就知道该从哪里下载文件了。

```
wget http://someone.org/files/10732.zip
```

在 Go 程序代码中，可以通过 os. Args 变量来获取其他调用者传递进来的命令行参数列表，其类型为[]string。该变量会在 os 包被初始化时赋值。其中，参数列表的第一个元素总是当前程序的名称（可执行文件路径，可以是绝对路径，也可以是相对路径），从第二个元素起才是命令行参数。

下面的代码将获取传递给当前程序的命令行参数，然后将其输出到屏幕上。

```
var args = os.Args
for index, val : = range args {
    fmt.Printf("[ % d]: % s\n", index, val)
}
```

如果使用 go run 命令来执行程序,可以在代码文件(或者包路径)之后指定命令行参数。例如:

```
go run demo.go - abc - opq - dfd
```

demo.go 是代码文件名,文件名之后的文本均为命令行参数。执行后会输出以下内容:

```
0 : <可执行文件的路径>
1 : - abc
2 : - opq
3 : - dfd
```

也可以先对代码进行编译,生成可执行文件。

```
go build - o app demo.go
```

此处 app 是可执行文件的名称,Linux 平台不需要后缀名,Windows 平台下应该加上后缀名,即 app.exe。

然后执行生成的可执行文件。

```
app - x - y /z
```

运行后输出:

```
0 : app
1 : - x
2 : - y
3 : /z
```

接下来完成一个 SHA1 计算程序,要进行哈希计算的内容将通过命令行参数传递。程序运行后输出计算结果。

```
// 本例仅需要一个命令行参数
// 加上程序名称,Args 中应有两个元素
if len(os.Args) != 2 {
    fmt.Println("传递的参数过多")
    return
}
// 获取要做 SHA1 运算的内容
var content = os.Args[1]
var res = sha1.Sum([]byte(content))
// 输出结果
fmt.Printf("sha1:% x\n", res)
```

编译程序,生成可执行文件 mytest(test.go 是代码文件名)。

```
go build - o mytest test.go
```

Windows 平台可以这样执行：

```
go build - o mytest.exe test.go
```

然后执行 mytest 程序，并传递参数。

```
mytest 测试内容
```

执行后将得到以下结果：

```
sha1:3faf6b41d179efcd3ee4d35433b5fc9ff8040450
```

命令行参数一般以空格分隔，所以，如果参数内容包含空格符，可以把参数内容放在一对双引号中。例如：

```
mytest "with some data"
```

结果如下：

```
sha1:150ed28802ebcf039a3d564fff1f0adb96d05c77
```

19.2　命令行参数分析 API——flag 包

os. Args 虽然能获取到传递给应用程序的命令行参数，但是开发人员需要手动去分析这些参数。若是简单的命令行参数，直接访问 os. Args 变量也能轻松处理，可如果遇到数量较多且较为复杂的参数，开发人员就得投入大量精力分析命令行参数，这样会降低开发效率。因此，Go 标准库中提供了 flag 包，它不仅能免去手动分析命令行参数的麻烦，还起到了规范参数的作用。

flag 包认可的命令参数格式是参数名以"-"或"--"开头，参数值位于参数名之后。例如：

```
- d 100
-- d 100
```

"d"是参数名称，"100"是参数值。以下格式指定了三个命令行参数：

```
- a copy - b 2 - c 0
```

即参数 a 的值为"copy"，参数 b 的值为"2"，参数 c 的值为"0"。

参数名与参数值之间除了使用空格，也可以使用"＝"分隔。例如：

```
- a = 100 - b = 200
```

19.2.1 命令行参数与变量的绑定

flag 包的工作方式是将代码中定义的变量与对应的命令行参数进行绑定,程序代码中只需要访问特定的变量就能得到命令行参数的值。

可以通过两种方式将变量绑定到命令行参数上:

第一种方式是调用以下函数,返回值是指针类型。

```
// 绑定 string 类型的变量
func String(name string, value string, usage string) * string

// 绑定 int 类型的变量
func Int(name string, value int, usage string) * int

// 绑定 int64 类型的变量
func Int64(name string, value int64, usage string) * int64

// 绑定 bool 类型的变量
func Bool(name string, value bool, usage string) * bool

// 绑定 uint 类型的变量
func Uint(name string, value uint, usage string) * uint

// 绑定 uint64 类型的变量
func Uint64(name string, value uint64, usage string) * uint64

// 绑定 float64 类型的变量
func Float64(name string, value float64, usage string) * float64

// 绑定 time.Duration 类型的变量
// 内部调用了 time.ParseDuration 函数来分析参数值
// 参数值使用字符串方式传递,如"10h"表示 10 个小时,"10s"表示 10 秒钟等
func Duration(name string, value time.Duration, usage string) * time.Duration
```

其中,name 为命令行参数的名称,value 是该参数的默认值(当命令行参数被忽略时使用此默认值),usage 指定与命令行参数相关的帮助信息。

下面的示例将接收 width、height 两个命令行参数(假设是矩形的宽度和长度),然后计算矩形的面积,并输出结果。

```
// 注册命令行参数
pWid := flag.Int("width", 0, "矩形的宽度")
pHei := flag.Int("height", 0, "矩形的高度")
// 重要:一定要调用此函数
flag.Parse()

// 计算面积
ar := ( * pWid) * ( * pHei)
fmt.Printf("矩形的面积为:% d\n", ar)
```

在变量与命令行参数绑定后,必须调用一次 flag.Parse 函数。此函数将对传递到当前应用程序的命令行参数进行分析,并把参数值赋值给绑定的变量。在应用程序运行后,只需要调用一次 Parse 函数即可,不需要重复调用。

另外要注意的是,pWid 和 pHei 变量是指针类型(*int),直接访问只是获取到 int 值的内存地址,而不是真实的值。计算面积时需要得到这两个变量真实的数值,所以要通过 *pWid、*pHei 的方式获取指针所指向的实际值。

在执行上述代码时,以下几种方式都能正确传递命令行参数。

```
go run test.go - width 20 - height 3
go run test.go -- width 20 -- height 3
go run test.go - width = 20 - height = 3
go run test.go -- width = 20 -- height = 3
```

但是,以下方式将无法正确识别命令行参数。

```
go run test.go width 20 height 3
```

还可以通过-h、--h、-help、--help 参数获取命令行参数的帮助信息。

```
go run test.go - h
go run test.go -- h
go run test.go - help
go run test.go -- help
```

打印的帮助信息如下:

```
- height int
      矩形的高度
- width int
      矩形的宽度
```

第二种方式是先定义变量,然后把变量的内存地址传递相关函数,其原理和第一种方式相同,只是调用方式不同。这些函数包括:

```
func StringVar(p *string, name string, value string, usage string)
func BoolVar(p *bool, name string, value bool, usage string)
func IntVar(p *int, name string, value int, usage string)
func Int64Var(p *int64, name string, value int64, usage string)
func Float64Var(p *float64, name string, value float64, usage string)
func DurationVar(p *time.Duration, name string, value time.Duration, usage string)
func UintVar(p *uint, name string, value uint, usage string)
func Uint64Var(p *uint64, name string, value uint64, usage string)
```

其中,参数 p 为引用变量的地址,其他参数的含义与前面 String、Int、Bool 等函数相同。下面的例子演示如何通过命令行参数传递两个 float 数值以及采用的运算方式(四则运算），程序启动后会根据这些命令行参数进行运算，最后输出结果。

```go
// 变量列表
var (
    // 第一个数值
    num1 float64
    // 第二个数值
    num2 float64
    // 运算方式
    opt string
)

// 绑定命令行参数
flag.Float64Var(&num1, "x", 0.00, "第一个操作数")
flag.Float64Var(&num2, "y", 0.00, "第二个操作数")
flag.StringVar(&opt, "o", "+", "运算方式,仅支持四则运算.有效值为 + 、- 、* 、/")

// 分析命令行参数
flag.Parse()

var result float64
switch opt {
case "+": //加法
    result = num1 + num2
case "-": //减法
    result = num1 - num2
case "*": //乘法
    result = num1 * num2
case "/": //除法
    if num2 != 0 {
        result = num1 / num2
    } else {
        fmt.Println("错误:除数不能为 0")
    }
default:
    result = 0.00
    fmt.Println("输入的运算方式无效")
}

// 输出结果
fmt.Printf("计算结果:%f\n", result)
```

执行上述示例时，命令行参数 x 表示第一个操作数，y 表示第二个操作数，o 表示运算方式——"+""-""*""/"中的一个。例如：

```go
// 加法运算
go run test.go -x 15 -y 10 -o +            // 输出 25.000
// 减法运算
go run test.go --x 600 --y 230 --o -       // 输出 370.000
```

```
// 乘法运算
go run test.go – x 12 – y 36.25 – o *          // 输出 435.000
// 除法运算
go run test.go – x = 900 – y = 100 – o = /      // 输出 9.000
```

19.2.2　Value 接口

Value 接口的定义如下：

```
type Value interface {
    String() string
    Set(string) error
}
```

实现 Value 接口可以自定义命令行参数的值。Set 方法将传入从命令行参数分析所得到的内容（字符串），开发者实现此方法把此内容转化所需要的值。

下面的示例通过实现 Value 接口来获得年、月、日的值，命令行参数格式为：用"/"字符分隔三个数值。例如"2020/1/3"，解析后，年份为 2020，月份为 1，当月天数为 3。

步骤 1：定义 Date 结构体，包含 year、month、day 三个字段。

```
type Date struct {
    year int                                    //年
    month int                                   //月
    day int                                     //日
}
```

步骤 2：为 Date 结构体定义三个方法，用于获取三个字段的值。

```
func (d Date) Year() int   { return d.year }
func (d Date) Month() int { return d.month }
func (d Date) Day() int    { return d.day }
```

步骤 3：实现 Value 接口。

```
func (d Date) String() string {
    return fmt.Sprintf("%d- %d- %d", d.year, d.month, d.day)
}

func (d * Date) Set(v string) error {
    parts : = strings.Split(v, "/")
    if len(parts) != 3 {
        return errors.New("此值应该由三部分组成")
    }
    // 解析命令行参数值
    if y, err : = strconv.ParseInt(parts[0], 10, 32); err != nil {
        return errors.New("Year 值不正确")
```

```
        } else {
            d.year = int(y)
        }
        if m, err := strconv.ParseInt(parts[1], 10, 32); err != nil {
            return errors.New("Month 值不正确")
        } else {
            d.month = int(m)
        }
        if dy, err := strconv.ParseInt(parts[2], 10, 32); err != nil {
            return errors.New("Day 值不正确")
        } else {
            d.day = int(dy)
        }
        return nil
}
```

步骤 4：将 Date 类型的变量与命令行参数绑定。

```
var thedate Date
flag.Var(&thedate, "dt", "以"/"分隔的日期")
```

步骤 5：调用 Parse 函数，分析命令行参数。

```
flag.Parse()
```

步骤 6：输出解析后的命令行参数值。

```
fmt.Printf("日期：%d年%d月%d日\n", thedate.Year(), thedate.Month(), thedate.Day())
```

步骤 7：运行示例程序，通过名为"dt"的命令行参数指定一个有效的日期。假设代码文件名为"test.go"。

```
go run test.go -dt 2020/5/15
```

步骤 8：执行后，输出以下结果：

```
日期：2020 年 5 月 15 日
```

【思考】
编写一个程序，并为其注册以下三个命令行参数：

```
-- src        字符串类型
-- mode       整数类型
-- set        布尔类型
```

第 20 章

数 据 压 缩

本章主要内容如下：

- 标准库对压缩算法的支持；
- Gzip 压缩算法；
- DEFLATE 算法；
- 自定义的索引字典；
- Zip 文档；
- Tar 文档。

微课视频

20.1　标准库对压缩算法的支持

Go 标准库支持许多常见的压缩(含解压缩)算法，这些 API 分布在以下几个包中：

(1) compress/bzip2：支持解压 bzip2 软件压缩的数据。

(2) compress/flate：使用 DEFLATE 算法，支持数据的压缩与解压缩。

(3) compress/gzip：使用 Gzip 算法，即 GNU zip 格式，支持压缩与解压缩。

(4) compress/lzw：使用 LZW 算法，即 Lempel-Ziv-Welch Encoding，支持压缩与解压缩。

(5) compress/zlib：使用 zlib 标准，支持压缩与解压缩操作。

(6) archive/zip：提供了访问 zip 文档的 API。

(7) archive/tar：提供了访问 tar 文档的 API。

以上所列的代码包有一个共同点：Writer 对象通过 NewWriter 函数创建，用于压缩数据；Reader 对象通过 NewReader 函数创建，用于解压缩数据。

20.2　Gzip 压缩算法

Gzip 由 Jean-loup Gailly 和 Mark Adler 开发，常用于 * nix 系统(Unix、Linux)的文件压缩。Gzip 的数据主体采用 DEFLATE 算法压缩，由 10 字节的文件头、扩展头(可选)、数据主体和尾注组成。在 compress/gzip 包中，Header 结构体封装 Gzip 文档的文件头。

```
type Header struct {
    Comment string              // 注释,可选
    Extra []byte                // 扩展头,可选
    ModTime time.Time           // 文档的修改时间
    Name string                 // 被压缩数据流存储在 Gzip 文档中的文件名
    OS byte                     // 操作系统类型,一般不设置
}
```

Gzip 算法允许将多个数据流(或者源文件)压缩后串联在一起,解压时既可以将这些串联后的数据流一次性读出,也可以单独读取(本书后面会介绍)。但人们更习惯于用 Gzip 来压缩单个文件,存在多个文件时,会先把这些文件压缩到一个 tar 文档中,再把该 tar 文档存储到 Gzip 文档中,也称为 tar.gz 文档或 tgz 文档。

20.2.1　Gzip 基本用法

在 compress/gzip 包中,Reader 与 Writer 两个结构体都继承了 Header 结构体的字段(定义时内部嵌套了 Header 类型),所以 Reader、Writer 类型也具有 Name、Comment、ModTime 等字段。

压缩数据时,调用 NewWriter 函数创建 Writer 实例,函数需要一个实现了 io.Writer 接口的对象作为提供写入数据的基础流,常见的如 bytes.Buffer 对象(内存数据)、os.File 对象(磁盘文件)等。

解压数据时,调用 NewReader 函数创建 Reader 实例。与压缩操作相似,调用 NewReader 函数时需要提供一个实现了 io.Reader 接口的对象作为基础数据流。

下面的示例使用 Gzip 算法对字符串数据进行压缩与解压缩。

```
// 待压缩的文本
var text = `
{
    "id": 372144,
    "pno": "FC - B10 - 23 - 1",
    "in_date": "2018 - 11 - 25",
    "desc": "Kismil",
    "color": "Black"
}`
// 原数据的字节序列
var srcBs = []byte(text)

// 使用 gzip 算法压缩数据
var buffer = bytes.NewBuffer(nil)
gzw := gzip.NewWriter(buffer)
// 写入数据
gzw.Write(srcBs)
// 调用 Close 方法让压缩后的数据写入基础数据流中
// 调用后不会关闭基础数据流
```

```
    gzw.Close()

    // 解压缩数据
    gzr, err := gzip.NewReader(buffer)
    if err != nil {
        fmt.Println(err)
        return
    }
    fmt.Print("解压缩后的内容:")
    // 读取解压缩的内容
    io.Copy(os.Stdout, gzr)
    // 关闭 Reader 对象
    // 与其关联的基础数据流不会关闭
    gzr.Close()
```

创建 Writer 实例后，只要调用 Write 方法就可以写入要压缩的数据；反之，调用 Reader 实例的 Read 方法可以读取解压缩后的数据。若到了数据流末尾，就会返回 EOF 错误。上述示例中，调用 io.Copy 函数把解压缩出来的数据读出，并写入标准输出流(os.Stdout)。

在写完(或读完)数据后，都可以调用 Close 方法关闭 Writer(或 Reader)对象，但不会关闭与之关联的基础数据流。对于压缩操作而言，调用 Writer 对象的 Close 方法后数据才会真正写入基础流中，如果忘记调用 Close 方法，有可能导致压缩后的数据不完整(未完全写入基础流)。

再看一个示例，此例将使用 Gzip 算法压缩音频文件。

```
    // 输入文件,待压缩
    inFile, _ := os.Open("music.mp3")
    // 输出文件,已压缩
    outFile, _ := os.Create("music.gz")

    gzw := gzip.NewWriter(outFile)
    // 设置在压缩包内显示的文件名
    gzw.Name = "music.mp3"
    // 压缩并写入数据
    io.Copy(gzw, inFile)
    // 关闭 Writer 对象并把数据写入文件
    gzw.Close()
    // 关闭文件
    inFile.Close()
    outFile.Close()
```

在压缩文件时，可以设置 Writer 对象的 Name 属性(来自 Header 类型)，以指定文件在 gzip 文档中显示的名称。

20.2.2　压缩多个文件

Writer 对象支持压缩多个文件(或多段数据流)并写入基础数据流，其核心是调用

Reset 方法——每写完一个文件,先调用 Close 方法把数据写入基础流,然后调用 Reset 方法重置 Writer 对象的状态,这样就可以在不需要重新创建新 Writer 实例的情况下继续写入文件数据。

下面的代码将向 Gzip 文档添加三个文件。

```go
var buffer = bytes.NewBuffer(nil)
// 压缩三个文件
gzw : = gzip.NewWriter(buffer)
for i : = 1; i < 4; i++{
    // 设置文件名
    gzw.Name = fmt.Sprintf("item - % d.txt", i)
    // 设置注释
    gzw.Comment = fmt.Sprintf("comment - ♯ % d", i)
    // 写入数据
    gzw.Write([]byte(fmt.Sprintf("示例文本 % d\n", i)))
    // 关闭 Writer 对象
    gzw.Close()
    // 调用 Restet 方法很关键
    gzw.Reset(buffer)
}
```

Gzip 算法在写入压缩数据时,会将所有文件(或数据流)的内容连接起来,而不是单独存储,也就是把多个数据流合并为一个流来处理。所以,在解压数据时,如果使用的是 Reader 的默认行为,那么它会把 Gzip 文档中所有的文件内容一次性读出,就像下面这样:

```go
gzr, err : = gzip.NewReader(buffer)
if err != nil {
    fmt.Println(err)
    return
}
// 读取内容
for {
    fmt.Printf("文件: % s\n", gzr.Name)
    fmt.Printf("注释: % s\n", gzr.Comment)
    fmt.Print("\n 文件内容:\n")
    io.Copy(os.Stdout, gzr)
    fmt.Print("\n\n")
    // 下一个文件
    err : = gzr.Reset(buffer)
    if err == io.EOF {
        // 到达流末尾,退出循环
        break
    }
}
```

读出来的结果如下:

```
文件:item-1.txt
注释:comment-#1

文件内容:
示例文本 1
示例文本 2
示例文本 3
```

从上述结果可以看到,Reader 对象只读了一次,当调用 Reset 方法返回 EOF(文件末尾),for 循环退出,也就是说,三个文件的内容被一次性全读出来。如果希望把文件逐个读出,则需要关闭 Reader 对象的默认行为,详情可参考 20.2.3 节的内容。

20.2.3 解压多个文件

Reader 类型有一个名为 Multistream 的方法,它接收一个 bool 类型的参数值。若该参数值为 false,则表示禁用 Reader 对象的默认行为,就可以逐个读取 Gzip 文档中的文件。

下面的示例将使用 Gzip 算法压缩五个文件,在解压时将它们逐个读出来。

```go
var buffer = bytes.NewBuffer(nil)
// 压缩五个文件
gzw := gzip.NewWriter(buffer)
for n := 1; n <= 5; n++{
    // 设置文件名
    gzw.Name = fmt.Sprintf("file-%02d.txt", n)
    // 写入文件内容
    var content = fmt.Sprintf("示例文本 -- %d\n", n)
    gzw.Write([]byte(content))
    // 写入完成
    gzw.Close()
    // 重置,准备写入下一个文件
    gzw.Reset(buffer)
}

// 解压
gzr, err := gzip.NewReader(buffer)
if err != nil {
    fmt.Println(err)
    return
}
// 逐一读出文件
for {
    // 此处调用是关键
    gzr.Multistream(false)
    fmt.Printf("文件:%s\n", gzr.Name)
    fmt.Print("文件内容:")
    // 读出文件内容,并写入标准输出流
    io.Copy(os.Stdout, gzr)
```

```
        fmt.Print("\n")
        // 重置,读取下一个文件
        err := gzr.Reset(buffer)
        if err == io.EOF {
            // 到达文档末尾,退出循环
            break
        }
    }
    // 关闭 Reader 对象
    gzr.Close()
```

在解压 Gzip 文档时要注意,每次读取文件前都必须调用一次 Multistream 方法,并向参数传递 false 值。这是因为 for 循环末尾会调用 Reset 方法来重置 Reader 对象,这会使 Reader 对象恢复为默认行为。

示例依次解压五个文件,并输出文件名和文件内容。

```
文件:file-01.txt
文件内容:示例文本 -- 1

文件:file-02.txt
文件内容:示例文本 -- 2

文件:file-03.txt
文件内容:示例文本 -- 3

文件:file-04.txt
文件内容:示例文本 -- 4

文件:file-05.txt
文件内容:示例文本 -- 5
```

20.3 DEFLATE 算法

DEFLATE 是一种无损压缩算法,它使用 LZ77 算法和哈夫曼(Huffman)编码。7z、zip、gzip 等格式都使用了 DEFLATE 算法。

与 DEFLATE 算法有关的 API 位于 compress/flate 包中(包名少了“de”)。压缩数据时,调用 NewWriter 函数创建 Writer 对象实例,然后写入要压缩的数据;解压缩数据时,调用 NewReader 函数创建 Reader 对象实例,然后读出解压缩后的数据。

下面的例子演示了使用 DEFLATE 算法对字符串进行压缩和解压缩的方法。

```
// 待压缩的字符串
var testStr = "black, black, black, black, black"
var srcData = []byte(testStr)
```

```
fmt.Printf("原数据长度:%d\n", len(srcData))

// 压缩
var buffer = new(bytes.Buffer)
fwt, err := flate.NewWriter(buffer, 5)
if err != nil {
    fmt.Println(err)
    return
}
fwt.Write(srcData)
// 调用此方法让数据写入基础流
fwt.Close()

fmt.Printf("压缩后数据长度:%d\n", buffer.Len())

// 解压缩
zrd := flate.NewReader(buffer)
fmt.Print("解压后:")
io.Copy(os.Stdout, zrd)
zrd.Close()
```

NewWriter 函数的第二个参数(level)是一个整数值,指压缩的级别,最小值为 1(速度最快,但压缩比最小),最大值为 9(压缩比最佳,但速度较慢)。如果参数的值为 0,表示不压缩,为 −1 表示使用算法的默认压缩级别,为 −2 表示只使用哈夫曼编码。因此,如果参数的值超出[−2,9]的范围,那么 NewWriter 函数就会返回错误信息。

DEFLATE 算法会为字符串中重复出现的内容建立索引,当遇到重复的内容时就用索引替代,以缩短内容。上面示例运行后的输出结果如下:

```
原数据长度:33
压缩后数据长度:15
解压后:black, black, black, black, black
```

20.4 自定义的索引字典

DEFLATE、Zlib 等算法在压缩数据时都支持索引字典,可为被压缩数据中重复出现的内容建立编码表。对于有固定格式的文本,可以自定义索引字典,在一定程度上提升数据的压缩率。

索引字典是一个字节序列(类型为[]byte),其中包含会在被压缩内容中重复出现的内容。在压缩数据时,算法会在被压缩数据中搜索字典中的内容并进行替换。

假设要处理的数据正文是一个 JSON 对象,而且其格式如下:

```
{
    "id": <动态内容>,
```

```
        "name": "<动态内容>",
        "age": <动态内容>,
        "city": "<动态内容>"
    }
```

只有标注为"动态内容"的部分才有可能出现变动,其他内容是固定不变的。于是,可以把除"动态内容"以外的字符作为索引字典。

```
    var dict = []byte(`{
    "id": ,
    "name": "",
    "age": ,
    "city": ""
}`)
```

而待压缩的 JSON 对象为:

```
    var srcText = `{
    "id": 32001,
    "name": "Tommy",
    "age": 27,
    "city": "Beijing"
}`
```

然后,使用 DEFLATE 算法对上述 JSON 数据进行压缩。

```
var srcData = []byte(srcText)
fmt.Printf("原数据长度:%d\n", len(srcData))

var bf bytes.Buffer
// 压缩
zw, _ := flate.NewWriterDict(&bf, 9, dict)
zw.Write(srcData)
zw.Close()
fmt.Printf("压缩后数据长度:%d\n", bf.Len())
```

如果要使用自定义的索引字典,那么在创建 Writer 对象实例时应该调用 NewWriterDict 函数,并把索引字典传递给 dict 参数。

解压缩的时候,也要使用与压缩时相同的索引字典。

```
zr := flate.NewReaderDict(&bf, dict)
fmt.Print("解压后:")
io.Copy(os.Stdout, zr)
zr.Close()
```

以下输出信息展示了压缩前后数据长度的改变。

```
原数据长度:66
压缩后数据长度:36
解压后:{
        "id": 32001,
        "name": "Tommy",
        "age": 27,
        "city": "Beijing"
}
```

解压缩过程中,算法会根据索引字典中的内容,重新恢复数据。所以压缩与解压缩都要使用相同的字典才能正确恢复被压缩后的数据。

修改上述的示例代码。假设在解压缩之前,把字典中的内容全替换为"&"。

```
for i : = range dict {
    dict[i] = '&'
}
```

然后再执行代码,就会发现,解压缩出来的内容与原内容不一致了。

```
原数据长度:66
压缩后数据长度:36
解压后:&&&&&&&&&32001&&&&&&&&&&&&Tommy&&&&&&&&&&&&27&&&&&&&&&&&&Beijing"
}
```

20.5　Zip 文档

Zip 是一种压缩文档格式,它支持对每个文件进行单独压缩(或不压缩)。理论上说,每个文件可以使用独立(不同)的压缩算法,但这种情况很少见,一般都是整个 Zip 文档统一使用一种压缩算法。

Zip 文档允许每个文件的独立操作,因此在性能和速度上会相对弱一些。不过,在解压缩时可以根据索引来读取需要的文件,而不必读取整个文档。

archive/zip 包实现了支持读写.zip 文件的 API。Zip 支持多种压缩算法,Go 标准库仅支持 DEFLATE 算法(最为常用的算法),且由以下两个常量定义:

```
const (
    Store    uint16 = 0              // 不压缩
    Deflate  uint16 = 8              // 使用 DEFLATE 算法压缩
)
```

20.5.1　从 Zip 文档中读取文件

直接调用 OpenReader 函数,并提供 Zip 文档的路径,若顺利调用,该函数会返回一个

Reader 对象,随后,通过 Reader 对象的 File 字段可以获取到压缩文档中的文件列表。

以下示例演示了 OpenReader 函数和 Reader. File 字段的用法。

步骤 1:创建一个. zip 文档,并添加三个文本文件,假设它们分别被命名为 file-1. txt、file-2. txt、file-3. txt。

步骤 2:调用 OpenReader 函数打开 Zip 文档。

```
zreader, err := zip.OpenReader("testfile.zip")
```

步骤 3:通过 for 循环枚举 File 字段中的元素,读取压缩包中的所有文件。

```
for _, f := range zreader.File {
    fmt.Printf("文件:% s\n", f.Name)
    // 打开文件流
    freader, err := f.Open()
    if err != nil {
        fmt.Printf("错误:% v\n", err)
        continue
    }
    fmt.Print("内容:")
    // 将文件内容复制到标准输出流
    io.Copy(os.Stdout, freader)
    // 关闭文件流
    freader.Close()
    fmt.Print("\n\n")
}
```

Reader. File 字段枚举出来的元素为 zip. File 类型,此类型仅包含文件的基本信息,若要读取文件内容,还需要调用 File 对象的 Open 方法打开文件对应的流,文件读取完毕,可以调用 Close 方法将流关闭。

步骤 4:调用 Reader 对象的 Close 方法,关闭整个 Zip 文档。

```
zreader.Close()
```

步骤 5:示例代码运行后,将得到以下输出信息:

```
文件:file-1.txt
内容:第一个文本文件的内容

文件:file-2.txt
内容:第二个文本文件的内容

文件:file-3.txt
内容:第三个文本文件的内容
```

20.5.2　在内存中读写 Zip 文档

使用 NewWriter 函数将获得一个 Writer 对象实例,接着调用 Writer 实例的 Create 或 CreateHeader 方法可以创建新文件,之后便可以写入文件内容了。所有文件写入完毕后, 调用 Writer 实例的 Close 方法以将数据写入基础流。

读取 Zip 文档时,先调用 NewReader 函数创建 Reader 实例,再通过 Reader 实例的 File 字段来获取文件列表,最后调用 Reader.Close 方法关闭 Zip 文档。

下面的示例将完成在内存中读写 Zip 文档的功能。

```go
// 在内存中暂存数据的缓冲区
var buffer = new(bytes.Buffer)

// 构建新的 Zip 文档
zipw : = zip.NewWriter(buffer)
// 添加四个文件
file1, _ : = zipw.Create("a.dat")
file1.Write([]byte("red red red red red"))
file2, _ : = zipw.Create("b.dat")
file2.Write([]byte("tick tick tick"))
file3, _ : = zipw.Create("c.dat")
file3.Write([]byte("core - core - core"))
file4, _ : = zipw.Create("d.dat")
file4.Write([]byte("test * test * test * test * test"))
// 关闭 Writer
zipw.Close()

// 读出 Zip 文档中的文件
baseReader : = bytes.NewReader(buffer.Bytes())
zipr, err := zip.NewReader(baseReader, baseReader.Size())
if err != nil {
    fmt.Println(err)
    return
}
// 读取文件列表
for _, f : = range zipr.File {
    fmt.Printf("文件:% s\n", f.Name)
    fmt.Printf("大小:% d\n", f.UncompressedSize64)
    fmt.Printf("压缩后大小:% d\n", f.CompressedSize64)
    fmt.Print("文件内容:")
    // 读取文件内容
    fr, err : = f.Open()
    if err != nil {
        continue
    }
    io.Copy(os.Stdout, fr)
    // 关闭文件
```

```
        fr.Close()
        fmt.Print("\n\n")
}
```

此处有一点要注意,由于 bytes. Buffer 类型没有实现 ReaderAt 接口,但 zip. NewReader 函数要求传入的参数类型实现该接口,所以要先将 bytes. Buffer 实例中的数据复制到 bytes. Reader 实例中(bytes. Reader 类型实现 ReaderAt 接口),方法是:

```
baseReader := bytes.NewReader(buffer.Bytes())
```

zip. NewReader 函数需要一个 size 参数,一般指定为基础流的长度。

上述示例运行后,程序将从缓存在内存中的 Zip 文档读出以下文件列表:

```
文件:a.dat
大小:19
压缩后大小:12
文件内容:red red red red red

文件:b.dat
大小:14
压缩后大小:13
文件内容:tick tick tick

文件:c.dat
大小:14
压缩后大小:13
文件内容:core - core - core

文件:d.dat
大小:24
压缩后大小:13
文件内容:test * test * test * test * test
```

20.5.3 注册压缩算法

目前内置的库仅支持 DEFLATE 算法,但 archive/zip 包仍提供了可以注册压缩算法的函数。开发人员可以修改 DEFLATE 算法的一些参数(例如压缩的级别),然后重新注册。与算法注册相关的 API 有以下两组:

(1) 由 zip 包直接公开的函数。

```
func RegisterCompressor(method uint16, comp Compressor)
func RegisterDecompressor(method uint16, dcomp Decompressor)
```

RegisterCompressor 函数注册压缩算法,RegisterDecompressor 函数注册解压缩算法,压缩算法与解压缩算法一定要一致,数据才能被正确处理。method 参数是整数值,表示算法的编号,zip 包中仅提供了两个值——0(不压缩)和 8(DEFLATE 算法)。

Compressor 和 Decompressor 都是函数类型,定义如下:

```
type Compressor func(w io.Writer) (io.WriteCloser, error)
type Decompressor func(r io.Reader) io.ReadCloser
```

对于压缩算法,通过此函数类型返回一个专用的 Writer 对象;反之,对于解压缩算法,通过该函数返回一个 Reader 对象。

(2) 调用 zip.Writer 对象的 RegisterCompressor 方法注册压缩算法;调用 zip.Reader 对象的 RegisterDecompressor 方法注册解压缩算法。这一组 API 所注册的算法仅对当前的 zip.Writer 或 zip.Reader 对象有效,属于局部性的。而上面所述的以 zip 包直接公开的函数所注册的算法可通用于应用程序生命周期内的代码,属于全局性的。

标准库默认已为 DEFLATE 算法进行全局注册,因此,在代码中直接调用 zip 包中的 RegisterCompressor 或 RegisterDecompressor 函数重复注册 DEFLATE 算法就会引发错误。避免错误的方法是注册局部算法——调用 Writer 对象的 RegisterCompressor 方法,调用 Reader 对象的 RegisterDecompressor 方法。

下面的示例将演示注册最佳压缩比的 DEFLATE 算法,然后用该算法创建 Zip 文档。

```
// 输出文件名
var testfile = "data.zip"
outFile, err := os.Create(testfile)
if err != nil {
    fmt.Println(err)
    return
}

zw := zip.NewWriter(outFile)
// 注册压缩算法
zw.RegisterCompressor(zip.Deflate, func(w io.Writer) (io.WriteCloser, error) {
    // 最高压缩比
    return flate.NewWriter(w, flate.BestCompression)
})
// 添加三个文件
tmp, _ := zw.Create("part1.txt")
tmp.Write([]byte("test --------- data --- "))
tmp, _ = zw.Create("part2.txt")
tmp.Write([]byte("ab cd ab cd"))
tmp, _ = zw.Create("part3.txt")
tmp.Write([]byte("...content..."))
// 关闭 Writer
zw.Close()

// 关闭文件
outFile.Close()
```

20.6　Tar 文档

Tar(Tape archives)并不是压缩算法,它是一种文档存储格式,可以将多个文件打包成一个文件。archive/tar 包提供了对读写 Tar 文档的支持。

写入 Tar 文档时,调用 tar. NewWriter 函数创建 Writer 实例。对于要写入的每个文件,应当先调用 Writer 对象的 WriteHeader 方法写入文件头。文件头包含文件的基本信息,如文件名、内容长度等。写入文件头后,就可以调用 Writer 对象的 Write 方法写入文件内容,并且所写入的文件内容长度不能大于文件头所指定的大小。

Tar 是按顺序向前读取文件的。先调用 tar. NewReader 函数创建 Reader 实例。对于文档中的每一个文件,在读取内容之前,需要调用 Reader 对象的 Next 方法定位文件,若后面已经没有文件了,就返回 EOF。然后调用 Read 方法读取文件内容,能读取的内容长度取决于文件头的 Size 字段,如果文件内容长度大于文件头的 Size 字段,那么剩余的字节会被舍弃。

下面的示例演示 Tar 文档的读写过程。

步骤 1:创建 bytes. Buffer 实例,用于缓存 Tar 文档内容。

```
var buffer = new(bytes.Buffer)
```

步骤 2:创建 Writer 实例。

```
tarw := tar.NewWriter(buffer)
```

步骤 3:写入第一个文件。

```
content : = []byte("第一个文件")
header : = &tar.Header{
    Name: "p01.txt",
    Size: int64(len(content)), //内容长度
}
// 写入文件头
if err : = tarw.WriteHeader(header); err == nil {
    // 写入内容
    tarw.Write(content)
}
```

文件头使用 tar. Header 结构体封装,其中,Name 字段表示文件名,Size 字段表示文件内容的长度(字节)。Size 字段必须设置足够容纳文件内容的长度。

步骤 4:第二、三、四个文件的写入过程与第一个文件类似。

```
// 第二个文件
content = []byte("第二个文件")
header.Name = "p02.txt"
header.Size = int64(len(content))
if err : = tarw.WriteHeader(header); err == nil {
```

```
    tarw.Write(content)
}
// 第三个文件
content = []byte("第三个文件")
header.Name = "p03.txt"
header.Size = int64(len(content))
if err := tarw.WriteHeader(header); err == nil {
    tarw.Write(content)
}
// 第四个文件
content = []byte("第四个文件")
header.Name = "p04.txt"
header.Size = int64(len(content))
if err := tarw.WriteHeader(header); err == nil {
    tarw.Write(content)
}
```

步骤 5：写入完毕后，调用 Close 方法关闭 Writer 实例。

```
tarw.Close()
```

步骤 6：接下来将读取 Tar 文档中的文件列表。创建 Reader 实例。

```
tarr := tar.NewReader(buffer)
```

步骤 7：每个文件在读取前都要调用一次 Next 方法完成定位。如果 Tar 文档中已经没有文件了就会返回 EOF。

```
for {
    hd, err := tarr.Next()
    if err == io.EOF {
        // 已到了列表末尾,跳出循环
        break
    }
    // 打印文件名
    fmt.Printf("文件:%s\n", hd.Name)
    // 读取文件内容
    fmt.Print("内容:")
    io.Copy(os.Stdout, tarr)
    fmt.Print("\n\n")
}
```

步骤 8：运行示例程序,屏幕输出如下：

```
文件:p01.txt
内容:第一个文件


文件:p02.txt
```

内容:第二个文件

文件:p03.txt
内容:第三个文件

文件:p04.txt
内容:第四个文件

【思考】

1. Gzip 算法可以同时压缩多个文件吗?

2. 如何生成包含三个文件的 Zip 文档?

第 21 章

协　　程

本章主要内容如下：

- 启动 Go 协程；
- 通道；
- 互斥锁；
- WaitGroup 类型。

微课视频

21.1　启动 Go 协程

Go 语言的异步操作引入了协程（原单词为 goroutines）的概念，启动新的协程后会异步执行指定的函数。协程类似于线程，但它并非与线程一一对应，而是由 Go 运行时内部进行调度，有可能一个线程会运行多个协程，也有可能一个协程在不同线程间切换，这一切都是 Go 运行时自动分配和控制的。

Go 协程没有名称，也没有 ID 值，程序代码无法获取协程的唯一标识。

应用程序在运行时至少会启动一个协程——执行 main 函数的协程，此协程可以称为主协程，当该协程执行完毕后，整个程序就会退出。

在代码中开启新协程的方法很简单，只要在调用函数或方法时加上"go"关键字即可。例如：

```go
func test1() {
    fmt.Print("春")
}

func test2() {
    fmt.Print("夏")
}

func test3() {
    fmt.Print("秋")
}

func test4() {
```

```
        fmt.Print("冬")
}

func main() {
        // 启动四个新的协程
        go test1()
        go test2()
        go test3()
        go test4()
}
```

但是,运行上面代码后,屏幕上可能什么内容都没有输出。这是因为新开启的四个协程与主协程(共五个协程)都是独立执行的,四个新协程还没来得及打印消息,main 函数就退出了,进而导致整个程序的退出,所以屏幕上看不到任何输出。

在 main 函数的最后增加一行对 time. Sleep 函数的调用,让主协程暂停 1 秒钟。

```
func main() {
        // 启动四个新的协程
        go test1()
        go test2()
        go test3()
        go test4()

        // 暂停一下
        time.Sleep(time.Second)
}
```

由于主协程的执行时间被延长了,使得新启动的四个协程能够完成执行,再次运行上述程序,就能看到以下输出了:

```
春秋冬夏
```

此时,读者会发现,"春""夏""秋""冬"四个字符的输出是无序的。不妨再执行三次上述程,看看输出结果。

```
春冬秋夏                        // 第一次
秋夏冬春                        // 第二次
夏春秋冬                        // 第三次
```

这是因为协程之间不仅是相互独立的,而且代码运行的顺序是随机的。如果需要控制它们的顺序,可以使用通道(channel)。将上述程序代码进行以下修改:

```
var (
        A = make(chan int)
        B = make(chan int)
        C = make(chan int)
```

```
        D = make(chan int)
)

func test1() {
    fmt.Print("春")
    A <- 1
}

func test2() {
    <- A
    fmt.Print("夏")
    B <- 1
}

func test3() {
    <- B
    fmt.Print("秋")
    C <- 1
}

func test4() {
    <- C
    fmt.Print("冬")
    D <- 1
}

func main() {
    // 启动四个新的协程
    go test1()
    go test2()
    go test3()
    go test4()

    <- D
}
```

变量 A、B、C、D 均为通道类型，支持传递 int 类型的值。四个通道都是无缓冲的，即通道的输入与输出必须同时进行，也就是说，如果有 int 值写入通道，就得要求有其他对象同时将该值读出。

启动 test1 函数时，test2 函数要等待通道 A 中的有输入的值才能读出，于是，test2 函数被阻塞（不能往后执行），test1 函数输出"春"之后，将整数值 1 写入通道 A，此时 test2 函数中顺利读到了通道 A 的值，就可以往下执行。

test2、test3、test4 函数的原理也一样，可以用图 21-1 来表示此过程。

运行代码，这一次能得到预期的结果了。

春夏秋冬

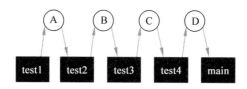

图 21-1 四个通道与五个协程之间的逻辑关系

21.2 通道

在 Go 的异步编程中,通道类型(channel,类型名称为 chan)既可以用于协程之间的数据通信,也可以用于协程之间的同步。

通道类型有以下几种表示方式:

```
chan T              // 双向通道,既可以发送数据,也可以接收数据
chan <- T           // 只能向通道发送数据
<- chan T           // 只能从通道接收数据
```

其中,T 是通道中可存放的数据类型。例如:

```
chan int
```

上述格式表示双向通道,通道可以存放 int 类型的值。

通道数据的输入输出是通过"<-"运算符(称作"接收运算符")来完成的。"<-"位于通道变量之前表示从通道中接收数据;"<-"位于通道变量后面表示向通道发送数据。

```
var ch = ……
ch <- 5             // 向通道发送数据
var n = <- ch       // 从通道接收数据
```

注意上述代码中,<-ch 表达式仅表示从通道 ch 中读出数据,若要将读出的值赋值给变量 n,则必须使用赋值运算符(=)。

21.2.1 实例化通道

通道对象的实例是通过 make 函数创建的,此函数可以创建切片、映射、通道类型的实例。

下面的代码创建一个可存储 string 类型数据的通道实例。

```
var c = make(chan string)
```

也可以这样:

```
var c = make(chan string, 0)
```

make 函数的第二个参数(size)表示通道对象的缓冲值,忽略此参数或者设置为 0 表示所创建的通道实例不使用缓冲。

下面的语句向通道发送数据。

```
c <- "hello"
```

然后可以从通道接收数据。

```
<- c
```

当不再使用通道实例时,可以调用 close 函数将其关闭。

```
close(c)
```

通道常用于不同协程之间的通信,在同一个协程中使用通道意义不大。

21.2.2　数据缓冲

无缓冲的通道要求发送与接收操作同时进行——向通道发送数据的同时必须有另一个协程在接收。

请看下面的例子。

```
func main() {
    // 创建通道实例
    var mych = make(chan uint)

    // 启动新的协程
    go func() {
        fmt.Println("开始执行新协程")
        // 向通道发送数据
        mych <- 350
        fmt.Println("新协程执行完毕")
    }()

    // 暂停一下
    time.Sleep(time.Second)
    fmt.Println("主协程即将退出")
}
```

代码运行后输出的内容如下:

```
开始执行新协程
主协程即将退出
```

main 协程等待了 1 秒钟后退出,从输出结果可以看出,新启动的协程并没有完全被执行。程序在向通道 mych 发送数据后就被阻塞,无法继续执行,这是因为整数 350 发送到通道后没

有被及时被读取所致,解决方法是在 main 函数中接收通道中的数据。修改后的代码如下:

```go
func main() {
    // 创建通道实例
    var mych = make(chan uint)

    // 启动新的协程
    go func() {
        ......
    }()

    // 从通道中接收数据
    <- mych

    ......
}
```

由于新创建的协程与主协程是异步执行的,使得通道 mych 的发送与接收行为可以同时完成,程序不会被阻塞,最终两个协程都顺利执行。

带缓冲的通道的读与写可以不同时进行,举个例子说明。

```go
func main() {
    // 创建通道实例
    var mych = make(chan string, 1)

    go func() {
        fmt.Println("开始执行新的协程")
        // 向通道发送数据
        mych <- "Hello"
        fmt.Println("新协程执行完毕")
    }()

    // 暂停一下
    time.Sleep(time.Second * 2)
    fmt.Println("主协程即将退出")
}
```

这一次,虽然在主协程上没有接收通道中的数据,但程序可以正常完成执行,输出结果如下:

```
开始执行新的协程
新协程执行完毕
主协程即将退出
```

这是因为此次创建的通道实例是带缓冲的,缓冲的元素个数为 1。所以,当新的协程代码向通道发送了一次数据后,数据会缓存在通道中,不要求立即被取出,代码就不会被阻塞——哪怕 main 函数中未接收通道的数据也不会阻塞。

不过,若是通道中缓存的数据量已满,再次向通道发送数据就会被阻塞,直到数据被接收为止。就像下面这样:

```
func main() {
    // 创建通道实例
    var mych = make(chan string, 1)

    go func() {
        fmt.Println("开始执行新的协程")
        // 向通道发送数据
        mych <- "Hello"
        // 再发送一次就会阻塞
        mych <- "World"
        fmt.Println("新协程执行完毕")
    }()

    ......
}
```

如果将 make 函数的调用修改为:

```
var mych = make(chan string,2)
```

那么此时的缓存容量为 2,发送两次数据不会被阻塞,当第三次向通道发送数据时就会阻塞。

21.2.3 单向通道

请看下面的代码。

```
var ch1 = make(<- chan bool)
var ch2 = make(chan <- bool)
```

ch1 为单向通道实例,只能从通道接收数据,不能向通道发送数据;ch2 也是单向通道实例,只能向通道发送数据,不能接收数据。

直接在代码中使用单向通道没有意义,因为数据无法完成输入和输出。不过,要是用于代码封装,作为数据进出的间接通道,单向通道就很合适。

下面的示例演示了单向通道的使用。

步骤 1:定义 demo 包,公开 C 变量和 Start 函数。

```
package demo

import "time"

// 此变量仅在包内访问
var innerch = make(chan int, 1)
```

```
// 此变量对外公开
var C <- chan int = innerch
// 此函数对外公开
func Start() {
    time.Sleep(time.Second * 2)
    innerch <- 10000
}
```

innerch 是双向通道,但只有 demo 包内部才能访问。对外公开变量 C,类型为单向通道。经过封装后,外部代码只能访问 C 来接收数据,不能发送数据,这样可以防止 demo 包内部的数据被意外修改。

外部代码在使用 demo 包时,先调用 Start 函数,2 秒钟后向通道(innerch)发送整数值10000,此时外部代码只能通过变量 C 来接收通道中的数据。

步骤 2:在主包中导入 demo 包。

```
import (
    ......
    "./demo"
)
```

步骤 3:在 main 函数中先调用 Start 函数,接着通过变量 C 接收数据。

```
func main() {
    fmt.Println("等待结果……")
    demo.Start()
    var x = <- demo.C
    fmt.Println("结果出来了")
    fmt.Printf("结果:%d\n", x)
}
```

步骤 4:运行示例程序,结果如下:

```
等待结果……
结果出来了
结果:10000
```

注意通道类型在单向与双向之间的转换规则,双向通道类型可以转换为单向通道类型。例如:

```
var ch1 chan float32 = make(chan float32, 0)
var ch2 <- chan float32 = ch1
var ch3 chan <- float32 = ch1
```

ch1 是双向通道类型,它既可以赋值给只接收数据的单向通道类型的变量,也可以赋值给只发送数据的单向通道类型的变量。

但是,只接收数据或者只发送数据的通道类型不能转换为双向通道类型。所以,下面代码会发生错误。

```
var ch4 <- chan int
var ch5 chan int = ch4
```

ch4 是单向通道类型的变量,ch5 为双向通道类型的变量,ch4 赋值给 ch5 会发生错误。

21.2.4 通道与 select 语句

select 语句跟 switch 语句类似,都包含 case 或 default 子句。select 语句与通道一起使用,case 子句必须提供发送数据或者接收数据的操作。其格式如下:

```
select {
    case ch <- n:
        ......
    case x <- ch :
        ......
    case <- ch :
        ......
    default:
        ......
}
```

下面的示例演示了运用 select 语句来生成范围为[1,5]的随机整数。

```
// 创建通道实例
var mych = make(chan int)
// 在新的协程上运行
go func() {
    select {
    case mych <- 1:
    case mych <- 2:
    case mych <- 3:
    case mych <- 4:
    case mych <- 5:
    }
}()
// 接收通道中的数据
n := <- mych
fmt.Printf("随机整数:%d\n", n)
```

上述代码中,首先调用 make 函数创建一个无缓冲的通道实例,接着启动一个新的协程,在新协程的匿名函数中,使用 select 语句和五个 case 子句,子句中分别向通道发送数值 1、2、3、4、5。五个 case 子句只有一个会被执行,这个被执行的 case 子句是由运行时随机选择的,而在 main 协程中,<-mych 表达式接收的是被随机发送的值,于是便实现了产生随机整数的功能。

此示例的运行结果如下：

```
// 第一次运行
随机整数:2

// 第二次运行
随机整数:1

// 第三次运行
随机整数:5
```

结合通道和 select 语句，也可以实现操作超时的功能。下面的示例实现一个简单的口算考试程序。程序运行后，随机生成两个 100 以内的整数值，然后要求用户口算出它们的和。用户需要在 5 秒钟内输入答题。

步骤 1：创建两个通道实例。

```
var (
    // 标志口算完毕
    chFinish = make(chan bool)
    // 标志已超时
    chTimeout = make(chan bool)
)
```

当用户输入口算结果，完成答题后，会发送数据到 chFinish 通道；如果用户超出规定时间仍未完成答题，就会发送数据到 chTimeout 通道。

步骤 2：定义一个常量，设定值为 5，表示答题最长时间为 5 秒。

```
const maxSecond = 5
```

步骤 3：启动新的协程，处理生成口算题目以及用户答题逻辑。

```
go func() {
    rand.Seed(time.Now().UnixNano())
    // 产生100以内的随机整数
    a := rand.Intn(100)
    b := rand.Intn(100)
    var input int                    // 用户输入的计算结果
    r := a + b                       // 正确的计算结果
    fmt.Printf("题目:%d + %d = ?\n", a, b)
    fmt.Print("请输入结果:")
    fmt.Scanln(&input)
    // 生成结果
    var cr bool = input == r
    chFinish <- cr
}()
```

步骤 4：再启动一个新的协程，负责计时，一旦超时，就会向 chTimeout 通道发送数据。

```
go func() {
    time.Sleep(time.Second * maxSecond)
    chTimeout <- true
}()
```

步骤 5：在 main 协程中，使用 select 语句，并让各 case 子句分别从前面创建的两个通道接收数据，最终给出考试结果。

```
select {
case res := <-chFinish:
    if res {
        fmt.Print("\n恭喜你,答对了\n")
    } else {
        fmt.Print("\n噢,答错了\n")
    }
case <-chTimeout:
    fmt.Print("\n很遗憾,时间到了\n")
}
```

步骤 6：当通道不再使用时，可将其关闭。

```
close(chFinish)
close(chTimeout)
```

　　如果用户能在规定的时间作答，就验证其输入的答案是否正确（由 chFinish 通道中的值标识）；如果用户超时未作答，则给出提示。

　　下面是三次运行该示例的结果。

```
// 正确作答
题目:9 + 33 = ?
请输入结果:42
恭喜你,答对了


// 答案不正确
题目:86 + 49 = ?
请输入结果:112
噢,答错了


// 超时未作答
题目:98 + 15 = ?
请输入结果:
很遗憾,时间到了
```

21.3 互斥锁

当多个 Go 协程同时访问某一段代码时,会出现逻辑混乱的现象。举个例子,定义一个 throw 函数,假设用于模拟抛球机工作。当小球的总数为 0 时,停止抛球。

```
func throw() {
    for {
        if Total < 1 {
            // 无球可抛时退出
            break
        }
        // 等待一下,抛球需要一定的时间
        time.Sleep(time.Millisecond * 300)
        Total--
        fmt.Printf("剩余%d个球\n", Total)
    }
}
```

在 main 函数中启动四个新协程,表示四台抛球机在抛球,小球总数为 20。

```
func main() {
    Total = 20
    for i := 0; i < 4; i++{
        go throw()
    }
    // 暂停一下,等待其他协程完成
    time.Sleep(time.Second * 8)
}
```

然而,运行后会发现存在逻辑错误——剩余的小球总数会变为负数。

```
剩余 18 个球
剩余 19 个球
剩余 17 个球
剩余 16 个球
剩余 15 个球
剩余 14 个球
剩余 13 个球
剩余 12 个球
剩余 11 个球
剩余 10 个球
剩余 9 个球
剩余 8 个球
剩余 7 个球
剩余 6 个球
剩余 5 个球
```

```
剩余 4 个球
剩余 3 个球
剩余 2 个球
剩余 1 个球
剩余 0 个球
剩余 -1 个球
剩余 -2 个球
```

这是因为四个协程是相互独立的,它们同时执行 throw 函数,当协程 A 判断还有剩余的球后,即将抛出一个球。正在此时协程 B 却把球抛出去了,而 A 根本不知道,于是它继续执行。也就是说,A 并没有抛球,却把 Total 减掉 1。四个协程一起运行,这种情况会不断地发生,最终导致状态不统一,引发逻辑错误,就会出现剩余的小球总数为负数的结果。

要解决此问题,需要加一把"锁",把抛一次球的整个过程锁定,只允许一个协程进行操作,其他协程"原地待命"。当这个协程抛完一次球,解除锁定,然后其他协程再去抛球。

接下来对上述例子进行修改,在 throw 函数中加上互斥锁(sync 包公开的 Mutex 类型)。

```
var locker = new(sync.Mutex)

func throw() {
    for {
        // 此处开始上锁
        locker.Lock()
        if Total < 1 {
            // 无球可抛时退出
            break
        }
        // 等待一下,抛球需要一定的时间
        time.Sleep(time.Millisecond * 300)
        Total--
        fmt.Printf("剩余 %d 个球\n", Total)
        // 完成后要解锁
        locker.Unlock()
    }
}
```

互斥锁的锁定范围应覆盖从对 Total 变量进行判断到将 Total 变量减去 1 这个过程,在此过程中,始终只允许一个协程访问代码,防止 Total 变量被意外更改。

Lock 方法与 Unlock 方法的调用必须成对出现,即锁定资源后,要记得将其解锁,否则其他协程将永远无法访问资源。

经过修改后,就能得到正确的结果。

```
剩余 19 个球
剩余 18 个球
剩余 17 个球
剩余 16 个球
```

```
剩余 15 个球
剩余 14 个球
剩余 13 个球
剩余 12 个球
剩余 11 个球
剩余 10 个球
剩余 9 个球
剩余 8 个球
剩余 7 个球
剩余 6 个球
剩余 5 个球
剩余 4 个球
剩余 3 个球
剩余 2 个球
剩余 1 个球
剩余 0 个球
```

21.4 WaitGroup 类型

sync. WaitGroup 类型内部维护一个计数器,某个 Go 协程调用 Wait 方法后会被阻塞,直到 WaitGroup 对象的计数器变为 0。

调用 Add 方法可以增加计数器的值,调用 Done 方法会使计数器的值减 1。实际上,Done 方法内部也调用了 Add 方法,传递的参数值为−1。下面是 Done 方法的源代码。

```
func (wg * WaitGroup) Done() {
    wg.Add( − 1)
}
```

所以,调用 Add 方法并向参数传递负值,也可以减少计数器的值。

在本章前面的各节中,有多个示例代码都会在 main 函数结束之前调用 time. Sleep 函数来让主协程暂停,用以等待其他协程执行完毕。就像下面这样:

```
func main() {
    ……

    // 暂停一下,等待其他协程完成
    time.Sleep(time.Second * 8)
}
```

使用本节所介绍的 WaitGroup 类型就不需要用 Sleep 函数来暂停了,只要在主协程上调用其 Wait 方法,主协程就会阻塞并且等到计数器为 0 时才会继续运行。

下面代码演示执行三个新的协程,计数器增加 3,每个协程在执行完成时调用 Done 方法让计数器减 1。主协程上调用 Wait 方法后会一直处于等待状态,直到三个协程都顺利完成。

```
func main() {
    var wg sync.WaitGroup
    // 增加计数器
    wg.Add(3)

    for i := 1; i <= 3; i++{
        go func(n int) {
            // 执行完成时将计数器减 1
            defer wg.Done()
            fmt.Printf("开始执行第 %d 个协程\n", n)
            time.Sleep(time.Second * 2)
            fmt.Printf("第 %d 个协程执行完毕\n", n)
        }(i)
    }

    // 等待上述各协程执行完成
    wg.Wait()
    fmt.Println("所有协程已完成")
}
```

运行结果如下：

```
开始执行第 3 个协程
开始执行第 1 个协程
开始执行第 2 个协程
第 1 个协程执行完毕
第 2 个协程执行完毕
第 3 个协程执行完毕
所有协程已完成
```

【思考】

1. 如何创建双向通道？

2. 在函数调用时加上 go 关键字有何作用？

3. WaitGroup 是如何增加和减少任务数量的？

第 22 章

网　络　编　程

本章主要内容如下：

- 枚举本地计算机上的网络接口；
- Socket 通信；
- HTTP 客户端；
- HTTP 服务器；
- CGI 编程。

微课视频

22.1　枚举本地计算机上的网络接口

调用 net.Interfaces 函数会得到一个 net.Interface 对象列表。net.Interface 为结构体类型，封装了与网络接口有关的信息。其定义如下：

```
type Interface struct {
    Index       int                 // 网络接口的位置(编号)
    MTU         int                 // 最大传输单元
    Name        string              // 网络接口的名称
    HardwareAddr HardwareAddr       // 硬件地址
    Flags       Flags               // FlagUp、FlagLoopback、FlagMulticast、FlagBroadcast……
}
```

下面代码调用 Interfaces 函数，列出计算机中的所有网络接口。

```
interFaceList, err := net.Interfaces()
if err != nil {
    fmt.Println(err)
    return
}

// 打印各个网络接口的信息
for _, f := range interFaceList {
    fmt.Printf("接口编号:%d\n", f.Index)
    fmt.Printf("接口名称:%s\n", f.Name)
```

```
    fmt.Printf("最大传输单元(MTU):%d\n", f.MTU)
    fmt.Printf("硬件地址:%x\n", f.HardwareAddr)
    fmt.Print("\n")
}
```

运行后输出结果如下：

```
接口编号:9
接口名称:以太网
最大传输单元(MTU):1500
硬件地址:65633a663************************133

接口编号:14
接口名称:本地连接 * 1
最大传输单元(MTU):1500
硬件地址:35363a323**********************631

接口编号:12
接口名称:本地连接 * 2
最大传输单元(MTU):1500
硬件地址:35363a323**********************631

接口编号:10
接口名称:WLAN
最大传输单元(MTU):1500
硬件地址:35343a323**********************631

接口编号:5
接口名称:蓝牙网络连接
最大传输单元(MTU):1500
硬件地址:35343a323**********************866

接口编号:1
接口名称:Loopback Pseudo-Interface 1
最大传输单元(MTU):-1
硬件地址:
```

如果已知网络接口的编号，也可以调用 InterfaceByIndex 函数获取指定编号处的网络接口。

```
// 通过编号获取网络接口信息
var wanInt, err = net.InterfaceByIndex(10)
if err != nil {
    fmt.Println(err)
    return
}

// 打印接口信息
fmt.Printf("接口名称:%s\n", wanInt.Name)
fmt.Printf("最大传输单元(MTU):%d\n", wanInt.MTU)
```

InterfaceByIndex 函数只返回单个 net.Interface 对象。打印结果如下：

```
接口名称:WLAN
最大传输单元(MTU):1500
```

当然，还可以通过网络接口的名称来获取接口信息。

```
btInterface, err := net.InterfaceByName("蓝牙网络连接")
if err != nil {
    fmt.Println(err)
    return
}

fmt.Printf("接口名称:%s\n", btInterface.Name)
```

net.Interface 类型公开两个方法，可分别获取与该网络接口关联的单播地址列表和多播地址列表，包括 IPv4 和 IPv6 地址。

下面的代码将列举出某个网络接口所关联的地址。

```
// 获取某个网络接口
var wlanInf, err = net.InterfaceByName("WLAN")
if err != nil {
    fmt.Println(err)
    return
}

// 列出与此接口关联的地址
fmt.Printf("与网络接口 %s 关联的单播地址列表:\n", wlanInf.Name)
uaddrs, _ := wlanInf.Addrs()
for _, a := range uaddrs {
    fmt.Printf("\t%s\n", a)
}
fmt.Printf("\n与网络接口 %s 关联的多播地址列表:\n", wlanInf.Name)
mcaddrs, _ := wlanInf.MulticastAddrs()
for _, a := range mcaddrs {
    fmt.Printf("\t%s\n", a)
}
```

运行后会输出以下内容：

```
与网络接口 WLAN 关联的单播地址列表:
        fe80::2131:cdf:c1d5:9e0c/64
        192.168.0.106/24

与网络接口 WLAN 关联的多播地址列表:
        ff01::1
        ff02::1
        ff02::c
```

```
ff02::fb
ff02::1:3
ff02::1:ffd5:9e0c
224.0.0.1
224.0.0.251
224.0.0.252
239.255.255.250
```

22.2 Socket 通信

Socket(网络套接字)是网络通信的基础技术,最为常用的协议有 TCP 和 UDP。

TCP(Transmission Control Protocol,传输控制协议)是位于传输层的协议,基于字节流的输入输出模型。TCP 在通信之前必须建立连接,此连接在服务器与客户端对话期间会一直保持有效,能确保数据的发送与接收的顺序一致。TCP 协议适用于传输文件或一些对顺序要求高的消息。

UDP(User Datagram Protocol,用户数据协议)是一种无连接协议——通信前不需要建立连接。UDP 数据包是不可靠消息,发送与接收顺序有可能不一致,也有可能出现损坏的数据包。许多对数据顺序要求不高的应用场景都可以使用 UDP,如音频传输、简单的文字聊天信息等。

为了使用于 Socket 编程的 API"标准化",net 包提供了以下几个接口类型:

(1) Addr 接口:网络终端地址。Network 方法返回网络地址的协议名称,如"tcp""udp"等。String 方法返回网络地址的字符串表示形式,如"192.168.1.102:778"。实现此接口的类型有 IPNet、TCPAddr、UDPAddr 等。

(2) Listener 接口:连接侦听器。TCP 协议可以调用 Accept 方法接受客户端的连接请求并建立连接,Close 方法关闭侦听器,Addr 方法获取侦听的地址。侦听器不参与数据通信,仅负责侦测是否有客户端传入连接请求。实现此接口的类型有 TCPListener、UnixListener 等。

(3) Conn 接口:实现此接口的类型有 IPConn、TCPConn、UDPConn、UnixConn 等。实现此接口用于完成通信功能。此接口调用 Write 方法发送数据,Read 方法接收数据。

对于基于 TCP 协议的服务器应用程序,net 包公开了一个通用的 Listen 函数,用于侦听传入的客户端连接。它的定义如下:

```
func Listen(network, address string) (Listener, error)
```

network 参数通过字符串来指定要使用的协议。"tcp"表示兼容的 TCP 协议,可以使用 IPv4 或 IPv6 地址;"tcp4"表示只使用 IPv4 地址;"tcp6"表示只使用 IPv6 地址。另外,此函数还支持"unixe""unixpacket"协议。

address 参数表示要侦听的本地地址,例如"127.0.0.1:1234"。其中 1234 为使用的端口号,也可以简略为":1234",表示侦听本地所有(除多播外)地址使用端口号 1234。

还可以调用特定于 TCP 的 ListenTCP 函数,其定义如下:

```
func ListenTCP(network string, laddr * TCPAddr) ( * TCPListener, error)
```

network 参数可用的字符串有:"tcp""tcp4""tcp6"。laddr 指定本地地址,用法与 Listen 函数一样,但此处的类型为 TCPAddr 结构体。可以通过调用 ResolveTCPAddr 函数来获取其实例。例如:

```
var host = "127.0.0.1:1234"
tcpip, _ := net.ResolveTCPAddr("tcp", host)
```

尽管 UDP 无须建立连接,但作为服务器,必须绑定一个本地端口,因为客户端需要知道数据要发送到哪里。这就好比网购中常见的多仓发货,发出地点可以有多个选择(一般为离目的地最近的仓库),但收件地址必须是明确的。也就是说不管快件是从哪个仓库发出,它的目标地址是确定的,如果目标地址不确定,那买家就没法收到商品了。

调用 ListenUDP 函数可以绑定本地地址和端口,来接收来自不同客户端的数据。该函数的定义如下:

```
func ListenUDP(network string, laddr * UDPAddr) ( * UDPConn, error)
```

network 参数必须指定 UDP,如"udp""udp4""udp6"。laddr 指定要绑定的本地地址,类型为 UDPAddr,可以通过 ResolveUDPAddr 函数来获得它的实例。例如:

```
var host = "127.0.0.1:8955"
udpip, _ := net.ResolveUDPAddr("udp", host)
```

对于客户端,可以调用通用函数 Dial 发起连接(UDP 也适用)。

```
func Dial(network, address string) (Conn, error)
```

例如:

```
Dial("tcp", "192.168.2.100:1234")
Dial("udp4", ":4988")
```

当然,也可以使用特定于 TCP 和 UDP 的函数版本。

```
// 仅用于 TCP
// network 参数可以使用"tcp""tcp4"或"tcp6"
func DialTCP(network string, laddr, raddr * TCPAddr) ( * TCPConn, error)

// 仅用于 UDP
// network 参数可以使用"udp""udp4""udp6"
func DialUDP(network string, laddr, raddr * UDPAddr) ( * UDPConn, error)
```

22.2.1 TCP 示例：文件传输

本节将实现一个通过 TCP 传输文件的示例。

运行服务器程序时，通过命令行参数传递服务器侦听的本地地址，启动后会循环接收客户端的连接，然后从客户端接收文件，并保存到本地目录中。

运行客户端时，通过命令行参数指定连接的服务器地址以及要发送文件的路径，启动之后以 TCP 连接服务器，建立连接后将向服务器发送文件。

客户端发送文件的过程如下：

（1）发送文件名。文件名长度固定为 100 字节。

（2）计算文件的 SHA1 值，作为校验码发送给服务器。服务器接收完文件后，会比较校验码，以确保文件被正确传输。

（3）发送文件内容。

服务器接收文件的过程如下：

（1）接收文件名，长度为 100 字节。此文件名在保存本地文件时使用。

（2）接收文件校验码，稍后使用。

（3）接收文件内容，并保存为本地文件。

（4）计算已保存的本地文件的 SHA1 校验码，并与从服务器接收到的校验码做比较。若两者一致，表明文件已正确传输。

下面是示例的实现步骤。

步骤 1：实现 helper 包，里面包含两个公共函数，用于完成一些通用功能。

```
// CheckSum 用于计算文件的校验码
func CheckSum(file string) ([]byte, error) {
    f, err := os.Open(file)
    if err != nil {
        return nil, err
    }
    defer f.Close()
    sha1 := sha1.New()
    io.Copy(sha1, f)
    return sha1.Sum(nil), nil
}

// GetBaseName 获取文件名
func GetBaseName(path string) string {
    return filepath.Base(path)
}
```

CheckSum 函数计算文件的校验码，算法为 SHA1。GetBaseName 函数用来获得路径中的文件名部分。例如：

```
C:\dx\exts\kems.ttl
usr/anny/kscmd.fsc
```

调用 GetBaseName 函数后,会得到以下文件名。

```
kems.ttl
kscmd.fsc
```

下面的步骤实现服务器程序。

步骤 2:从传递给程序的命令行参数读出要侦听的本地地址。

```
if len(os.Args) != 2 {
    fmt.Println("未提供服务器的侦听地址")
    return
}
var svAddr = os.Args[1]
```

os.Args 列出的命令行参数中,第一个元素总是指向当前运行程序的名称(或路径),因此,读取命令行参数应从第二个元素开始(索引为 1)。

步骤 3:调用 Listen 函数,开始侦听客户端连接。

```
listener, err := net.Listen("tcp", svAddr)
if err != nil {
    fmt.Println(err)
    return
}
```

步骤 4:使用 for 循环来不断接收客户端的连接(可能有多个客户端同时连入),并启动新的 Go 协程来接收文件。

```
for {
    conn, err := listener.Accept()
    if err != nil {
        continue
    }
    claddr := conn.RemoteAddr()
    fmt.Printf("客户端【%s】已连接\n", claddr)
    // 在新的协程上接收文件
    go RecFile(conn)
}
```

步骤 5:RecFile 函数的实现代码如下:

```
func RecFile(c net.Conn) {
    defer c.Close()
    // 文件名
```

```
    mFilename : = readFilename(c)
    //fmt.Printf("收到的文件:%#v\n", mFilename)
    // 校验码
    checkSum : = readChecksum(c)
    // 保存文件
    readFile(mFilename, c)
    // 计算保存文件的校验码
    newFlchecksum, err : = helper.CheckSum(mFilename)
    if err != nil {
        fmt.Println(err)
        return
    }
    // 比较校验码
    isChecked : = compareChecksum(newFlchecksum, checkSum)
    if isChecked {
        fmt.Printf("文件%s校验成功\n", mFilename)
    } else {
        fmt.Printf("文件%s校验失败\n", mFilename)
    }
}
```

步骤6：RecFile 函数中调用了以下几个函数。

```
// 读取文件名
func readFilename(c net.Conn) string {
    data : = make([]byte, 100)
    n, _ : = c.Read(data)
    var tf = string(data[:n])
    // 当文件名的长度小于 100 字节
    // 剩余的内容会用 0 填充
    // 为了得到正确的文件名
    // 需要把字符串末尾的填充字符去掉
    return strings.TrimRight(tf, "\x00")
}

// 读取校验码
func readChecksum(c net.Conn) []byte {
    data : = make([]byte, sha1.Size)
    n, _ : = c.Read(data)
    return data[:n]
}

// 比较校验码
func compareChecksum(a, b []byte) bool {
    for i : = 0; i < sha1.Size; i++{
        if a[i] != b[i] {
            // 只要有一个字节不相等
            // 就表明校验码不一致
            return false
```

```
        }
    }
    return true
}

// 读取文件
func readFile(filename string, c net.Conn) {
    outFile, err : = os.Create(filename)
    if err != nil {
        fmt.Println(err)
        return
    }
    // 写入文件内容
    io.Copy(outFile, c)
    outFile.Close()
    fmt.Printf("文件 % s 已保存\n", filename)
}
```

下面的步骤实现客户端程序。

步骤 7：从传递给程序的命令行参数中读取服务器地址以及要发送的文件名。

```
// 命令行参数应该有两个:
// 1. 服务器的连接地址
// 2. 要发送的文件路径
// 第一个元素是可执行程序的路径
// 参数从第二个元素开始处理
if len(os.Args) != 3 {
    fmt.Println("命令行参数不完整")
    return
}

// 服务器地址
var svhost = os.Args[1]
// 待发送的文件
var fileToSend = os.Args[2]
```

步骤 8：调用 Dial 函数，连接服务器。

```
conn, err : = net.Dial("tcp", svhost)
if err != nil {
    fmt.Println(err)
    return
}
```

步骤 9：发送文件名。

```
filename : = helper.GetBaseName(fileToSend)
data : = make([]byte, 100)
```

```
copy(data, []byte(filename))
conn.Write(data)
```

步骤 10：计算文件的校验码，然后发送给服务器。

```
cksum, err := helper.CheckSum(fileToSend)
if err != nil {
    fmt.Println(err)
    return
}
conn.Write(cksum)
```

步骤 11：发送文件内容。

```
inFile, err := os.Open(fileToSend)
if err != nil {
    fmt.Println(err)
    return
}
io.Copy(conn, inFile)
// 关闭文件
inFile.Close()
fmt.Println("文件发送完毕")
```

步骤 12：通信结束时，调用 Close 方法关闭 Conn 对象。

```
conn.Close()
```

步骤 13：执行 go build 命令依次编译服务器和客户端程序。

```
go build -o server server/sv.go
go build -o client client/cl.go
```

Windows 操作系统的可执行文件需要加上.exe 扩展名。

```
go build -o server.exe server/sv.go
go build -o client.exe client/cl.go
```

上述各命令中，server/sv.go、client/cl.go 是 Go 代码文件所在的路径，读者可根据实际情况替换这些参数。

步骤 14：运行服务器程序，侦听地址为"：7779"，即侦听本地所有地址上的 7779 端口。

```
server ":7779"
```

步骤 15：运行客户端程序，服务器地址为"192.168.1.103：7779"，要发送的文件路径为"D:\pics\001.jpg"。

```
client "192.168.1.103:7779" " D:\pics\001.jpg "
```

读者可根据实际使用的服务器地址和文件路径替换上述参数。

步骤16：如果文件成功传输，服务器程序会输出以下消息。

```
等待客户端连接……
客户端【192.168.1.103:61226】已连接
文件 001.jpg 已保存
文件 001.jpg 校验成功
```

22.2.2　UDP 示例：文本传输

本示例使用 UDP 来传输文本数据。示例程序既可以作为服务器使用，也可以作为客户端使用，这取决于传递给程序的命令行参数。

如果程序作为服务器运行，它会侦听本地地址以接收客户端发来的数据；如果程序作为客户端运行，就会读取用户输入的内容，然后将内容发送给服务器。

步骤1：定义 startServer 函数，当程序作为服务器启动时调用。

```go
func startServer(listenAddr string) {
    fmt.Println("程序的当前角色:Server")
    var udpaddr, err = net.ResolveUDPAddr("udp", listenAddr)
    if err != nil {
        fmt.Println(err)
        return
    }
    udpc, err := net.ListenUDP("udp", udpaddr)
    if err != nil {
        fmt.Println(err)
        return
    }
    defer udpc.Close()
    fmt.Printf("服务器侦听地址:%s\n", udpc.LocalAddr())
    fmt.Print("开始接收消息……\n\n")
    // 循环接收消息
    for {
        reader := bufio.NewReader(udpc)
        msg, err := reader.ReadString('\n')
        if err != nil && err != io.EOF {
            fmt.Println(err)
            continue
        }
        // 将接收到的消息打印到屏幕上
        fmt.Printf(">>> %s", msg)
    }
}
```

在读取接收到的数据时，使用了 bufio.Reader 类型（通过 bufio.NewReader 函数创建实例)。在调用 ReadString 方法时,可以指定一个字符,当读到此字符时 ReadString 方法就会停止读入,并将已读到的字符串返回。

步骤 2:定义 startClient 函数,当程序作为客户端启动时调用。

```go
func startClient(svaddr string) {
    fmt.Println("程序的当前角色:Client")
    udpsvaddr, err := net.ResolveUDPAddr("udp", svaddr)
    if err != nil {
        fmt.Println(err)
        return
    }
    // 发起连接
    udpc, err := net.DialUDP("udp", nil, udpsvaddr)
    if err != nil {
        fmt.Println(err)
        return
    }
    fmt.Println("准备就绪,你可以输入要发送的消息")
    fmt.Print("【输入 end 可退出】\n\n")

    var inputMsg string
    for {
        fmt.Print("请输入:")
        stdReader := bufio.NewReader(os.Stdin)
        inputMsg, _ = stdReader.ReadString('\n')
        chkend := strings.ToLower(inputMsg)
        // 去掉不需要的字符
        chkend = strings.Trim(chkend, "\r\n\t ")
        // 如果输入的消息为 end,则跳出循环
        if chkend == "end" {
            break
        }
        udpc.Write([]byte(inputMsg))
    }
    // 关闭连接
    udpc.Close()
}
```

上述代码中,读取用户输入内容时使用了 os.Stdin 变量而不是 fmt.Scan 函数,因为 Scan 函数会以空格符将输入内容分隔为多个参数值,本示例中应该将输入的整个文本行视为单个参数值,因此使用 os.Stdin 变量更合适。

步骤 3:在 main 函数中,注册命令行参数。

```go
var (
    // 程序角色,服务器或客户端
    role string
    // 相关的地址
```

```
        // 若角色为服务器,则 addr 为侦听地址
        // 若角色为客户端,则 addr 为连接的服务器地址
        addr string
)
// 将变量与命令行参数绑定
flag.StringVar(&role, "role", "server", "程序角色.可选值为 server 或 client")
flag.StringVar(&addr, "addr", ":8733", "若角色为 server,则此地址为侦听地址;若角色为
client,则此地址为要连接的服务器地址")

// 分析命令参数
flag.Parse()
```

role 命令行参数指定程序的角色：server 为服务器,client 为客户端。

步骤 4：根据命令行参数调用相应的函数。

```
if strings.ToLower(role) == "server" {
    startServer(addr)
} else if strings.ToLower(role) == "client" {
    startClient(addr)
} else {
    fmt.Println("程序角色无效")
}
```

步骤 5：编译示例程序。

```
go build - o app test.go
```

Windows 操作系统的可执行文件需要加上.exe 扩展名。

```
go build - o app.exe test.go
```

步骤 6：启动服务器。

```
app - role server - addr :9898
```

步骤 7：启动客户端。

```
app - role client - addr 127.0.0.1:9898
```

步骤 8：客户端输入要发送的消息,按回车键提交。

```
请输入:你好
请输入:我是小明
请输入:再发一条消息
```

步骤 9：服务器收到消息后会打印在屏幕上。

```
>>> 你好
```

>>> 我是小明
>>> 再发一条消息

22.3 HTTP 客户端

HTTP(即 Hypertext Transfer Protocol,超文本传输协议)是一种基于 TCP 连接的网络传输协议。HTTP 采用"一问一答"的方式通信,即:

(1) 通信双方建立连接。

(2) 客户端发送一条消息。

(3) 服务器收到消息后进行处理。

(4) 处理完成后,服务器给客户端发回一条消息。

(5) 通信完成,关闭连接。

在 HTTP 中,客户端与服务器每一轮对话都要重新建立连接,结束对话后关闭连接。这样的通信方式简单,且不会过多消耗服务器资源,非常适用于 Web 技术。因为 Web 服务器是面向成千上万的客户端(一般是 Web 浏览器),需要尽量地简化每个客户端与服务器的通信过程以保证服务器的工作效率和稳定性。

HTTP 客户端访问服务器的方式有 GET、PUSH、POST、HEAD、DELETE、PATCH、CONNECT 等。最常用的有 GET 和 POST 两种请求方式。

22.3.1 发送 GET 与 POST 请求

net/http 包定义了一个 Client 类型,客户端可以使用该类型来实现向 HTTP 服务器发送请求消息,并获得服务器的回复消息。Client 类型封装了 Get、Head、Post 等方法,对应于 HTTP-GET、HTTP-HEAD、HTTP-POST 等请求方式。

为了方便使用,http 包定义了 DefaultClient 变量。

```
var DefaultClient = &Client{}
```

该变量引用了 Client 类型的默认实例,并在包级别公开了以下函数。

```
func Get(url string) (resp * Response, err error)
func Head(url string) (resp * Response, err error)
func Post(url, contentType string, body io. Reader) (resp * Response, err error)
func PostForm(url string, data url. Values) (resp * Response, err error)
```

因此,对于常规的 HTTP 客户端,只需要调用以上几个函数即可。

下面的代码演示了如何从 HTTP 服务器下载内容。下载数据一般使用 HTTP-GET 请求方式。

```
var response, err = http.Get("http://localhost/download")
if err != nil {
    fmt.Println(err)
    return
}
// 读取服务器回应的文件内容
// 并保存到本地文件中
outfile, err := os.Create("123.jpg")
if err != nil {
    fmt.Println(err)
    return
}
defer outfile.Close()
// 直接复制流中数据
io.Copy(outfile, response.Body)
fmt.Println("文件下载完成")
```

下面的代码将文本内容以 HTTP-POST 方式直接提交给 HTTP 服务器。

```
var strReader = strings.NewReader("Test Data")
var response, err = http.Post("http://localhost/submit", "text/plain;charset = utf - 8",
strReader)
if err != nil {
    fmt.Println(err)
    return
}
// 接收服务器响应
fmt.Print("服务器回应:")
io.Copy(os.Stdout, response.Body)
```

在调用 Post 函数时,需要提供 contentType 参数,它表示向服务器发送的数据格式,即 HTTP 中的 Content-Type 头(Header)。上述代码中发送的内容为文本,所以 contentType 可以设置为"text/plain",并且通过"charset"字段指明所用字符集为 UTF-8。

也可以使用表单格式(HTTP Forms)提交数据,例如:

```
// 待提交的数据
var formdata = map[string][]string{
    "subject": {"some message"},
    "body": {"the content of a message"},
    "order": {"1"},
    "tags": {"tag01", "tag02", "tag03"},
}

response, err := http.PostForm("http://localhost/upforms", formdata)
if err != nil {
    fmt.Println(err)
    return
```

```
}
// 输出服务器响应消息
fmt.Print("服务器回应:")
io.Copy(os.Stdout, response.Body)
```

PostForm 函数与 Post 函数的用法接近,不过 PostForm 函数是通过 data 参数来存储数据正文的。该参数的类型为 url.Values,本质上是一个映射(map)类型——map[string][] string。其中,key 为字符串类型,value 为一个字符串列表。因此,变量 formdata 可以赋值给 data 参数。

Get、Post、PostForm 函数都会返回一个 Response 对象,此对象中封装了与服务器返回的消息有关的数据。其中,Body 字段表示 HTTP 消息的正文部分。如果要访问 HTTP 头,则可以访问 Header 字段。

22.3.2　发送自定义 HTTP 头

http.Get、http.Post 函数仅以默认方式发送 HTTP 请求,若需要修改或添加自定义的 HTTP 头,就得调用 http.Client 对象的 Do 方法。

在调用 Do 方法前,需要初始化 http.Request 实例。该实例可通过 http.NewRequest 函数创建,之后通过 Request.Header 字段设置 HTTP 头。Header 以映射类型为基础,表示 HTTP 头的集合。

```
type Header map[string][]string
```

设置好相关的字段值后,将 Request 实例传递给 Do 方法,就可以向服务器发送 HTTP 请求了。

下面是一个简单示例,使用 HTTP-GET 方式发起请求,并添加两个自定义的 HTTP 头。

```
// 创建请求
var req, err = http.NewRequest(http.MethodGet, "http://localhost", nil)
if err != nil {
    fmt.Println(err)
    return
}
// 设置自定义的 HTTP 头
req.Header.Add("client-name", "Dabin")
req.Header.Add("client-ver", "1.0")

// 发起请求
response, err := http.DefaultClient.Do(req)
if err != nil {
    fmt.Println(err)
    return
}
```

```
// 打印服务器响应消息
fmt.Print("服务器响应:")
io.Copy(os.Stdout, response.Body)
```

调用 http. NewRequest 函数时需要提供三个参数：

（1）HTTP 请求方法，如"GET""POST"。类型为字符串，也可以使用以下常量。

```
const (
    MethodGet     = "GET"
    MethodHead    = "HEAD"
    MethodPost    = "POST"
    MethodPut     = "PUT"
    MethodPatch   = "PATCH" // RFC 5789
    MethodDelete  = "DELETE"
    MethodConnect = "CONNECT"
    MethodOptions = "OPTIONS"
    MethodTrace   = "TRACE"
)
```

（2）服务器的 URL。

（3）请求消息的正文，对于 HTTP-GET 方式，正文可以为 nil。

调用 Do 方法时不必创建新的 http. Client 实例，http 包通过 DefaultClient 变量已经公开了一个 http. Client 实例，可以直接使用。

22.4　HTTP 服务器

Go 标准库提供了构建简单 HTTP 服务器的 API。核心功能包括：

（1）侦听与接收客户端连接。

（2）接收 HTTP 消息并回写响应消息。

（3）URL 与 HTTP Handler 的映射，为各个 URL 分配处理代码。

（4）内置常用的 HTTP 处理模块，如文件传输、URL 跳转等。

22.4.1　创建 HTTP 服务器

http. Server 是结构体类型，是运行 HTTP 服务器的基础组件。http. Server 实例创建后即可使用（各字段保留默认值）。可通过以下两种方法启动 HTTP 服务器并侦听客户端连接。

第一种方法是调用 ListenAndServe 方法。调用该方法前可以设置 Addr 字段，它表示服务器启动时侦听的地址，默认值为"：http"——侦听本地所有地址上的 80 端口。

ListenAndServe 方法的源代码如下：

```
func (srv * Server) ListenAndServe() error {
    if srv.shuttingDown() {
```

```
                return ErrServerClosed
        }
        addr : = srv.Addr
        if addr == "" {
            addr = ":http"
        }
        ln, err : = net.Listen("tcp", addr)
        if err != nil {
            return err
        }
        return srv.Serve(ln)
}
```

首先,从 Addr 字段中获取要侦听的地址,若地址为空,则默认使用":http",接着创建基于 TCP 协议的侦听器(Listener)并开始侦听客户端连接,最后把侦听器传递给 Serve 方法,接收并处理客户端发来的 HTTP 消息。

以下代码将创建简单的 HTTP 服务器,并侦听本机的 8080 端口。

```
// 创建 Server 实例
demoServer : = new(http.Server)
// 设置侦听地址
demoServer.Addr = ":8080"
// 开始侦听连接
demoServer.ListenAndServe()
```

第二种方法是先创建 Listener,再调用 Server 对象的 Serve 方法。

```
httpsvr : = new(http.Server)
// 创建 Listener
listener, err : = net.Listen("tcp4", "127.0.0.1:88")
if err != nil {
    return
}
// 调用 Serve 方法
httpsvr.Serve(listener)
```

22.4.2 实现 Handler 接口

Handler 接口的定义如下:

```
type Handler interface {
    ServeHTTP(ResponseWriter, * Request)
}
```

实现此接口的类型都必须包含 ServeHTTP 方法,在该方法中,应用程序可以处理 HTTP 请求并使用 ResponseWriter 对象写入服务器回复消息。ServeHTTP 方法调用完成后,回复消息会发送给客户端。

通过参数传入的 Request 对象只用于读取与客户端请求有关的信息,不要去修改该对象,因为请求数据被意外修改可能导致错误。

Server 对象仅负责接收 HTTP 请求消息,至于如何处理 HTTP 请求以及向客户端发送什么内容,就需要开发人员自己去实现了。每个 HTTP 请求都应该有专门的 Handler 去处理。Server 对象的 Handler 字段可以绑定一个作为"根"的 Handler 实例,当服务器接收到 HTTP 请求时,会调用这个 Handler。

一般情况下,客户端访问 HTTP 服务器时,会使用多级 URL,例如:

```
http://localhost
http://localhost/home
http://localhost/news/list
```

每个 URL 都代表一个 HTTP 请求,而每个请求都应该存在与之对应的 Handler。由于每个 URL 上的请求都会经过作为"根"的 Handler,不妨将这个"根"Handler 设计成一个"消息分发器",假设将其命名为 HandlerRoot。当请求消息进入 HandlerRoot 后,对请求的 URL 进行分析,然后根据不同的 URL 再去调用其他 Handler。如果把 HandlerRoot 看作停车场入口的管理人员,把进入服务器的 HTTP 请求消息看作汽车,那么车辆进入停车场的入口时要先进行"鉴别",然后"指挥"车辆停放在合适的车位上。

不管 Handler 与 Handler 之间存在什么样的嵌套调用关系,最终都要将应答消息返回给客户端。

整个思路可以用图 22-1 表示。

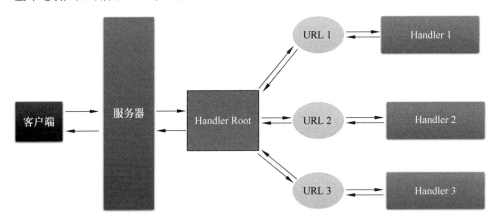

图 22-1　URL 与 HTTP Handler 的映射关系

下面是实现此方案的步骤。

步骤 1:实现三个 Handler,依次命名为 Handler1、Handler2、Handler3。

```
// 映射到 URL 路径"/"
```

```
type Handler1 struct{}

func (h * Handler1) ServeHTTP(w http.ResponseWriter, r * http.Request) {
    msg := "欢迎来到【我的小站】"
    w.Write([]byte(msg))
}


// 映射到 URL 路径"/photos"
type Handler2 struct{}

func (h * Handler2) ServeHTTP(w http.ResponseWriter, r * http.Request) {
    msg := "欢迎使用【我的相册】"
    w.Write([]byte(msg))
}

// 映射到 URL 路径"/musics"
type Handler3 struct{}

func (h * Handler3) ServeHTTP(w http.ResponseWriter, r * http.Request) {
    msg := "欢迎使用【我的音乐】"
    w.Write([]byte(msg))
}
```

为了使演示代码看起来更简单，这三个 Handler 仅仅向客户端发回了文本消息。

步骤 2：实现一个名为 HandlerRoot 的 Handler，它的作用是当有新的 HTTP 请求进入服务器时，先对消息所请求的 URL 路径进行分析，然后调用与 URL 路径匹配的 Handler。

```
type HandlerRoot struct {
    // 该字段是映射类型，用于存放 URL 路径与 Handler 类型之间的对应关系
    hm map[string]http.Handler
}
```

步骤 3：为 HandlerRoot 类型定义 MapHandler 方法，用于设置 URL 路径与自定义 Handler 的关联。

```
func (h * HandlerRoot) MapHandler(path string, handler http.Handler) error {
    if path == "" {
        return errors.New("指定的 URL 不能为空")
    }
    // 让 URL 路径以"/"开头
    if !strings.HasPrefix(path, "/") {
        path = "/" + path
    }
    // 如果目标已存在，不必再添加
    if _, isExist := h.hm[path]; isExist {
        return errors.New("此 URL 路径已经存在")
    }
```

```
    }
    // hm 字段有可能为 nil
    if h.hm == nil {
        h.hm = make(map[string]http.Handler)
    }
    h.hm[path] = handler
    return nil
}
```

步骤 4：创建 http.Server 实例。

```
sv := new(http.Server)
```

步骤 5：设置 HTTP 服务器侦听本机地址的 88 端口。

```
sv.Addr = ":88"
```

步骤 6：设置 URL 路径与自定义 Handler 之间的关联——调用 HandlerRoot 实例的 MapHandler 方法。

```
var root = new(HandlerRoot)
root.MapHandler("/", &Handler1{})
root.MapHandler("/photos", &Handler2{})
root.MapHandler("/musics", &Handler3{})
sv.Handler = root
```

root 对象的作用是分析 URL 路径并确定要调用的 Handler,然后将其赋值给 Server 实例的 Handler 字段。只要服务器接收到客户端的消息,就会调用 Handler 字段。

步骤 7：启动 HTTP 服务器并侦听连接。

```
sv.ListenAndServe()
```

步骤 8：运行本示例后,使用 Web 浏览器打开以下 URL：

```
http://localhost:88
```

此 URL 将匹配路径"/"(根 URL),相应的处理程序为 Handler1,服务器返回如图 22-2 所示的内容。

步骤 9：然后访问以下 URL：

```
http://localhost:88/photos
```

此 URL 匹配的路径为"/photos",相应的处理程序为 Handler2,服务器返回的内容如图 22-3 所示。

图 22-2　访问"/"路径

图 22-3　访问"/photos"路径

步骤 10：最后访问：

```
http://localhost:88/music
```

该 URL 匹配路径"/music"，相应的处理程序为
Handler3，服务器返回的内容如图 22-4 所示。

22.4.3　ServeMux 类型

在 22.4.3 节的示例中，实现了一个名为
HandlerRoot 的 Handler，用于调度传入的 HTTP
消息（建立 URL 路径与 Handler 之间的映射）。实
际上，http 包已经实现了一个默认的 Handler——
ServeMux。

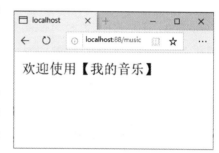

图 22-4　访问"/musics"路径

在创建 Server 实例时，如果不设置 Handler 字段（默认值为 nil），那么它就会使用名为
DefaultServeMux 的变量的值，该值就是 ServeMux 类型的默认值。以下是 http 包中相关
的源代码片段。

```
var DefaultServeMux = &defaultServeMux
var defaultServeMux ServeMux
……
type serverHandler struct {
    srv * Server
}

func (sh serverHandler) ServeHTTP(rw ResponseWriter, req * Request) {
    handler : = sh.srv.Handler
    if handler == nil {
        handler = DefaultServeMux
    }
    ……
}
```

创建 ServeMux 实例后,可以调用以下两个方法添加 URL 路径与 Handler 的映射。

(1) Handle 方法。此方法的第一个参数(pattern)指定一个相对于域名的路径,如"/" "/docs""/abc/act"等;第二个参数(handler)指定与此 URL 路径对应的 Handler 实例。

(2) HandleFunc 方法。用法与 Handle 方法一样,只是第二个参数不需要指定 Handler 实例,而是直接用一个函数来完成。该函数要求存在两个参数——其类型分别是 ResponseWriter 和 * Request。

下面的示例将演示 ServeMux 的使用。

步骤 1:获得 ServeMux 实例。

```
svmux := http.NewServeMux()
```

也可以直接引用 DefaultServeMux 变量。

```
svmux := http.DefaultServeMux
```

步骤 2:建立 URL 路径与 Handler 之间的映射。

```
svmux.Handle("/pxo", new(myHandler))
svmux.HandleFunc("/pxs", func(w http.ResponseWriter, r * http.Request) {
    w.Write([]byte("测试页面 - 2"))
})
```

其中,与路径"/pxo"关联的 Handler 是一个自定义的结构体,代码如下:

```
type myHandler struct{}

func (h * myHandler) ServeHTTP(w http.ResponseWriter, r * http.Request) {
    w.Write([]byte("测试页面 - 1"))
}
```

与路径"/pxs"关联的 Handler 是一个匿名函数,在函数体中直接处理 HTTP 消息。

步骤 3:启动 HTTP 服务器。

```
var httpSvr = new(http.Server)
httpSvr.Addr = "localhost:8080"
httpSvr.Handler = svmux
httpSvr.ListenAndServe()
```

步骤 4:运行示例程序,在 Web 浏览器中输入以下地址,会看到如图 22-5 所示的页面。

```
http://localhost:8080/pxo
```

步骤 5:访问以下地址,会返回如图 22-6 所示的页面。

```
http://localhost:8080/pxs
```

图 22-5　URL 路径"/pxo"返回的内容　　　　图 22-6　URL 路径"/pxs"返回的内容

22.4.4　封装函数

http 包封装了几个函数，可以简化创建 HTTP 服务器的步骤。

（1）ListenAndServe 函数：调用 Server 实例的 ListenAndServe 方法。

（2）Serve 函数：调用 Server 实例的 Serve 方法。

（3）Handle 函数：调用 DefaultServeMux 变量（ServeMux 实例）的 Handle 方法。

（4）HandleFunc 函数：调用 DefaultServeMux 变量的 HandleFunc 方法。

下面的例子将使用这些封装函数启动 HTTP 服务器。

```
// 设置 Handler
http.HandleFunc("/", func(w http.ResponseWriter, r * http.Request) {
    w.Write([]byte("欢迎来到主页"))
})
http.HandleFunc("/about", func(w http.ResponseWriter, r * http.Request) {
    w.Write([]byte(""关于"本站"))
})
// 启动服务器
http.ListenAndServe(":http", nil)
```

调用 ListenAndServe 函数时，handler 参数设置为 nil，默认会使用 DefaultServeMux 变量的值。

22.4.5　读取 URL 参数

URL 参数紧跟在路径之后，以"?"字符为标志。URL 参数使用"key＝value"的格式指定，多个参数可用"&"字符连接。例如：

```
http://demo.org/items?id = 355&order = 1&t = cwm
```

这个 URL 中包括三个参数：

```
id      :355
order   :1
t       :cwm
```

URL 参数允许一个参数包含多个值,传递方法是多次使用同一个参数名,例如:

```
http://owcip.net/actions/check?kit = 2&kit = 3
```

URL 参数 kit 包含两个值——2 和 3。

在 HTTP 服务器上,可通过 http.Request 对象的 URL 方法获取到 url.URL 实例,再通过 URL 实例的 Query 方法返回一个 url.Value 实例,之后就可以通过参数名来检索相应的值了。url.Value 类型的定义如下:

```
type Values map[string][]string
```

从定义上可看出,Value 类型是映射类型的扩展,key 为字符串类型,表示 URL 参数名;value 是字符串类型的切片([]string)。由于一个参数名可以指定多个值,所以使用[]string 作为参数值的类型。

如果要获取 URL 参数的原始字符串,可以访问 URL 实例的 RawQuery 字段。此字符串不包含"?"字符,形如"key1 = val1&key2 = val2&key3 = val3"。

下面的代码实现一个简单的 HTTP 服务器,接收客户端发送的 HTTP 请求,并读取 URL 参数。

```
http.HandleFunc("/", func(w http.ResponseWriter, r * http.Request) {
    // 参数的原始内容
    rq : = r.URL.RawQuery
    fmt.Printf("原始内容:% s\n", rq)
    // 处理后的参数列表
    fmt.Println("参数列表:")
    for k, v : = range r.URL.Query() {
        fmt.Printf("% s: % s\n", k, strings.Join(v, ", "))
    }
    // 回复消息只包含头部,无正文
    // 状态码为 200
    w.WriteHeader(http.StatusOK)
})
// 启动 HTTP 服务器
http.ListenAndServe(":999", nil)
```

调用 w.WriteHeader 方法表示回复客户端的消息只包含 HTTP 头,无正文。

运行上述代码,然后打开 Web 浏览器,输入并导航到以下 URL:

```
http://localhost:999?pta = 150&pta = 350&ptb = test&ptc = pickData
```

其中,pta 参数有两个值。服务器接收到请求后,会打印出这些参数。

```
原始内容:pta = 150&pta = 350&ptb = test&ptc = pickData
参数列表:
ptb: test
```

```
ptc: pickData
pta: 150, 350
```

在实际开发中，URL 参数多用于数据检索。例如，根据订单号查询某条订单记录可以构造这样的 URL：

```
http://192.168.1.25:1818/ordsys?ordid = 71573
```

下面的例子演示了一个电话区号的查询功能。

```go
http.HandleFunc("/", func(w http.ResponseWriter, r * http.Request) {
    w.WriteHeader(http.StatusOK)
})
http.HandleFunc("/qcode", func(w http.ResponseWriter, r * http.Request) {
    // 获取 URL 中的 code 参数
    var cv = r.URL.Query().Get("code")
    if cv == "" {
        w.Write([]byte("请提供要查询的区号"))
    } else {
        res, exist := acs[cv]
        if !exist {
            // 检索不到内容
            w.Write([]byte("您查询的区号暂时未收录"))
        } else {
            s := fmt.Sprintf("查询结果：% s", res)
            w.Write([]byte(s))
        }
    }
})
// 启动 HTTP 服务器
http.ListenAndServe(":http", nil)
```

客户端在查询时，应构建如下的 URL：

```
http://localhost/qcode?code = 010
```

其中，code 是 URL 参数，服务器会根据此参数的值来检索数据。在本例中，测试数据存放在 acs 变量中，它是映射类型，定义如下：

```go
var acs = map[string]string{
    "010": "北京市",
    "022": "天津市",
    "021": "上海市",
    "0592":"福建省 厦门市",
    "027": "湖北省 武汉市",
    "0794":"江西省 临川市",
    "0516":"江苏省 徐州市",
    "0571":"浙江省 杭州市",
    "0852":"贵州省 遵义市",
}
```

运行本示例，以 Web 浏览器为客户端来查询区号所对应的城市，结果如图 22-7 和图 22-8 所示。

图 22-7　检索到有效的结果

图 22-8　未检索到有效结果

22.4.6　获取客户端提交的表单数据

在 HTML 页面中，通常使用< form >元素来构建表单数据。用户打开指定页面后，在表单元素中输入相关数据，单击"提交"按钮后，就会将这些内容发送到服务器（常用 HTTP-POST 方式提交）。服务器在接收到消息后，可以先调用 http. Request 对象的 ParseForm 方法进行处理，处理后会把客户端提交的数据填充到 Form 字段中。

如果通过调用 Request 对象的 FormValue 方法来获取表单字段的值，则不需要调用 ParseForm 方法，因为 FormValue 方法内部会调用 ParseForm 方法。要注意的是，FormValue 方法只返回与字段名称相匹配的第一个值，如果表单数据中存在一个字段名对应多个值的数据，需要直接访问 Form 字段。例如：

```
// r 是 http. Request 类型的变量
var vals = r. Form["pages"]
```

```
for index, value : = range vals {
    ......
}
```

接下来通过一个完整的示例,看看服务器是如何接收表单数据的。

步骤 1:创建 index. htm 文件,其内容为 HTML 文档,当客户端浏览器访问根 URL 时,服务器返回该页面。

```
<!DOCTYPE html >
< html >
< header >
    < title >测试主页</title>
</header >

< body >
    < form method = " POST" action = "/setdata" enctype = " application/x - www - form -
urlencoded">
        < p >
            联系人:
            < input name = "name" type = "text" />
        </p>
        < p >
            手机号:
            < input name = "phone" type = "text" />
        </p>
        < p >
            书名:
            < input name = "bookn" type = "text" />
        </p>
        < fieldset >
            < legend >
                是否已还:
            </legend >
            是:
            < input name = "returned" type = "radio" value = "1" />
            < br />否:
            < input name = "returned" type = "radio" value = "0" checked />
        </fieldset >
        < input type = "submit" value = "确认提交" />
    </ form >
</body >

</html >
```

步骤 2:服务器端处理根 URL 请求时的 Handler 代码如下。

```
http. HandleFunc("/", func(w http. ResponseWriter, r * http. Request) {
    // 返回 index. htm 文件的内容
```

```
htmlFile, err := os.Open("index.htm")
if err != nil {
    fmt.Println(err)
    w.WriteHeader(http.StatusInternalServerError)
    return
}
io.Copy(w, htmlFile)
htmlFile.Close()
})
```

返回主页面的过程为：先以 os.File 对象打开 index.htm 文件，然后把文件的内容直接作为回复消息发送回客户端即可（通过 ResponseWriter 对象来写数据，io.Copy 函数直接复制流中的数据）。

步骤 3：编写"/setdata"路径的处理代码。

```
http.HandleFunc("/setdata", func(w http.ResponseWriter, r *http.Request) {
    // 获取 form 字段的值
    var (
        name = r.FormValue("name")
        phone = r.FormValue("phone")
        bookname = r.FormValue("bookn")
        returned = r.FormValue("returned")
    )
    prtmsg := fmt.Sprintf("联系人：%s\n", name)
    prtmsg += fmt.Sprintf("手机号：%s\n", phone)
    prtmsg += fmt.Sprintf("书名：%s\n", bookname)
    if returned == "1" {
        prtmsg += "(此书已还)"
    } else {
        prtmsg += "(此书未还)"
    }
    prtmsg += "\n\n"
    fmt.Print("客户端提交的信息:\n")
    fmt.Println(prtmsg)
    w.Write([]byte("提交成功"))
})
```

在调用 FormValue 方法时，所指定的字段名称必须与 HTML 文档内<input>元素的 name 属性的值匹配（name 属性定义了表单数据的字段名称）。

步骤 4：启动 HTTP 服务器，侦听客户端连接并接收消息。

```
http.ListenAndServe(":80", nil)
```

步骤 5：运行示例程序，打开 Web 浏览器，导航到以下 URL：

```
http://localhost
```

步骤6：在出现的页面中输入表单数据，如图22-9所示。

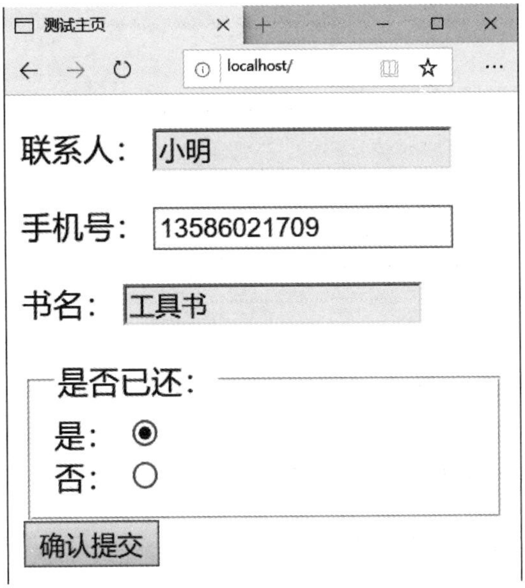

图22-9 输入表单数据

步骤7：服务器收到消息后，将消息打印到控制台上。

```
客户端提交的信息：
联系人:小明
手机号:13586021709
书名:工具书
(此书已还)
```

22.4.7 读取客户端上传的文件

HTTP服务器要接收客户端上传的文件，需要用到http.Request对象的MultipartForm字段，它是一个指向multipart.Form类型对象的指针。Form结构体位于mime/multipart包中，用于封装由多个部分组成的表单数据（即HTTP消息头中Content-Type的值为multipart/form-data）。

正因为multipart类型的表单数据是由多个部分(Part)组成的，为了保证每个部分的数据的完整性，每个部分之间需要一个分隔符。分隔符的常用字符有：A～Z、a～z、0～9。为了让分隔符不与正文内容重复，应该使用稍复杂一些的字符串，如"8e751963e0794e1cb89b06a94cf3da24"。

multipart/form-data消息的大致格式如下：

```
POST /upo HTTP/1.1
Host: 127.0.0.1
User - Agent: Go - http - client/1.1
```

```
Content - Length: 429
Accept - Encoding: gzip
Content - Type: multipart/form - data; boundary = 5eee1dbbab3b9c6d19691e96a91934f6307db3009-
7cc9a856f51a3ec1a43

 -- 5eee1dbbab3b9c6d19691e96a91934f6307db30097cc9a856f51a3ec1a43
Content - Disposition: form - data; name = "ProductNo"

CL - D07
 -- 5eee1dbbab3b9c6d19691e96a91934f6307db30097cc9a856f51a3ec1a43
Content - Disposition: form - data; name = "Color"

Blue
 -- 5eee1dbbab3b9c6d19691e96a91934f6307db30097cc9a856f51a3ec1a43
Content - Disposition: form - data; name = "Size"

14.03 cm
 -- 5eee1dbbab3b9c6d19691e96a91934f6307db30097cc9a856f51a3ec1a43 --
```

Content-Type 消息头类型为 multipart/form-data，boundary 字段指明内容分隔符为
"5eee1dbbab3b9c6d19691e96a91934f6307db30097cc9a856f51a3ec1a43"。

消息头之后是正文，每个部分都由"--<分隔符>"隔开，正文的开始和结束位置也使用了
分隔符。其中，"ProductNo""Color""Size"是表单的字段名称，它们各自对应的值如下：

```
ProductNo        :CL - D07
Color            :Blue
Size             :14.03 cm
```

如果上传的是文件，则生成的 HTTP 消息如下：

```
POST /uploadfiles HTTP/1.1
Host: 127.0.0.1
User - Agent: Go - http - client/1.1
Content - Length: 2071
Accept - Encoding: gzip
Content - Type: multipart/form - data; boundary = b8234283c787d275a1d70b7fe3377dbe8105ac591-
cbdd21207178194e585

 -- b8234283c787d275a1d70b7fe3377dbe8105ac591cbdd21207178194e585
Content - Disposition: form - data; name = "upFile"; filename = "123.mp3"
Content - Type: application/octet - stream

<文件内容,二进制数据>
 -- b8234283c787d275a1d70b7fe3377dbe8105ac591cbdd21207178194e585
Content - Disposition: form - data; name = "upFile"; filename = "100.dbc"
Content - Type: application/octet - stream

<文件内容,二进制数据>
```

```
-- b8234283c787d275a1d70b7fe3377dbe8105ac591cbdd21207178194e585
Content-Disposition: form-data; name="wavFile"; filename="cufx.wav"
Content-Type: application/octet-stream

<文件内容,二进制数据>
-- b8234283c787d275a1d70b7fe3377dbe8105ac591cbdd21207178194e585 --
```

表单的字段名称可以重复出现(前两个文件的字段皆为 upFile)。filename 字段指定文件名。由于文件是二进制数据,所以需要将 Content-Type 设置为 application/octet-stream,即内容类型是字节流。

以下示例分为服务器程序和客户端程序。

先看客户端程序,它实现了向 HTTP 服务器上传三个文件的功能。

步骤 1:创建 bytes.Buffer 实例,用于临时存储 HTTP 消息内容。

```
var buffer = new(bytes.Buffer)
```

步骤 2:创建 multipart.Writer 实例,用于写入 multipart/form-data 数据。

```
multWrt := multipart.NewWriter(buffer)
```

步骤 3:添加三个文件(要上传的文件)。

```
fw, _ := multWrt.CreateFormFile("file", "file-1.txt")
fw.Write([]byte("测试文件 #1"))
fw, _ = multWrt.CreateFormFile("file", "file-2.txt")
fw.Write([]byte("测试文件 #2"))
fw, _ = multWrt.CreateFormFile("file", "file-3.txt")
fw.Write([]byte("测试文件 #3"))
```

调用 CreateFormFile 方法可以创建新的文件字段,该方法需要两个参数:

(1) fieldname:表单数据的字段名。

(2) filename:文件名。

上述代码中,添加的三个文件的字段名相同——都是"file"。CreateFormFile 方法调用后会返回一个 Writer 对象(实际类型是 multipart 包内部的 part 结构体,它实现了 io.Writer 接口),随后就可以调用该 Writer 的 Write 方法写入文件内容。文件内容可以从磁盘文件中读取,也可以在内存中生成。在本示例中,文件内容直接使用字符串实例。

```
......
fw.Write([]byte("测试文件 #1"))
......
fw.Write([]byte("测试文件 #2"))
......
fw.Write([]byte("测试文件 #3"))
```

步骤 4：表单内容添加完毕后，可以关闭 multipart. Writer 实例。

```
multWrt.Close()
```

步骤 5：此时不能直接使用前面的 Buffer 对象来创建 http. Request 实例。因为写完数据后，字节流的当前位置处于流的末尾，如果用此 Buffer 对象创建 http. Request 实例，会发生 EOF 错误。因此，可以先创建一个 bytes. Reader 对象，然后把 Buffer 对象中的数据复制到 Reader 对象中。

```
reader := bytes.NewReader(buffer.Bytes())
```

步骤 6：创建 http. Request 实例。

```
var req, err = http.NewRequest(http.MethodPost, "http://127.0.0.1/upload", reader)
if err != nil {
    fmt.Println(err)
    return
}
```

步骤 7：此时 HTTP 消息的 Content-Type 头应该为"multipart/form-data；boundary ＝<分隔符>"，此消息头需要手动设置。调用 multipart. Writer 对象的 FormDataContentType 方法就可以直接得到此消息头的值。

```
req.Header.Set("Content-Type", multWrt.FormDataContentType())
```

步骤 8：以 HTTP-POST 方式发送请求消息，并接收来自服务器的响应消息。

```
response, err := http.DefaultClient.Do(req)
if err != nil {
    fmt.Println(err)
    return
}
fmt.Print("服务器回应:")
io.Copy(os.Stdout, response.Body)
```

接下来实现 HTTP 服务器程序。

步骤 9：调用 http. HandleFunc 函数，注册 Handler，读出上传的文件，并保存到本地目录中。

```
http.HandleFunc("/upload", func(w http.ResponseWriter, r *http.Request) {
    // 获取包含文件的字段
    if r.MultipartForm == nil {
        r.ParseMultipartForm(300000)
    }
    files, ok := r.MultipartForm.File["file"]
    if !ok {
```

```
            w.WriteHeader(http.StatusBadRequest)
            return
        }
        if len(files) == 0 {
            w.Write([]byte("未上传任何文件"))
            return
        }
        // 保存文件
        var i int
        for _, fhd := range files {
            var fn = fhd.Filename
            fr, _ := fhd.Open()
            fileOut, _ := os.Create(fn)
            io.Copy(fileOut, fr)
            fileOut.Close()
            fr.Close()
            i++
        }
        msg := fmt.Sprintf("已成功上传%d个文件", i)
        w.Write([]byte(msg))
})
```

在访问 http.Request 实例的 MultipartForm 字段前,应先调用 ParseMultipartForm 方法分析消息正文以获得正确的表单数据。此方法需要提供一个整数值,它表示消息正文所使用的内存大小(单位是字节),若消息正文超过此大小,就会将剩余的数据存放到临时文件中。

步骤 10:启动 HTTP 服务器。

```
http.ListenAndServe(":80", nil)
```

测试时先运行服务器程序,然后运行客户端程序。服务器接收到的三个文件如下:

```
// file-1.txt
测试文件 #1

// file-2.txt
测试文件 #2

// file-3.txt
测试文件 #3
CGI 编程
```

22.5 CGI 编程

CGI(Common Gateway Interface,公共网关接口)是一种 Web 服务器调用外部程序的规范接口。该规范接口通过 Web 服务器接收客户端(例如 Web 浏览器)的 HTTP 请求,按需调用外部程序,并将 HTTP 请求通过某种方式(最常用的是环境变量和标准输入流)传递给外部程序。处理完成后,外部程序通过标准输出流返回处理结果(结果可以格式化为 HTML 文档)。处理结果最后通过 Web 服务器传回给客户端。

CGI 仅仅是一种规范,而不是一种特定的技术,它的作用是扩展 Web 服务器的功能(例如,用户上传了一张照片,Web 服务器可以通过 CGI 规范调用一个扩展程序进行人脸识别,最后将识别结果反馈给用户),因此,任何支持标准输入/输出的编程语言都可以用来编写 CGI 程序,例如 C、C++、Visual Basic、Java、PHP、C♯、Python、Perl 等,当然也包括 Go 语言。

Go 语言内置的 CGI 实现原理是创建子进程,并在子进程中运行外部程序。父进程与子进程之间可以通过环境变量、命令行参数、标准输入/输出流进行通信。

与 PHP 等语言不同,Go 代码文件不能直接运行,需要先编译为可执行文件才能运行。可选方案有以下两个:

(1) 子进程执行 go 程序,通过 run 命令,先编译指定代码文件,然后运行可执行程序。例如 go run abc.go。

(2) 直接将 Go 代码编译为可执行程序(go build 命令),当要调用外部程序时,直接运行已编译好的可执行文件即可。

在测试环境中,可以选用 go run 命令来编译源代码再运行程序,此方案当源代码被修改后可以马上更新程序逻辑。但是,go run 命令每次运行时都要将源代码编译一遍,会降低外部程序的启动速度。所以,在程序投入生产环境使用后(这时候不会频繁修改源代码)可以直接将源代码编译为可执行程序,Web 服务器执行外部程序时就可以直接启动子进程,不必等待编译,可缩短启动时间。

22.5.1 准备工作

Go 语言 CGI 实现模式是创建子进程来执行外部程序,因此,掌握如何启动外部程序的方法尤为重要。

在 os/exec 包中,公开了一个名为 Cmd 的结构体。

```go
type Cmd struct {
    // 要执行的程序路径
    Path string

    // 传递给程序的命令行参数
    Args []string

    // 提供给子进程使用的环境变量
    Env []string

    // 被执行程序的工作目录
    Dir string

    // 设置子进程的标准输入流
```

```
    Stdin io.Reader

    // 设置子进程的标准输出流
    Stdout io.Writer
    Stderr io.Writer

    ……

    // 表示子进程实例,可获取与子进程有关的信息
    Process * os.Process

    ……
}
```

在启动子进程之前,通常需要设置以下字段:

(1) Path:此字段是必需的,它指定要运行的程序路径,支持绝对路径和相对路径。如果使用相对路径,则 Path 的值将是相对于 Dir 字段的路径。

(2) Args:传递给被执行程序的命令行参数,此字段是可选的,可以为空。

(3) Env:环境变量,可选。格式为"key=value"。

(4) Dir:指定程序的工作目录,此字段可选。

设置完字段值后,可以调用 Start 或者 Run 方法启动子进程。Start 方法启动进程后不会等待其执行完毕,而是立即返回。如果需要等待子进程执行完毕,就需要手动调用 Wait 方法。Run 方法启动子进程后会一直处于等待状态,直到子进程执行完毕。

下面的示例演示了调用子进程计算两个浮点数乘积的过程。

步骤 1:创建 ext 目录,在 ext 目录中新建代码文件 app.go。

步骤 2:在 app.go 文件中输入以下代码。

```go
package main

import (
    "fmt"
)

func main() {
    // 从标准输入流中读取两个值
    var a, b float32
    fmt.Scanln(&a, &b)
    // 计算结果
    var res = a * b
    // 将结果写入标准输出流
    fmt.Printf("计算结果:%.4f", res)
}
```

步骤 3：编译 app.go 文件，输出的可执行文件放在 ext/bin 目录下。

```
go build - o bin\app.exe app.go                    // Windows 平台
go build - o bin/app app.go
```

步骤 4：创建 exec.Cmd 实例，工作目录指向 ext/bin 目录，要启动的目标程序为 app（或 app.exe）。

```
var newcmd = &exec.Cmd{
    Path: "app",
    Dir: "./ext/bin",
}
```

步骤 5：获取标准的输入流和输出流的通信管道。必须在子进程启动前获取，否则会发生错误。

```
stdIn, _ := newcmd.StdinPipe()
stdOut, _ := newcmd.StdoutPipe()
```

步骤 6：启动子进程。

```
err : = newcmd.Start()
// 退出该范围前等待子进程结束
defer newcmd.Wait()

if err != nil {
    fmt.Println(err)
    return
}
```

步骤 7：通过标准输入流向子进程发送数据。

```
stdIn.Write([]byte("1.5 3.6"))
stdIn.Close()
```

步骤 8：从标准输出流中读取计算结果。

```
io.Copy(os.Stdout, stdOut)
stdOut.Close()
```

步骤 9：运行结果如下：

```
计算结果:5.4000
```

接下来再看一个示例，此示例使用环境变量将数据传递给子进程。

步骤 1：创建 ext 目录，并在其中新建代码文件 srccode.go。

步骤 2：在 srccode.go 文件中输入以下代码。

```go
package main

import (
    "fmt"
    "os"
)

func main() {
    // 读取环境变量
    appName, exist := os.LookupEnv("APP_NAME")
    if !exist {
        fmt.Print("未找到 APP_NAME 环境变量")
        return
    }
    appID, exist := os.LookupEnv("APP_ID")
    if !exist {
        fmt.Print("未找到 APP_ID 环境变量")
        return
    }
    devID, exist := os.LookupEnv("DEV_ID")
    if !exist {
        fmt.Print("未找到 DEV_ID 环境变量")
        return
    }
    // 输出
    fmt.Print("Content-Type: text/html; charset=utf-8\r\n")
    fmt.Print("\r\n")
    fmt.Printf(
        `<!DOCTYPE html>
<html>
  <head>
    <meta charset="utf-8">
    <title>测试页面</title>
  </head>
  <body>
    <h3>应用名称:</h3>
    <p>%s</p>
    <h3>应用标识:</h3>
    <p>%s</p>
    <h3>开发者标识:</h3>
    <p>%s</p>
  </body>
</html>`, appName, appID, devID)
}
```

在上面代码中，使用了 os.LookupEnv 函数来查找环境变量。该函数会返回被查找环境变量所对应的值以及一个布尔类型（bool）的值。如果查找到指定的环境变量，那么此布尔值为 true，否则为 false。示例中需要取出三个环境变量的值——APP_NAME、APP_ID、DEV_ID。

步骤 3：编译 srccode.go 文件，可执行文件放置于 ext/bin 目录内。

```
go build – o bin/app srccode.go
go build – o bin\app.exe srccode.go // Windows 平台
```

步骤 4：实例化 exec.Cmd 类型的变量。

```
var cmd = &exec.Cmd{
    Path: "app",
    Dir: "./ext/bin",
}
```

子进程的工作目录设置为 ext/bin，"app"是要执行的程序名称，它位于 ext/bin 目录下。

步骤 5：为子进程设置环境变量，格式为"key＝value"。

```
cmd.Env = append(cmd.Env, "APP_NAME = Demo")
cmd.Env = append(cmd.Env, "APP_ID = K786DX – 6F – X8")
cmd.Env = append(cmd.Env, "DEV_ID = 7611253")
```

步骤 6：获取子进程的标准输出流管道，此操作必须在启动子进程前完成。

```
stdOutp, _ : = cmd.StdoutPipe()
```

步骤 7：启动子进程。

```
err : = cmd.Start()
defer cmd.Wait()
if err != nil {
    fmt.Println(err)
    return
}
```

步骤 8：读取子进程输出的内容。

```
fmt.Print("子进程输出的内容:\n")
io.Copy(os.Stdout, stdOutp)
```

步骤 9：运行结果如下：

```
子进程输出的内容:
Content – Type: text/html; charset = utf – 8

<!DOCTYPE html >
< html >
  < head >
    < meta charset = "utf – 8">
```

```
    <title>测试页面</title>
  </head>
  <body>
        <h3>应用名称:</h3>
        <p>Demo</p>
        <h3>应用标识:</h3>
        <p>K786DX-6F-X8</p>
        <h3>开发者标识:</h3>
        <p>7611253</p>
  </body>
</html>
```

22.5.2　示例：一个简单的 CGI 程序

本示例完成一个简单的 CGI 程序。当用户以 HTTP-GET 方式向 Web 服务器发出请求后,服务器程序会执行外部程序(本示例中命名为 test),在此程序中,通过标准输出流生成 HTTP 响应消息,再通过服务器传回给客户端。其大致的处理流程如图 22-10 所示。

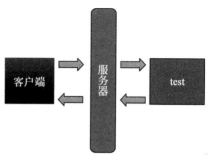

图 22-10　本示例的消息处理流程

步骤 1:创建一个目录,用来放置外部程序。此目录的名称可以自定义,本示例中命名为 cgi-bin。

步骤 2:在 cgi-bin 目录下创建新的代码文件 code.go,然后输入以下代码。

```
package main

import (
    "fmt"
    "math/rand"
)

func main() {
    // 写入消息头
    fmt.Print("Content-Type: text/html; charset=utf-8\r\n")
    fmt.Print("Server-Ver: 1.0\r\n")
    var bts = make([]byte, 15)
    rand.Read(bts)
    fmt.Printf("Access-Token: %x\r\n", bts)
    // 消息头与正文之间有空行分隔
    fmt.Print("\r\n")
    // 以下是正文
    fmt.Print("<h3>这是一个简单的 CGI 程序</h3>")
}
```

此程序会直接输出 HTTP 响应消息。HTTP 消息分为头部和正文两部分，两部分之间有一空白行。消息的整体格式如下：

```
header1: header value 1\r\n
header2: header value 2\r\n
header3: header value 3\r\n
\r\n
< html >\r\n
    ……
</html >
```

在本示例中，每行的结尾使用了两个字符。"\r"是回车符，"\n"是换行符。

步骤 3：编译 code.go 代码文件。

```
go build − o test.exe code.go                    // Windows 平台
go build − o test code.go
```

步骤 4：在 HTTP 服务器中，为根 URL 注册一个 Handler，并在此 Handler 的代码中执行 test 程序。

```go
http.HandleFunc("/", func(w http.ResponseWriter, r * http.Request) {
    var cmd = &exec.Cmd{
        Path: "test",
        Dir: "./cgi − bin",
    }
    // 获取标准输出通道
    var outputPipe, _ = cmd.StdoutPipe()
    err : = cmd.Start()
    defer cmd.Wait()
    if err != nil {
        fmt.Println(err)
        w.WriteHeader(http.StatusInternalServerError)
        return
    }
    // 读取输出内容
    outReader : = bufio.NewReaderSize(outputPipe, 256)
    // 读 HTTP 消息头
    for {
        line, prefix, err : = outReader.ReadLine()
        if prefix {
            w.WriteHeader(http.StatusInternalServerError)
            return
        }
        if err == io.EOF {
            break
        }
        // 遇到空白行,表示消息头部分已结束
        if len(line) == 0 {
```

```
            break
        }
        var header = strings.SplitN(string(line), ":", 2)
        if len(header) < 2 {
            // 该行消息头不完整,跳过
            continue
        }
        headername := strings.TrimSpace(header[0])
        headerval := strings.TrimSpace(header[1])
        w.Header().Add(headername, headerval)
    }
    // 读取消息正文
    _, err = io.Copy(w, outReader)
    if err != nil {
        fmt.Println(err)
        cmd.Process.Kill()
    }
})
```

执行 test 程序后,需要读取响应的 HTTP 消息。首先使用 bufio.Reader 实例的 ReadLine 方法逐行读出消息头,然后以“:”为分隔符对字符串进行拆分,再去掉多余的空格,就能得到消息头的名称和对应的值了。一旦遇到空行,就表明消息头读取完毕,正文部分直接用 io.Copy 函数复制到 http.ResponseWriter 对象即可。

步骤 5:启动 HTTP 服务器并接收来自客户端的消息。

```
http.ListenAndServe(":http", nil)
```

步骤 6:运行结果如图 22-11 所示。
传回给客户端的 HTTP 消息头如下:

```
Access-Token: 52fdfc072182654f163f5f0f9a621d
Content-Length: 41
Content-Type: text/html; charset=utf-8
Server-Ver: 1.0
```

消息正文如下:

```
<h3>这是一个简单的 CGI 程序</h3>
```

图 22-11　由外部程序返回的内容

22.5.3　使用 cgi 包

net/http/cgi 包对外部程序的调用进行了封装,简化了访问 CGI 程序的过程。
对于 Web 服务器来说,核心 API 是 cgi.Handler 结构体,其定义如下:

```
type Handler struct {
```

```
        Path string
        Root string
        Dir string
        Env []string
        ......
        Args []string
        ......
}
```

Dir 字段设置外部程序的工作目录。Path 字段设置外部程序的路径,若使用相对路径,则其路径将以 Dir 字段为参考。Env 字段设置要传给外部程序的环境变量。Args 字段设置要传给外部程序的命令行参数。Root 字段指定 URL 路径的前缀,当将 PATH_INFO 环境变量传递给外部程序时,会把路径中以 Root 开头的部分去掉。例如,假设 Root 字段的值为“/abc”,客户端请求的 URL 路径为“/abc/apps/xtool”,那么 PATH_INFO 环境变量的值就变为“/apps/xtool”。

cgi. Handler 结构体实现了 http. Handler 接口,因此它存在 ServeHTTP 方法,可以在 http. Handle 或 http. HandleFunc 函数中使用。

接下来将通过示例演示 cgi. Handler 的用法。

步骤 1:编写第一个外部程序,代码如下。

```
package main

import "fmt"

func main() {
    // 写入 HTTP 消息头
    fmt.Print("Content - Type: text/html;charset = utf - 8\r\n")
    fmt.Print("\r\n") // 分隔行
    // 写入 HTTP 消息正文
    fmt.Print(
        `<!DOCTYPE html >
<html >
    < head >
        < meta charset = "utf - 8" />
        < title > Test Page </title >
    </head >
    < body >
        <p>欢迎来到【产品信息】板块</p>
    </body >
</html >`)
}
```

步骤 2:编写第二个外部程序,其代码如下。

```
package main
```

```
import "fmt"

func main() {
    fmt.Print("Content – Type: text/html;charset = utf – 8\r\n")
    fmt.Print("\r\n")
    fmt.Print(`< html >
    < body >
        <p>欢迎来到【企业新闻】板块</p>
    </body >
    </html >`)
}
```

步骤 3：分别编译上述两个程序，输出的可执行文件放置在 cgi-bin 目录下。

```
// 假设第一个程序的代码文件位于./exts/app1 目录下
go build – o ./cgi – bin/test1.exe ./exts/app1          // Windows 平台
go build – o ./cgi – bin/test1 ./exts/app1

// 假设第二个程序的代码文件位于./exts/app2 目录下
go build – o ./cgi – bin/test2.exe ./exts/app2          // Windows 平台
go build – o ./cgi – bin/test2 ./exts/app2
```

步骤 4：创建两个 cgi.Handler 实例。它们的工作目录都是 cgi-bin，分别指向刚刚编译的两个程序（test1 和 test2）。

```
var (
    hd1 = &cgi.Handler{
        Dir: "./cgi – bin",
        Path: "test1",
    }
    hd2 = &cgi.Handler{
        Dir: "./cgi – bin",
        Path: "test2",
    }
)
```

步骤 5：将 Handler 与 URL 路径关联。

```
http.Handle("/demo1", hd1)
http.Handle("/demo2", hd2)
```

步骤 6：启动 HTTP 服务器，接收客户端消息。

```
http.ListenAndServe(":http", nil)
```

运行示例程序，然后在 Web 浏览器中导航到 http://localhost/demo1，结果如图 22-12 所示。

接着导航到 http://localhost/demo2，浏览器呈现结果如图 22-13 所示。

图 22-12　执行第一个外部程序　　　　　　图 22-13　执行第二个外部程序

22.5.4　在子进程中获取 Request 对象

cgi 包中有一个 Request 函数，调用后会返回一个 http.Request 类型的对象。该函数的应用场景为：当使用 Go 语言编写外部程序且作为子进程被调用时，调用该函数会返回 Request 对象实例。此实例从两个源头获取信息——HTTP 消息头来自于 Web 服务器进程传递的环境变量；消息正文来自标准输入流。

下面示例演示了 Request 函数的用法。

本示例运行后，首先选择文件并上传到服务器，然后调用外部程序来计算文件的 MD5，最后把计算结果返回给客户端。

先实现外部程序（稍后会作为子进程被调用）。

步骤 1：调用 cgi 包里面的 Request 函数，获得 http.Request 对象。

```
var req, err = cgi.Request()
if err != nil {
    // 响应错误消息
    fmt.Print("HTTP/1.1 500 服务器内部发生了错误\r\n")
    return
}
if req.Method != http.MethodPost {
    fmt.Print("HTTP/1.1 405 请以 POST 方式提交\r\n")
    return
}
```

步骤 2：为了支持文件上传，客户端会以 multipart/form-data 格式提交数据。需要先调用 ParseMultipartForm 方法来对请求消息进行分析，之后才能访问上传的文件。

```
req.ParseMultipartForm(7988850000)
```

步骤 3：读取文件列表。本例中文件所在的 form 字段名为"file"。

```
files : = req.MultipartForm.File["file"]
```

步骤 4：分别计算各个文件的 MD5。

```
strbd : = new(strings.Builder)
for _, f : = range files {
    // 获取短文件名
    var fn = filepath.Base(f.Filename)
    // 获取文件内容
    thefile, _ : = f.Open()
    reader : = io.LimitReader(thefile, f.Size)
    // 计算 MD5 值
    md5 : = md5.New()
    io.Copy(md5, reader)
    var md5data = md5.Sum(nil)
    // 生成文本
    h : = fmt.Sprintf(`<p>文件 % s 的 MD5：% x</p>`, fn, md5data)
    strbd.WriteString(h + "\r\n")
}
```

步骤 5：写入响应消息，发送回客户端。

```
// 写入状态行
// 此行包括：
// 1、HTTP 版本号为 1.1
// 2、状态码为 200
// 3、状态码文本为"OK"
fmt.Print("HTTP/1.1 200 OK\r\n")
// 写入消息头
fmt.Print("Content - Type: text/html;charset = utf - 8\r\n")
// 写入分隔行(空行)
fmt.Print("\r\n")
// 构建<body>内容
var body string
if strbd.Len() == 0 {
    body = `<body>
        <p>未发现任何文件</p>
    </body>`
} else {
    body = fmt.Sprintf(`<body>
    <h3>处理结果</h3>
        % s
    </body>`, strbd)
}
// 写入 HTML 文档
fmt.Print("<!DOCTYPE html>\r\n")
fmt.Printf(`<html>
% s
</html>`, body)
```

步骤 6：编译上述代码（代码文件位于 ext 目录下），生成的可执行文件放置在 cgi-bin 目录下。

```
go build - o ./cgi - bin/test ./ext
go build - o .\cgi - bin\test.exe .\ext                              // Windows 平台
```

在 Windows 平台下，路径分隔符可以使用"/"，也可以使用"\"。

下面步骤实现的是 HTTP 服务器。

步骤 7：注册用于响应根 URL 的 Handler，返回 HTML 页面。

```
    http.HandleFunc("/", func(w http.ResponseWriter, r * http.Request) {
        w.Header().Set("Content - Type", "text/html; charset = utf - 8")
        // 返回主页
        html := `<! DOCTYPE html >
< html >
< head >
    < meta charset = "utf - 8" />
</head >
< body >
    < form method = "POST" action = "/cmpt" enctype = "multipart/form - data">
        < label for = "file">请选择文件:</label >
        < input type = "file" id = "file" name = "file" multiple />
        < input type = "submit" value = "上传" />
    </form >
</body >
</html >`
        w.Write([ ]byte(html))
    })
```

type 属性为"file"的< input >元素支持文件选择。使用 multiple 属性表示允许选择多个文件，若没有指定此属性，则只能选择一个文件。

步骤 8：为 URL 路径"/cmpt"注册 CGI 处理程序，调用刚刚编译好的外部程序（test）。

```
var cgihandler = &cgi.Handler{
    Path: "test",
    Dir: "./cgi - bin",
}
http.Handle("/cmpt", cgihandler)
```

步骤 9：启动 HTTP 服务器。

```
http.ListenAndServe(":http", nil)
```

步骤 10：运行服务器程序，通过 Web 浏览器打开 http://localhost，如图 22-14 所示。

步骤 11：选择文件后，单击"上传"按钮。文件被发送到服务器，并转由外部程序（test）进行处理，最后返回文件的 MD5，如图 22-15 所示。

图 22-14 主页面

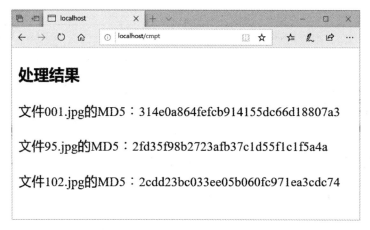

图 22-15 文件的 MD5 值

【思考】

1. TCP 服务器如何启动侦听客户端连接？

2. 在 HTTP 服务器中，如何为 URL 路径注册 Handler？

3. CGI 编程中如何执行外部程序？

常用 API 与程序包对照表

序号	API 名称	API 类型	Package 路径
A	math. Abs	函数	math
	filepath. Abs	函数	path/filepath
	math. Acos	函数	math
	math. Acosh	函数	math
	net. Addr	接口	net
	append	函数	内置函数,无须引用 package
	os. Args	变量	os
	flag. Arg	函数	flag
	flag. Args	函数	flag
	math. Asin	函数	math
	math. Asinh	函数	math
	math. Atan	函数	math
	math. Atan2	函数	math
	math. Atanh	函数	math
	strconv. Atoi	函数	strconv
B	path. Base	函数	path
	filepath. Base	函数	path/filepath
	cipher. Block	接口	crypto/cipher
	cipher. BlockMode	接口	crypto/cipher
	aes. BlockSize	常量	crypto/aes
	des. BlockSize	常量	crypto/des
	md5. BlockSize	常量	crypto/md5
	sha1. BlockSize	常量	crypto/sha1
	sha256. BlockSize	常量	crypto/sha256
	sha512. BlockSize	常量	crypto/sha512
	pem. Block	结构体	encoding/pem
	flag. Bool	函数	flag

续表

序号	API 名称	API 类型	Package 路径
B	flag. BoolVar	函数	flag
	bytes. Buffer	结构体	bytes
	net. Buffers	[ ][ ]byte	net
	strings. Builder	结构体	strings
	io. ByteReader	接口	io
	io. ByteScanner	接口	io
	io. ByteWriter	接口	io
C	cap	函数	内置函数,无须引用 package
	math. Cbrt	函数	math
	math. Ceil	函数	math
	os. Chdir	函数	os
	os. Chmod	函数	os
	os. Chown	函数	os
	http. Client	结构体	net/http
	close	函数	内置函数,无须引用 package
	io. Closer	接口	io
	exec. Cmd	结构体	os/exec
	bytes. Compare	函数	bytes
	strings. Compare	函数	strings
	bytes. Contains	函数	bytes
	strings. Contains	函数	strings
	bytes. ContainsAny	函数	bytes
	strings. ContainsAny	函数	strings
	bytes. ContainsRune	函数	bytes
	strings. ContainsRune	函数	strings
	http. Cookie	结构体	net/http
	io. Copy	函数	io
	io. CopyN	函数	io
	copy	函数	内置函数,无须引用 package
	bytes. Count	函数	bytes
	strings. Count	函数	strings
	os. Create	函数	os
D	time. Date	函数	time
	hex. Decode	函数	encoding/hex
	hex. DecodeString	函数	encoding/hex
	hex. DecodedLen	函数	encoding/hex
	pem. Decode	函数	encoding/pem
	utf8. DecodeLastRune	函数	unicode/utf8

序号	API 名称	API 类型	Package 路径
D	utf8. DecodeLastRuneInString	函数	unicode/utf8
	utf8. DecodeRune	函数	unicode/utf8
	utf8. DecodeRuneInString	函数	unicode/utf8
	rsa. DecryptOAEP	函数	crypto/rsa
	rsa. DecryptPKCS1v15	函数	crypto/rsa
	reflect. DeepEqual	函数	reflect
	delete	函数	内置函数，无须引用 package
	http. DetectContentType	函数	net/http
	net. Dial	函数	net
	net. Dialer	结构体	net
	net. DialIP	函数	net
	net. DialTCP	函数	net
	net. DialUDP	函数	net
	math. Dim	函数	math
	http. Dir	string	net/http
	path. Dir	函数	path
	filepath. Dir	函数	path/filepath
	flag. Duration	函数	flag
	time. Duration	int64	time
	flag. DurationVar	函数	flag
E	list. Element	结构体	container/list
	hex. Encode	函数	encoding/hex
	hex. EncodeToString	函数	encoding/hex
	hex. EncodedLen	函数	encoding/hex
	pem. Encode	函数	encoding/pem
	pem. EncodeToMemory	函数	encoding/pem
	base64. Encoding	结构体	encoding/base64
	rsa. EncryptOAEP	函数	crypto/rsa
	rsa. EncryptPKCS1v15	函数	crypto/rsa
	os. Environ os. Getenv os. Setenv os. Clearenv os. LookupEnv	函数	os
	bytes. Equal	函数	bytes
	hmac. Equal	函数	crypto/hmac
	fmt. Errorf	函数	fmt
	os. Executable	函数	os

续表

序号	API 名称	API 类型	Package 路径
E	os. Exit	函数	os
	math. Exp math. Exp2	函数	math
	math. Expm1	函数	math
	filepath. Ext	函数	path/filepath
F	zip. File	结构体	archive/zip
	zip. FileHeader	结构体	archive/zip
	flag. Float64 flag. Float64Var	函数	flag
	rand. Float32 rand. Float64	函数	math/rand
	math. Floor	函数	math
	fmt. Fprint fmt. Fprintf fmt. Fprintln	函数	fmt
	fmt. Fscan fmt. Fscanf fmt. Fscanln	函数	fmt
G	rsa. GenerateKey	函数	crypto/rsa
H	http. Handle http. HandleFunc	函数	net/http
	cgi. Handler	结构体	net/http/cgi
	bytes. HasPrefix bytes. HasSuffix	函数	bytes
	strings. HasPrefix strings. HasSuffix	函数	strings
	tar. Header	结构体	archive/tar
	gzip. Header	结构体	compress/gzip
	http. Header	映射	net/http
I	bytes. Index bytes. IndexAny	函数	bytes
	strings. Index strings. IndexAny strings. IndexRune	函数	strings
	flag. Int flag. Int64 flag. Int64Var flag. IntVar	函数	flag

序号	API 名称	API 类型	Package 路径
I	rand. Int rand. Int31 rand. Int31n rand. Int63 rand. Int63n rand. Intn	函数	math/rand
	heap. Interface	接口	container/heap
	net. InterfaceByIndex net. InterfaceByName net. Interfaces	函数	net
	math. IsInf	函数	math
	math. IsNaN	函数	math
	strconv. Itoa	函数	strconv
J	bytes. Join	函数	bytes
	filepath. Join	函数	path/filepath
	strings. Join	函数	strings
L	bytes. LastIndex bytes. LastIndexAny	函数	bytes
	strings. LastIndex strings. LastIndexAny	函数	strings
	len	函数	内置函数,无须引用 package
	io. LimitedReader	结构体	io
	os. Link os. Symlink	函数	os
	net. Listen net. ListenIP net. ListenTCP net. ListenUDP	函数	net
	http. ListenAndServe	函数	net/http
	math. Log math. Log10	函数	math
M	make	函数	内置函数,无须引用 package
	json. Marshal json. MarshalIndent	函数	encoding/json
	math. Max	函数	math
	math. Min	函数	math
	math. Mod math. Modf	函数	math
	io. MultiReader	函数	io

续表

序号	API 名称	API 类型	Package 路径
M	io. MultiWriter	函数	io
	sync. Mutex sync. RWMutex	结构体	sync
N	new	函数	内置函数,无须引用 package
	list. New	函数	container/list
	ring. New	函数	container/ring
	bytes. NewBuffer bytes. NewBufferString	函数	bytes
	base64. NewDecoder	函数	encoding/base64
	base64. NewEncoder	函数	encoding/base64
	hex. NewDecoder	函数	encoding/hex
	hex. NewEncoder	函数	encoding/hex
	big. NewFloat big. ParseFloat	函数	math/big
	big. NewInt	函数	math/big
	bytes. NewReader	函数	bytes
	tar. NewReader	函数	archive/tar
	tar. NewWriter	函数	archive/tar
	zip. NewReader	函数	archive/zip
	zip. NewWriter	函数	archive/zip
	bufio. NewReader	函数	bufio
	bufio. NewReaderSize	函数	bufio
	bufio. NewWriter	函数	bufio
	bufio. NewWriterSize	函数	bufio
	flate. NewReader flate. NewReaderDict	函数	compress/flate
	flate. NewWriter flate. NewWriterDict	函数	compress/flate
	gzip. NewReader	函数	compress/gzip
	gzip. NewWriter gzip. NewWriterLevel	函数	compress/gzip
	zlib. NewReader zlib. NewReaderDict	函数	compress/zlib
	zlib. NewWriter zlib. NewWriterLevel zlib. NewWriterLevelDict	函数	compress/zlib

续表

序号	API 名称	API 类型	Package 路径
N	cipher. NewCFBEncrypter cipher. NewCFBDecrypter cipher. NewCTR cipher. NewOFB	函数	crypto/cipher
	aes. NewCipher	函数	crypto/aes
	des. NewCipher	函数	crypto/des
	hmac. New	函数	crypto/hmac
	md5. New	函数	crypto/md5
	sha1. New	函数	crypto/sha1
	sha256. New sha256. New224	函数	crypto/sha256
	sha512. New sha512. New384 sha512. New512_224 sha512. New512_256	函数	crypto/sha512
	time. Now	函数	time
O	os. Open os. OpenFile	函数	os
	zip. OpenReader	函数	archive/zip
P	panic recover	函数	内置函数，无须引用 package
	flag. Parse	函数	flag
	url. ParseQuery	函数	net/url
	heap. Pop	函数	container/heap
	math. Pow math. Pow10	函数	math
	flag. PrintDefaults	函数	flag
	fmt. Print fmt. Printf fmt. Println	函数	fmt
	rsa. PrivateKey	结构体	crypto/rsa
	rsa. PublicKey	结构体	crypto/rsa
	heap. Push	函数	container/heap
R	rand. Rand	结构体	math/rand
	rand. Read	函数	crypto/rand
	rand. Read	函数	math/rand
	ioutil. ReadAll	函数	io/ioutil
	multipart. Reader	结构体	mime/multipart
	strings. Reader	结构体	strings

续表

序号	API 名称	API 类型	Package 路径
R	ioutil. ReadFile	函数	io/ioutil
	io. ReadFull	函数	io
	heap. Remove	函数	container/heap
	bytes. Repeat	函数	bytes
	strings. Repeat	函数	strings
	bytes. Replace bytes. ReplaceAll	函数	bytes
	strings. Replace strings. ReplaceAll	函数	strings
	http. Request	结构体	net/http
	cgi. Request cgi. RequestFromMap	函数	net/http/cgi
	net. ResolveIPAddr net. ResolveTCPAddr net. ResolveUDPAddr	函数	net
	http. Response	结构体	net/http
	http. ResponseWriter	接口	net/http
	math. Round	函数	math
	utf8. RuneCount utf8. RuneCountInString	函数	unicode/utf8
	utf8. RuneLen	函数	Unicode/utf8
S	fmt. Scan fmt. Scanf fmt. Scanln	函数	fmt
	rand. Seed	函数	math/rand
	http. ServeContent	函数	net/http
	http. ServeFile	函数	net/http
	http. ServeMux	结构体	net/http
	rand. Shuffle	函数	math/rand
	math. Sin math. Sinh	函数	math
	math. Sincos	函数	math
	unsafe. Sizeof	函数	unsafe
	bytes. Split bytes. SplitN bytes. SplitAfter bytes. SplitAfterN	函数	bytes

续表

序号	API 名称	API 类型	Package 路径
S	strings. Split strings. SplitN strings. SplitAfter strings. SplitAfterN	函数	strings
	fmt. Sprint fmt. Sprintf fmt. Sprintln	函数	fmt
	math. Sqrt	函数	math
	fmt. Sscan fmt. Sscanf fmt. Sscanln	函数	fmt
	os. Stat	函数	os
	cipher. StreamReader cipher. StreamWriter	结构体	crypto/cipher
	flag. String flag. StringVar	函数	flag
	fmt. Stringer	接口	fmt
	md5. Sum	函数	crypto/md5
	sha1. Sum	函数	crypto/sha1
	sha256. Sum224 sha256. Sum256	函数	crypto/sha256
	sha512. Sum384 sha512. Sum512 sha512. Sum512_224 sha512. Sum512_256	函数	crypto/sha512
T	math. Tan math. Tanh	函数	math
	ioutil. TempDir	函数	io/ioutil
	ioutil. TempFile	函数	io/ioutil
	time. Ticker	结构体	time
	time. Timer	结构体	time
	bytes. ToUpper bytes. ToLower	函数	bytes
	strings. ToUpper strings. ToLower	函数	strings

续表

序号	API 名称	API 类型	Package 路径
T	bytes. Trim bytes. TrimLeft bytes. TrimRight bytes. TrimPrefix bytes. TrimSuffix bytes. TrimSpace	函数	bytes
	strings. Trim strings. TrimLeft strings. TrimRight strings. TrimPrefix strings. TrimSuffix strings. TrimSpace	函数	strings
	reflect. Type	接口	reflect
U	flag. Uint flag. Uint64 flag. Uint64Var flag. UintVar	函数	flag
	rand. Uint32 rand. Uint64	函数	math/rand
	url. URL	结构体	net/url
V	reflect. Value	结构体	reflect
	flag. Var	函数	flag
W	sync. WaitGroup	结构体	sync
	ioutil. WriteFile	函数	io/ioutil
	tar. Writer	结构体	archive/tar
	multipart. Writer	结构体	mime/multipart
	io. WriteString	函数	io

Go 语言代码编辑工具使用说明

虽然使用任何文本编辑工具(如 Windows 系统自带的记事本程序)都可以编写 Go 语言代码,但选择一款专用的编辑器不仅能借助智能提示功能提升输入速度,还能避免语法拼写错误。在日常学习与开发中大大减少不必要的麻烦。

下面介绍两款免费的代码编辑工具,而且开放源代码。

1. LiteIDE

LiteIDE 是一款轻量级的 Go 语言开发工具,操作简单,很适合新手使用。该工具支持 Windows、Linux 和 macOS 操作系统,下载时请根据自己的实际使用环境进行选择。

下载链接:https://sourceforge.net/projects/liteide/files/。

官方主页:http://liteide.org/cn/。

源代码链接:https://github.com/visualfc/liteide。

LiteIDE 无须安装,下载将其解压到任意目录下即可使用。可执行程序位于 bin 目录下,文件名为 liteide 或 liteide.exe(Windows 系统),主界面如图 B-1 所示。

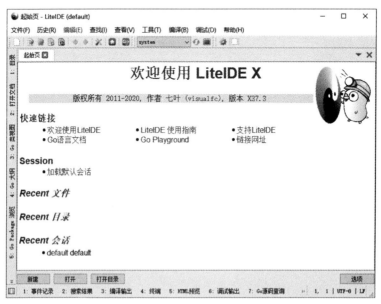

图 B-1　LiteIDE 主界面

执行【工具】→【选择环境】菜单命令,根据实际运行环境进行设置。如果当前系统环境为 64 位的 Windows 操作系统,则可以选择 win64,如图 B-2 所示。

图 B-2　选择运行环境

执行【工具】→【编辑当前环境】菜单命令,打开 LiteIDE 环境编辑窗口,如图 B-3 所示。

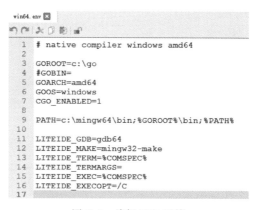

图 B-3　编辑 IDE 环境

将其中的 GOROOT 变量的值修改为 Go 编译器的真实路径,如图 B-4 所示。

图 B-4　修改环境参数

依次执行【文件】→【新建】菜单命令,打开"新项目或文件"对话框。在"模板"列表框选择"Go Source File"(即 Go 代码文件)选项,在对话框底部输入代码文件的名称(如 App,无须后缀名)和文件存放目录(如 D:/codes/go/src/demo)。最后单击 OK 按钮确定,如图 B-5 所示。

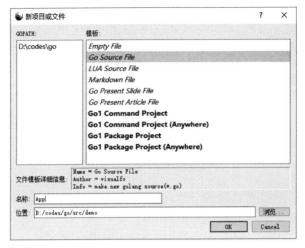

图 B-5　新建代码文件

　　随后会提示是否加载已创建的代码文件（如图 B-6 所示），单击 Yes 按钮确认。新创建的代码文件就会在 LiteIDE 的编辑窗口中打开（如图 B-7 所示）。

图 B-6　提示是否加载代码文件

图 B-7　在编辑窗口中打开的代码文件

依次执行【编译】→【BuildAndRun】菜单命令，调用 Go 编译器编译代码文件，然后运行。在 LiteIDE 主窗口的底部能看到程序运行后的输出（确保"3：编译输出"被选中），如图 B-8 所示。

图 B-8　输出程序的运行结果

2. Visual Studio Code

Visual Studio Code（简称 VS Code）是微软公司开发的一款跨平台代码编辑工具，该工具也是开放源代码的。

Visual Studio Code 是一个综合的代码编辑器，通过安装插件来实现所需的功能。因此，该工具并非只能编写 Go 代码，它可以用来编写如 PHP、C/C++、C♯、Python、JavaScript 等代码。

下载链接：https://code.visualstudio.com/Download。

官方主页：https://code.visualstudio.com。

源代码链接：https://github.com/Microsoft/vscode。

本书建议读者使用便携（Portable）版本——在下载时选择压缩包格式的文件。例如，Windows 版本选择. zip 文件（如图 B-9 所示），Linux 版本选择. tar. gz 文件（如图 B-10 所示）。

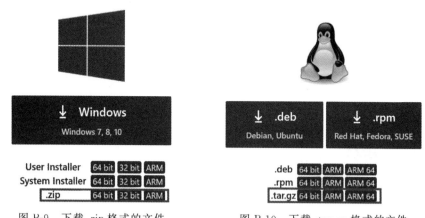

图 B-9　下载. zip 格式的文件　　　　图 B-10　下载. tar. gz 格式的文件

假设将下载的文件解压到 E:\VSCode 目录下。解压完成后先不要运行 Visual Studio Code，打开 E:\VSCode 目录，创建一个新目录，命名为 data（如图 B-11 所示）。这样一来，使用 Visual Studio Code 时所产生的用户数据以及安装的扩展插件都会自动存放到 data 目录下。

图 B-11　创建 data 目录

　　便携版本无须安装,下载后解压到任意目录即可使用。也可以将文件解压到移动存储设备中(如移动硬盘、U 盘、内存卡等),就可以把 Visual Studio Code"随身携带"。只要将移动存储设备插入兼容的计算机中,便能随时随地编写代码。

　　运行 Code 或者 Code.exe(Windows 版本有后缀名),启动 Visual Studio Code,主界面如图 B-12 所示。

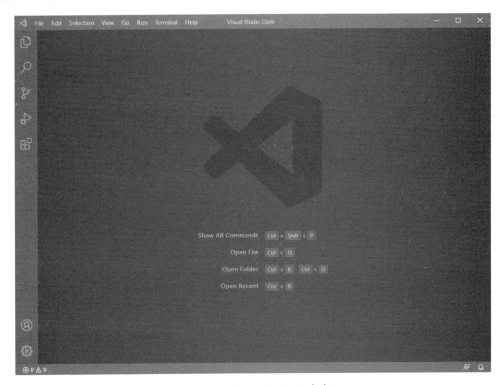

图 B-12　Visual Studio Code 主窗口

　　单击窗口左侧的 Extensions 按钮,展开侧边栏并定位到扩展安装面板,然后输入 Chinese 进行搜索,找到 Chinese (Simplified) Language Pack for Visual Studio Code 或 Chinese (Traditional) Language Pack for Visual Studio Code 选项,单击右下角的 Install 按钮,安装简体中文或者繁体中文语言包插件,如图 B-13 所示。

图 B-13　支持中文的语言包插件

重新启动 Visual Studio Code 后,所安装的语言包就会生效。单击侧边栏中的"扩展"按钮(安装语言包后会变为中文提示),搜索 Go,找到 Go 插件,单击右下角的"安装",Visual Studio Code 就会自动下载插件,如图 B-14 所示。

图 B-14　安装 Go 插件

安装好插件后,只要在 Visual Studio Code 中打开包含有 Go 代码文件的目录,就会自动启用 Go 插件。单击"资源管理器"面板(位于窗口左侧边栏中)的 图标创建一个 Go 代码文件,就可以开始编写 Go 代码了,如图 B-15 所示。

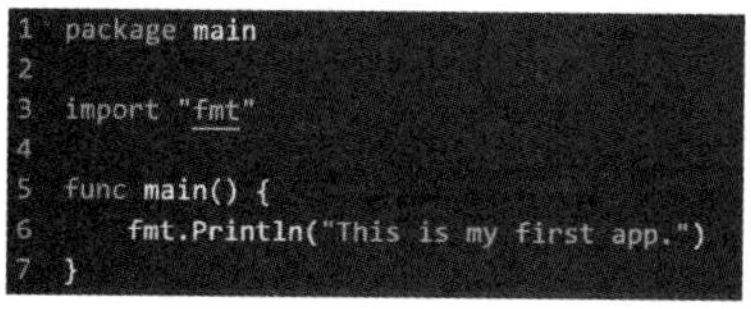

```
1  package main
2
3  import "fmt"
4
5  func main() {
6      fmt.Println("This is my first app.")
7  }
```

图 B-15　在 Visual Studio Code 中编写 Go 代码

图 书 资 源 支 持

感谢您一直以来对清华大学出版社图书的支持和爱护。为了配合本书的使用，本书提供配套的资源，有需求的读者请扫描下方的"书圈"微信公众号二维码，在图书专区下载，也可以拨打电话或发送电子邮件咨询。

如果您在使用本书的过程中遇到了什么问题，或者有相关图书出版计划，也请您发邮件告诉我们，以便我们更好地为您服务。

我们的联系方式：

教学资源·教学样书·新书信息

地　　址：北京市海淀区双清路学研大厦 A 座 701

邮　　编：100084

电　　话：010-83470236　010-83470237

人工智能科学与技术
人工智能|电子通信|自动控制

资源下载：http://www.tup.com.cn

客服邮箱：tupjsj@vip.163.com

资料下载·样书申请

QQ：2301891038（请写明您的单位和姓名）

书圈

用微信扫一扫右边的二维码，即可关注清华大学出版社公众号。